普通高等教育"十一五"国家级规划教材 计算机系列教材

刘宇君 曹党生 叶瑶 张焕梅 编著

C++程序设计 (第2版)

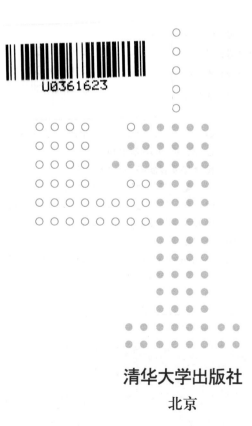

清华大学出版社

北京

内 容 简 介

本书系统介绍了 C++ 程序设计。全书共分 12 章，主要内容包括类与对象、数据类型、预处理、数组、函数、指针、继承与派生、多态性与虚函数、运算符重载、输入输出流、模板与异常处理。

本书内容取舍得当，例题丰富，概念清晰，既益于教学，也有利于加强学生上机实践能力的培养，提高教学效果。

本书以 Visual C++ 6.0 为开发平台，书中所有实例都在此平台上通过。本书配有《C++ 程序设计项目实践(第 2 版)》辅导教材，可以进一步强化学生的编程能力。

本书可作为高等院校计算机专业教学及各类培训班的教材和参考书。

图书在版编目(CIP)数据

C++ 程序设计/刘宇君等编著 . —2 版 . —北京：清华大学出版社，2012.2(2024.8重印)
(计算机系列教材)
ISBN 978-7-302-27408-7

Ⅰ. ①C… Ⅱ.①刘… Ⅲ.①C 语言－程序设计－高等学校－教材 Ⅳ. ①TP312

中国版本图书馆 CIP 数据核字(2011)第 244945 号

责任编辑：谢 琛 顾 冰
责任校对：梁 毅
责任印制：沈 露

出版发行：清华大学出版社
   网 址：https://www.tup.com.cn，https://www.wqxuetang.com
   地 址：北京清华大学学研大厦 A 座 邮 编：100084
   社 总 机：010-83470000 邮 购：010-62786544
   投稿与读者服务：010-62776969，c-service@tup.tsinghua.edu.cn
   质 量 反 馈：010-62772015，zhiliang@tup.tsinghua.edu.cn
   课 件 下 载：https://www.tup.com.cn，010-83470236
印 装 者：涿州市般润文化传播有限公司
经 销：全国新华书店
开 本：185mm×260mm 印 张：21.75 字 数：516 千字
版 次：2012 年 2 月第 2 版 印 次：2024 年 8 月第12次印刷
定 价：59.00 元

产品编号：038802-03

本书是笔者主持的山西省省级精品课程"C++ 程序设计"的建设成果。该书较全面、系统地讲述了 C++ 的基本概念和编程方法，并用大量的实例让读者更好地掌握它们。本书的特点是：以应用为背景，以知识为主线，以提高能力和兴趣为目的，逐步形成以工程实践案例为教学主线、实践任务为教学驱动、在实践中融合理论学习的课程教学体系。把面向过程的内容自始至终贯穿到对象中讲解，把函数完全放入对象之中，使初学者始终使用对象进行程序设计。

本书重点训练学生编程的逻辑思路、算法，以及编程、调试的基本技术。因此，在本书的编写中，以任务驱动为前提，从提出问题入手，进行分析和算法设计，而不是一味地讲语法，以必需、够用为度，最后归纳总结，加强针对性和应用性。

全书共分为两篇。第一篇为面向对象程序基础，包括第 1～6 章。

第 1 章介绍了面向对象程序设计的基本思想，以及 C++ 程序的结构特征。

第 2 章给出了 C++ 的数据描述。

第 3 章重点介绍了 C++ 的基本结构和控制语句。

第 4 章介绍了数组的应用。

第 5 章介绍了面向对象的方法——函数。

第 6 章介绍了指针和引用的使用方法。

第二篇为面向对象程序设计，包括第 7～12 章。

第 7 章介绍了类与对象的定义及其构造函数与析构函数的使用。

第 8 章讲述了类的特性之一：继承与派生。

第 9 章讲述了类的特性之二：多态性与虚函数。

第 10 章介绍了运算符的重载。

第 11 章介绍了输入输出流。

第 12 章介绍了模板与异常处理。

本书第 1、2 章由叶瑶编写，第 3～8 章由刘宇君编写，第 9～11 章由曹党生编写，第 12 章由张焕梅编写，由刘宇君统编全书。

在本书的编写与出版过程中,得到了谭浩强教授的热情指导,得到了秦建中等的许多帮助,在此表示衷心的感谢。

由于编者水平有限,书中难免有疏漏和不足之处,恳请广大读者及专家批评指正。

本课程"C++程序设计"网址:http://210.31.100.100/c++jpkc/default.asp。

编者

2011 年 8 月 26 日

FOREWORD

第一篇　面向对象程序基础

第二篇　面向对象程序设计

第一篇
面向对象程序基础

第 1 章   面向对象程序概述

学习目标
(1) 理解面向对象的基本概念；
(2) 理解 C++ 程序的基本结构；
(3) 了解 C++ 程序实现的过程。

1.1   程序设计方法的发展历程

1.1.1   面向过程的结构化程序设计方法

结构化程序设计从系统的功能入手,按照工程的标准和严格的规范将系统分解为若干功能模块,系统是实现模块功能的函数和过程的集合。该方法以"过程"和"操作"为中心,由于用户的需求和软、硬件技术的不断发展变化,按照功能划分设计的系统模块必然是易变和不稳定的。这样开发出来的模块可重用性不高。

(1) 结构化程序设计思路

自顶向下、逐步求精。采用模块分解与功能抽象,自顶向下、分而治之。

(2) 程序结构

按功能划分为若干个基本模块,形成一个树状结构。

各模块间的关系尽可能简单,功能上相对独立;每一模块内部均是由顺序、选择和循环三种基本结构组成。其模块化实现的具体方法是使用子程序。

(3) 优点

有效地将一个较复杂的程序系统设计任务分解成许多易于控制和处理的子任务,便于开发和维护。

(4) 缺点

可重用性差、数据安全性差、难以开发图形界面的应用,把数据和处理数据的过程分离使程序变得越来越难理解。当数据结构改变时,所有相关的处理过程都要进行相应的修改。图形用户界面的应用,很难用过程来描述和实现,开发和维护都很困难。

1.1.2   面向对象的方法

面向对象的方法是一种运用对象、类、继承、封装、消息传递、聚合、多态性等概念来构造系统的软件开发方法。

面向对象程序设计从所处理的数据入手,以数据为中心而不是以服务(功能)为中心来描述系统。它把编程问题视为一个数据集合,数据相对于功能而言,具有更强的稳定性。

面向对象程序设计同结构化程序设计相比最大的区别就在于:前者首先关心的是所要处理的数据,而后者首先关心的是功能。

面向对象技术是目前流行的系统设计开发技术,它包括面向对象分析和面向对象程序设计。面向对象程序设计技术的提出,主要是为了解决传统程序设计方法结构化程序设计所不能解决的代码重用问题。

1.2 面向对象的基本思想

1.2.1 面向对象的开发方法

面向对象方法是开发计算机软件的一种方法。这种方法与面向过程的方法相比,提高了代码可重用性,适用于图形界面的使用,减少模块间的依赖关系,有利程序的调试和修改。该方法采用了类、对象、继承和多态等新概念、新方法。

将数据及对数据的操作方法封装在一起,作为一个相互依存、不可分离的整体——对象。对同类型对象抽象出其共性,形成类。对象通过一个简单的外部接口,与外界发生关系。对象与对象之间通过消息进行通信。

面向对象方法的优点:
* 程序模块间的关系更为简单,程序模块的独立性、数据的安全性就有了良好的保障;
* 通过继承与多态性,可以大大提高程序的可重用性,使得软件的开发和维护都更为方便。

1.2.2 面向对象的基本概念

1. 对象

面向对象程序设计是一种围绕真实世界的概念来组织模型的程序设计方法,它采用对象来描述问题空间的实体。关于对象这一概念,目前还没有统一的定义。一般认为,对象是包含现实世界物体特征的抽象实体,它反映了系统为之保存信息和(或)与它交互的能力。它是一些属性及服务的一个封装体,在程序设计领域,可以用"对象＝数据＋作用于这些数据上的操作"这一公式来表达。

现实世界中的对象既具有静态的属性(或称状态),又具有动态的行为(或称操作)。所以,现实世界中的对象常常表示为:属性＋行为。

现实世界中的对象一般具有以下特性:
(1) 每一个对象必须有一个名字以区别于其他对象。
(2) 用属性来描述对象的某些特征。

（3）有一组操作，每个操作决定对象的一种行为。

在面向对象程序设计中，对象是由对象名、一组数据（即属性）和一组操作（即函数）封装在一起构成的实体。其中数据是对象固有特征的描述，操作是对这些属性数据施加的动态行为，是一系列的实现步骤，通常称为方法。

对象是描述客观事物的一种实体，它可以是有形的（如一辆汽车），也可以是无形的（如一项计划）。对象是构成世界的一个独立单位。

2. 类

类是具有相同操作功能和相同的数据格式（即属性）的对象的集合。忽略事物的非本质特征，只注意那些与当前目标有关的本质特征，从而找出事物的共性，把具有共同性质的事物划分为一类，得出一个抽象"类"的概念。

类可以看作抽象数据类型的具体实现。抽象数据类型是数据类型抽象的表示形式。数据类型是指数据的集合和作用于其上操作的集合，而抽象数据类型不关心操作实现的细节。从外部来看，类的行为可以用新定义的操作加以规定。类是对象集合的抽象，它规定了这些对象的公共属性和方法；对象为类的一个实例。例如，苹果是一个类，而放在桌上的那个苹果则是一个对象。对象和类的关系相当于一般的程序设计语言中某个变量和变量类型的关系。

在面向对象程序设计中，类是对具有相同属性数据和操作对象的集合，它是对一类对象的抽象描述。类是创建对象的模板，它包含着所创建对象的状态描述和方法的定义，先声明类，再由类创建其对象。按照这个模板创建的一个个具体的实例，就是对象。

3. 封装

封装是指将对象的属性和行为结合成为一个独立的封装体。即把对象的属性和服务结合成一个独立的系统单位。

封装是一种数据隐藏技术，在面向对象程序设计中可以对一个对象进行封装处理，将对象的一部分属性和操作隐藏起来，不让用户访问，另一部分作为对象的外部接口，用户可以访问。对象通过接口与外部发生联系，用户只能通过对象的外部接口使用对象提供的服务，而内部的具体实现细节则被隐藏起来，对外是不可见的。C++对象中的函数名是对象的对外接口，外界可以通过函数名来调用这些函数，从而实现某些功能。

4. 继承

继承反映了一般类和特殊类之间的关系，它是面向对象方法的重要特性。继承对于软件复用有着重要意义，是面向对象技术能够提高软件开发效率的重要原因之一。

在面向对象程序设计中，继承是指新建的类从已有的类那里获得已有的属性和操作。已有的类称为基类或父类，继承基类而产生的新类称为基类的子类或派生类。由父类产生子类的过程称为类的派生。

C++支持单继承和多继承。通过继承，程序可以在现有类的基础上声明新类，即新类是从原有类的基础上派生出来的，新类将共享原有类的属性，并且还可以添加新的属性和方法。继承有效地实现了软件代码的重用,增强了系统的可扩充性。

例如,将轮船作为一个一般类,客轮便是一个特殊类。

5. 多态性

多态性是指相同的函数名可以有多个不同的函数体,即一个函数名可以对应多个不同的实现部分。在调用同一函数时,由于环境的不同,可能引发不同的行为,导致不同的动作。

多态性是指一种行为对应着多种不同的实现。函数重载、运算符重载和动态联编都属于多态性。多态性是指在一般类中定义的属性或行为,被特殊类继承之后,可以具有不同的数据类型或表现出不同的行为。这使得同一个属性或行为在一般类及其各个特殊类中具有不同的语义。例如,数的加法→实数的加法→复数的加法。

6. 消息

在面向对象程序设计中,当要求一个对象做某一操作时,就向该对象发送一个相应的消息。一个对象向另一个对象发出的请求被称为"消息"。当对象接收到发给它的消息时,就调用有关的方法,执行相应的操作。这种对象与对象之间通过消息进行相互联系的机制叫做消息传递机制。面向对象程序设计通过消息传递来实现对象的交互。

消息是向某对象请求服务的一种表达方式。对象内有方法和数据,外部的用户或对象对该对象提出的服务请求,可以称为向该对象发送消息。合作是指两个对象之间共同承担责任和分工。

1.2.3 面向对象的软件工程

面向对象的软件工程是面向对象方法在软件工程领域的全面应用。它包括:

- 面向对象的分析(OOA);
- 面向对象的设计(OOD);
- 面向对象的编程(OOP);
- 面向对象的测试(OOT);
- 面向对象的软件维护(OOSM)。

1. OOA

OOA阶段应该扼要精确地抽象出系统必须做什么,但是不关心如何去实现。

面向对象的系统分析,直接用问题域中客观存在的事物建立模型中的对象,对单个事物及事物之间的关系,都保留它们的原貌,不做转换,也不打破原有界限而重新组合,因此能够很好地映射客观事物。

2. OOD

OOD 是针对系统的一个具体实现运用面向对象的方法。其中包括两方面的工作：

（1）把 OOA 模型直接搬到 OOD，作为 OOD 的一部分。

（2）针对具体实现中的人机界面、数据存储、任务管理等因素补充一些与实现有关的部分。

3. OOP

OOP 工作就是用一种面向对象的编程语言把 OOD 模型中的每个成分书写出来，是面向对象的软件开发最终落实的重要阶段。

4. OOT

测试的任务是发现软件中的错误并改正。

在 OOT 中继续运用面向对象的概念与原则来组织测试，以对象的类作为基本测试单位，可以更准确地发现程序错误并提高测试效率。

5. OOSM

将软件交付使用后，工作并没有完结，还要根据软件的运行情况和用户的需求，不断改进系统。

使用面向对象的方法开发的软件，其程序与问题域是一致的，因此，在 OOSM 阶段运用面向对象的方法可以大大提高软件维护的效率。

1.3 C++ 程序的特点

C++ 是由 AT&T Bell(贝尔)实验室的 Bjarne Stroustrup 博士及其同事于 20 世纪 80 年代初在 C 语言的基础上开发成功的。C++ 保留了 C 语言原有的所有优点，同时增加了面向对象的机制。

1. C++ 是面向对象的程序设计语言

C++ 支持面向对象方法的三大特性：封装性、继承性和多态性。

2. C++ 继承了 C 语言

C 语言是 C++ 的一个子集。

C 语言的语法 C++ 都可使用，包括词法规则、语法规则、函数调用和指针等。

3. C++ 对 C 语言进行了改进

C++ 针对 C 语言中的某些不足，做了如下改进。

（1）保留了 C 语言的所有运算符，为了对象操作方便，增加了 5 种新运算符。

（2）规定从高类型向低类型转换时需加强制转换，又规定强制转换可将表达式括起来，而类型符不括起。

（3）使用 const 来定义符号常量，并指出常量表型。

（4）定义函数时不可省略函数的数据类型。

（5）说明函数时，一定要用函数原型。

（6）取消了 C 语言规定的在函数体内说明语句应放在执行语句前面的规定。

（7）引进了引用概念。增加了函数调用的方式，除可使用传值和传地址调用外，还可用引用调用。

（8）允许函数参数设置默认值。

（9）引进内联函数和函数重载。

（10）运算符可以重载。

1.4 C++ 程序的结构特征

1.4.1 C++ 程序实例

下面通过几个 C++ 程序实例来学习 C++ 程序的基本结构。

【实例 1-1】 定义一个描述"钟表"的类及该类的对象，并用对象访问其成员。

（1）程序代码

```
//eg1_1.cpp
#include<iomanip.h>
#include<iostream.h>                    //预处理
class  Watch                            //定义类
{
    public:
        void SetTime(int h, int m, int s);    //声明成员函数
        void ShowTime();
    private:
        int hour,minute,second;          //定义数据成员
};
void Watch::SetTime(int h, int m, int s)    //定义成员函数
{
    hour=h;
    minute=m;
    second=s;
}

void Watch::ShowTime()                  //定义成员函数
{
    cout<<setw(6)<<hour<<setw(8)<<minute<<setw(8)<<second<<endl;
```

```
}
void main()                                              //主函数
{
    Watch w1,w2;
    w1.SetTime(10,20,30);
    cout<< setw(6)<< "Hour"<< setw(8)<< "Minute"<< setw(8)<< "Second"<<endl;
    w1.ShowTime();
    w2.SetTime(8,52,36);
    w2.ShowTime();
}
```

（2）运行结果

```
Hour   Minute   Second
10      20       30
8       52       36
```

（3）归纳分析

① 程序的第一行//eg1_1.cpp 是注释语句,用来说明该实例的源程序名称,它将被编译器忽略。

② 第二行和第三行♯include＜iomanip.h＞和♯include＜iostream.h＞是预处理命令,它告诉编译程序将头文件 iomanip.h 和 iostream.h 包含进来,iostream.h 头文件中给出了对象 cin 和 cout 的说明。

③ class Watch{}表示定义 Watch 类。在 C++中把一组数据和有权调用这些数据的函数封装在一起,组成一种称为"类(class)"的数据结构。类通过属性和方法描述,即通过类中的两种成员:数据和函数,分别称为数据成员和成员函数描述。

④ main 函数称为主函数,后面两个大括号之间的部分是函数体。C++规定程序必须有且仅有一个 main 函数,它是执行程序的起点。

⑤ {}中由若干语句构成。

【实例 1-2】 已知一个圆的半径 r,求圆的面积(用函数实现)。

（1）程序代码

```
//eg1_2.cpp
#include< iostream.h>
#define PI 3.14159                              //宏定义
float   area(float r);
void   main()
{
    float r,s;
    cin>>r;
    s=area(r);
    cout<< "s="<< s<<endl;
}
```

```
float   area(float r)                    //函数定义
{
    float s1;
    s1=PI * r * r;
    return s1;
}
```

（2）运行结果

```
input r=3<回车>
s=28.2743
```

（3）归纳分析

① #define PI 3.14159 表示宏定义。

② area(float r)为用户自定义函数，在调用之前要先声明。

③ 本实例中用了两个函数，主函数 main 和用户自定义函数 area。

④ 语句 cin>>r 要求用户从键盘输入半径的值，cout<<"s="<<s<<endl;用于输出圆的面积。

【实例 1-3】 定义一个类 Tsum，求两数之和。

（1）程序代码

```
//eg1_3.cpp
class Tsum                              //定义类
{
    private:
        float x;
        float y;
    public:
        void setdata(float a,float b)
        {
            x=a;
            y=b;
        }
        void dispsum()
        {
            cout<< "sum="<<x+y<<endl;
        }
};
Tsum t;                                 //定义全局变量
void main()
{
    t.setdata(2.36,5.69);
    t.dispsum();
}
```

（2）运行结果

sum=8.05

（3）归纳分析

① class Tsum 表示定义类。在 C++ 中把一组数据和有权调用这些数据的函数封装在一起，组成一种称为"类（class）"的数据结构。在一个类中包含两种成员：数据和函数，分别称为数据成员和成员函数。

② 类可以体现数据的封装性和信息隐蔽。在上面的程序中，在声明 Tsum 类时，把类中的数据和函数分为两大类：private（私有的）和 public（公用的）。把全部数据（x，y）指定为私有的，把全部函数（setdata，dispsum）指定为公用的。在大多数情况下，会把所有数据指定为私有，以实现信息隐蔽。

1.4.2 C++ 程序的组成

一个 C++ 程序由一个程序单位或多个程序单位构成。每个程序单位构成一个程序文件，其结构如图 1-1 所示。

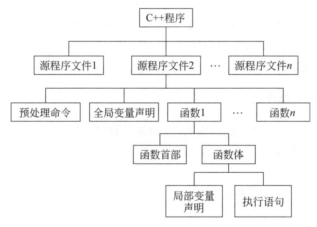

图 1-1 C++ 程序的基本结构

1. 一个 C++ 程序单位由注释、声明和函数定义三部分组成

（1）注释用于对代码的功能进行说明。通常有两种注解方式：

① 以"/ * "开始，以" * /"结束。

② 在行中，以"//"开始到该行结束。

在源程序被编译时，注解将被忽略。

（2）声明部分包含以下内容：

① 宏（Macro）定义，例如：#define PI 3.14159。

② 类（Class）定义。

③ 结构（Structure）定义。

④ 函数原型（Function prototype）声明，如：float area（float a，float b）。

⑤ 全局（Global）变量声明。

⑥ 函数定义（Function definition）。

⑦ 编译条件指令，如♯ifdef 等。

（3）函数定义。

任何一个完整的 C++ 程序单位均由一个或多个函数组成。一般一个函数实现一定的功能，一个函数可以被多次调用。

任何一个完整的 C++ 程序至少包含一个且只能包含一个 main（）函数。

```
void  main()
    {…//语句序列
    }
```

一个 C++ 程序总是从 main（）函数开始执行，不管该函数在整个程序中的位置如何。

在函数中可以包含的内容如下：

① 局部变量的声明。

② 函数的声明。

③ 语句。每个语句和变量定义都以；号结束。

cin 表示 C++ 的标准输入设备，cout 表示 C++ 的标准输出设备；＞＞是 C++ 的流提取操作符，＜＜是 C++ 的流插入操作符。

{}称为函数或语句括号。大括号必须配对使用。

2．一个函数由两部分组成

函数说明部分：包括函数类型、函数名、函数参数（形参）。

函数体：由{}括起来的部分，其中包括变量定义部分、语句部分。

1.4.3　C++ 程序的书写格式

1．对齐规则

同一层次的语句应该从同一列开始书写，{}也要对齐。

2．缩进规则

使用 Tab 键缩进。不同层次的语句应该从不同列开始书写，形成缩进格式；有合适的空行。

同时，还要做到严格区分字母的大小写；有足够的注释。

1.5　C++ 程序的实现

使用 C++ 开发一个应用程序的过程如图 1-2 所示。

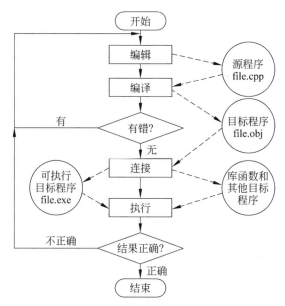

图 1-2   C++ 程序的实现步骤

1. 用户需求分析

根据要解决的实际问题,分析用户的所有需求,并用适当的方法和工具进行描述。

2. 根据用户需求,编写 C++ 源程序

选择一种编辑器,将设计好的 C++ 源程序输入到计算机中,并保存为 .cpp 文件。常用的 C++ 编辑环境有 Visual C++ 6.0。如不特别说明,本书的源程序均在 Visual C++ 6.0 集成开发环境中实现。

3. 对源程序进行编译,产生目标程序

为了使计算机能执行高级语言源程序,必须先用一种称为"编译器(complier)"的软件(也称编译程序或编译系统),把源程序翻译成二进制形式的"目标程序(object program)"。

4. 将目标文件连接成可执行程序

源程序通过编译后,得到一个或多个目标文件。此时要用系统提供的"连接程序(linker)"将一个程序的所有目标程序和系统的库文件以及系统提供的其他信息连接起来,最终形成一个可执行的二进制文件,它的后缀是 .exe,是可以直接执行的。

5. 调试运行程序

运行可执行文件,输入测试数据,得到运行结果。分析运行结果,如果运行结果不正确,应检查程序或算法是否有问题。

1.6　本章小结

1. 一个 C++ 程序单位由注释、声明和函数定义三部分组成

（1）程序主体由函数定义组成。每一个函数定义一个特定的功能。
任何一个完整的 C++ 程序至少包含一个且只能包含一个 main() 函数。

```
void  main()
    {…//语句序列
    }
```

（2）一个函数由两部分组成。
函数说明部分：包括函数类型、函数名、函数参数（形参）。
函数体：由{}括起来的部分，其中包括变量定义部分、语句部分。
（3）一个 C++ 程序总是从 main() 函数开始执行，而不论其位置如何。
（4）每个语句和变量定义都以；号结束。
（5）在 C++ 中把一组数据和有权调用这些数据的函数封装在一起，组成一种称为
"类"的数据结构。类通过属性和方法描述，即通过类中的数据成员和成员函数描述。

2. C++ 程序的开发步骤

（1）用户需求分析。
（2）根据用户需求，编写 C++ 源程序。
（3）对源程序进行编译，产生目标程序。
（4）将目标文件链接成可执行程序。
（5）调试运行程序。

1.7　思考与练习

1.7.1　思考题

（1）面向过程与面向对象程序设计有何不同？
（2）面向对象程序设计有哪几个基本要素？
（3）简要说明开发一个 C++ 程序的过程。

1.7.2　上机练习

（1）编写一个 C++ 程序，求两数之和。
（2）编写一个 C++ 程序，求矩形的周长和面积。

第 2 章　对象属性的数据描述

学习目标

(1) 基本数据类型的使用;

(2) 合理地确定变量的数据类型;

(3) 掌握运算符的功能;

(4) 计算表达式的值。

数据是 C++ 程序处理的基本对象,任何数据都要先进行数据类型的定义,然后才能使用。类型是对系统中实体的一种抽象,它描述了某种实体的基本特性,不同类型数据的表示、所占存储空间的大小及其定义在其上的操作是不同的。C++ 的表达式提供了强大的数值和非数值运算的功能,是程序设计的基础。

本章主要介绍组成 C++ 程序的基本元素。包括保留字、标识符、常量、变量、基本数据类型、运算符及运算优先级、表达式及表达式的求值。

2.1　C++ 的字符集

2.1.1　C++ 的字符集

字符是一些可以区分的最小符号。C++ 中的字符集由下列字符组成:

(1) 大小写的英文字母:A～Z,a～z。

(2) 数字字符:0～9。

(3) 特殊字符:空格、!、#、%、^&、*、_(下划线)、+、=、-、~、<、> 、/、\、'、"、;、.、,、()、[]、{}。

2.1.2　C++ 的词法记号

词法记号是由若干个字符组成的具有一定含义的最小单元。包括关键字、标识符和标点符号。

1. 关键字

关键字又称为保留字,它是系统预先定义的、具有特定含义的单词,因此不允许用户重新定义,即不能作为新的标识符出现在程序中。表 2-1 给出了 C++ 中的关键字。

表 2-1　C++ 中的关键字

auto	bool	break	case	catch
char	class	const	const_cast	continue
default	delete	do	double	dynamic_cast
else	enum	explicit	extern	false
float	for	friend	goto	if
inline	int	long	mutable	namespace
new	operator	private	protected	public
register	reinterpret_cast	return	short	signed
sizeof	static	static_cast	struct	switch
template	this	throw	true	try
typedef	typeid	typename	union	unsigned
using	virtual	void	volatile	while
wchar_t				

2. 标识符

标识符是程序员定义的词法记号，由若干个字符组成的字符序列，用来命名程序中的一些实体。可用作常量名、变量名、函数名、类名、对象名和类型名等。

C++ 中构成标识符的语法规则如下：

(1) 标识符由英文字母($a \sim z, A \sim Z$)、数字($0 \sim 9$)或下划线(_)组成。

(2) 第一个字符必须是字母或下划线。

(3) 理论上标识符的长度可以任意长，但实际应用中有效长度与 C++ 编译器有关，32 位的编译器识别前 32 个字符。

(4) C++ 标识符对大小写字母是敏感的，即相同的大、小写字母被认为是两个不同的标识符。例如，book 和 Book 被认为是两个不同的标识符。

(5) 关键字不能作为新的标识符在程序中使用，但关键字可以作为标识符中的一部分。

例如，example1、Birthday、student_name、Mychar、_sa、thistime 是合法的标识符；8key、b-milk、-home 是非法的标识符。

3. 标点符号

在 C++ 程序中，标点符号对编译器具有语法意义，但它们本身不作任何操作。

(1) 空格符：表示单词之间的分隔符；

(2) 逗号(,)：表示数据之间的分隔符；

(3) 分号(;)：表示语句结束符；

(4) 冒号(:)：表示语句标号结束符，语句之间的分隔符；

(5) 单引号(')：表示字符常量标记符；

(6) 双引号(")：表示字符串常量标记符；

（7）小括号()：表示作用在表达式上,改变表达式的运算顺序;

（8）大括号{}：表示块语句标记符;

（9）省略号(…)：表示重复。

在不同的场合,标点符号的用法和功能会有所不同。应该按 C++ 的语法规则来使用这些标点符号。

2.2　数据类型

2.2.1　数据类型概述

C++ 的数据类型可以分为基本数据类型、构造类型、指针类型、引用类型和空类型。其内容非常丰富,如表 2-2 所示。

表 2-2　数据类型

数 据 分 类	数 据 类 型
基本数据类型	整型(int)
	字符型(char)
	浮点型:单精度(float) 双精度(double)
	布尔型(bool)
构造类型	数组类型
	枚举类型(enum)
	结构体类型(struct)
	共用体类型(union)
指针类型	类(class)
引用类型	
空类型(void)	

2.2.2　基本数据类型

基本数据类型是 C++ 内部预先定义的数据类型。由基本类型可以构造出更为复杂的数据结构。

1. 基本数据类型

数据类型决定了数据所占存储空间的大小及取值范围,这些是与计算机有关的,表 2-3 给出的是在 32 位编译器中基本数据类型所占空间的大小和取值范围。

表 2-3 常用的基本数据类型及其描述

数据类型	数据类型描述	存储空间/字节	取 值 范 围
int	整型	4	$-2\,147\,483\,648 \sim 2\,147\,483\,647$
char	字符类型	1/字符	$-128 \sim 127$
float	浮点类型	4	$-3.4 \times 10^{38} \sim 3.4 \times 10^{38}$
double		8	$-1.7 \times 10^{308} \sim 1.7 \times 10^{308}$
bool	布尔型	1	true、false

2. 类型修饰符

C++ 允许在字符或浮点类型前面加上一些修饰符说明类型，修饰符包括：

（1）short：表示短类型。

（2）long：表示长类型。

（3）signed：表示有符号类型。

（4）unsigned：表示无符号类型。

表 2-4 给出加了修饰符后基本数据类型所占空间的大小和取值范围。

表 2-4 加了修饰符后的常用基本数据类型及其描述

数据类型描述	数据类型	存储空间/字节	取 值 范 围
整型	short [int]	2	$-32\,768 \sim 32\,767$
	signed short [int]	2	$-32\,768 \sim 32\,767$
	unsigned short [int]	2	$0 \sim 65\,535$
	int	4	$-2\,147\,483\,648 \sim 2\,147\,483\,647$
	signed [int]	4	$-2\,147\,483\,648 \sim 2\,147\,483\,647$
	unsigned [int]	4	$0 \sim 4\,294\,967\,295$
	long [int]	4	$-2\,147\,483\,648 \sim 2\,147\,483\,647$
	signed long [int]	4	$-2\,147\,483\,648 \sim 2\,147\,483\,647$
	unsigned long [int]	4	$0 \sim 4\,294\,967\,295$
字符类型	char	1	$-128 \sim 127$
	signed char	1	$-128 \sim 127$
	unsigned char	1	$0 \sim 255$
浮点类型	float	4	$-3.4 \times 10^{38} \sim 3.4 \times 10^{38}$
	double	8	$-1.7 \times 10^{308} \sim 1.7 \times 10^{308}$
	long double	10	$-3.4 \times 10^{4932} \sim 3.4 \times 10^{4932}$

说明：

① 表中带[]的部分表示是可以省略的，如 short[int]可以写为 short int 或简写为

short，二者的含义是相同的。

② 四种修饰符都可以用来修饰整型和字符型。用 signed 修饰的类型的值可以为正数或负数，用 unsigned 修饰的类型的值只能为正数。

③ 用 short 修饰的类型，其值一定不大于对应的整数，用 long 修饰的类型，其值一定不小于对应的整数。

2.3　常量、变量

2.3.1　常量

常量是指在程序运行的整个过程中不允许改变的量。常量不同于变量，主要表现在以下两个方面：

(1) 常量不在内存中占有存储空间。

(2) 常量的值不能修改。

在 C++ 中，按照数据类型常量可以分为整型常量、浮点型常量、字符型常量和字符串常量。

1. 整型常量

整型常量即整数，包括长整型(long)、短整型(short)、有符号整型(int)和无符号整型(unsigned int)。

整数有三种表示形式：十进制、八进制和十六进制。另外，C++ 还允许在整数后面加上一些字符作为后缀修饰数据类型，用作后缀的字符有：

- u 或 U 字符：表示无符号整数；
- l 或 L 字符：表示长整数；
- l 或 L 与 u 或 U 的组合：表示无符号长整数。

表 2-5 给出了整型常量的一些实例。

表 2-5　整型常量实例

整型常量	实　例	说　明
十进制整数（以非 0 开头，后跟 0~9 范围内的数）	319	十进制整数
	20000L	十进制长整数
	2006u	无符号十进制整数
	323ul 或 323lu	无符号十进制长整数
八进制整数（以 0 开头，后跟 0~7 范围内的数）	0216	八进制整数
	020000L	八进制长整数
	030005u	无符号八进制整数

续表

整型常量	实　例	说　明
十六进制整数（以 0X 或 0x 开头，后跟 0~9 范围内的数以及 A~F 或 a~f 范围内的字母）	0x36A	十六进制整数
	0x1a001L	十六进制长整数
	0xF1002u	无符号十六进制整数

2．浮点型常量

浮点型常量即实数。在 C++ 程序中，浮点型常量包括单精度（float）数、双精度（double）数、长双精度（long double）数三种。

浮点型常量有两种表示方式：定点数表示法和指数表示法。表 2-6 给出了浮点型常量的一些实例。

表 2-6　浮点型常量实例

浮点型常量	实　例	说　明
定点数表示法：由整数和小数两部分组成，中间用十进制的小数点隔开。字符 f 或 F 作为后缀表示单精度数	3.1415f	单精度数
	1.23	双精度数，系统默认类型
	6.98L	长双精度数
指数表示法（科学记数法）：由尾数和指数两部分组成，中间用 E 或 e 隔开	1.23e3	表示 1.23×10^3
	1e-8	表示 10^{-8}

注意，指数表示法必须有尾数和指数两部分，并且指数只能是整数。

3．字符型常量

字符型常量包括普通字符常量和转义字符常量两种。

（1）普通字符常量

普通字符常量是由一对单引号括起来的单个字符。例如，'m'、'＊'、'6'和'M'都是合法的字符常量。

说明：

① 字符常量只包括一个字符。例如：'my'是非法的。

② 字符常量对大小写是敏感的。例如：'m'和'M'是两个不同的字符。

③ 单引号(' ')是字符的定界符，而非字符的一部分。

（2）转义字符常量

转义字符常量是一种特殊表示形式的字符常量，是以'\'开头，后跟一些字符组成的字符序列，表示把反斜杠\后面的字符转变为另外的含义。反斜杠\后面有两类字符，一类是控制字符，例如：\n；另一类是字符符号，例如：\'。表 2-7 列出了常用的转义字符及其描述。

表 2-7　常用的转义字符及其描述

转义字符类型	转义字符序列	ASCII 码	描　述	转义字符类型	转义字符序列	ASCII 码	描　述
控制字符	\a	7	响呤,报警	字符符号	\'	39	单引号
	\b	8	退格		\"	34	双引号
	\f	12	换页		\?	63	问号
	\n	10	换行		\\	92	反斜杠
	\r	13	回车		\0	0	空字符
	\t	9	横向制表		\ooo		1～3 位八进制数
	\v	11	纵向制表		\xhh		1 或 2 位十六进制数

4. 字符串常量

字符串常量简称字符串,是由一对双引号括起来的零个或多个字符序列。字符串以双引号为定界符,双引号不作为字符串的一部分。字符串中的字符个数称为该字符串的长度,在存储时,系统自动在字符串的末尾加以字符串结束标志'\0'。表 2-8 给出了字符串型常量的一些实例。

表 2-8　字符串型常量实例

实　例	说　明
"C++ Program. \n"	字符串常量 C++ Program
"\tm"	字符串常量 m
"2006\10\12"	字符串常量 2006\10\12

字符串中可以包含空格符、转义字符或其他字符。

字符常量与字符串常量的区别如下:

(1) 字符常量的标记符是单引号,字符串常量的标记符是双引号。

(2) 存储方式不同。

```
"Number"        //字符串常量
"n"             //字符串常量
'n'             //字符常量
```

图 2-1　字符串与字符的存储方式

从图 2-1 中可以看出,字符串常量"n"占两个字节,一个字节存放字符 n,另一个字节存放字符串结束标志\0;而字符常量'n'仅占一个字节,用来存放字符 n。在每个字符串的尾部系统会自动加上字符串结束标志"\0",而字符型常量却不加"\0"。

(3) 字符串常量和字符常量所能进行的运算是不同的。

```
"number"+"no"              //非法运算
```

```
'a'+'b'                        //合法的运算
```

【实例 2-1】 不同类型常量应用实例。

（1）程序代码

```
#include<iostream.h>
void main()
{
    cout<<213.69;
    cout<<"\101 \x42 C\n";
    cout<<"I say:\"How are you?\"\n";
}
```

（2）运行结果

```
213.69A B C
I say:"How are you?"
```

（3）归纳分析

① cout<<"\101 \x42 C\n";中的反斜杠表示转义字符，\101 表示八进制数，换算成十进制数为 65，65 对应的字符为 A；\x42 表示十六进制数，换算成十进制数为 66，66 对应的字符为 B；\n 表示回车换行。所以该语句输出的结果为 A B C。

② \"表示双引号。当希望输出结果中包含有双引号时，采用此方法。

5．符号常量

为了编程和阅读的方便，在 C++ 程序设计中，常用一个符号名代表一个常量，称为符号常量，即以标识符形式出现的常量。例如：

```
#define  PRICE 30.5
```

PRICE 即为符号常量。习惯上符号常量名一般大写，而变量名小写，以示区别。

【实例 2-2】 符号常量应用实例。

（1）程序代码

```
#include<iostream.h>
#define PRICE 30.5                //宏定义符号常量 PRICE
void main()
{
    int n,cost;
    n=1200;
    cost=PRICE * n;
    cout<<"cost="<<cost<<endl;
}
```

（2）运行结果

```
cost=36600
```

（3）归纳分析

① 在程序中,符号常量不允许赋值和修改。

② 利用#define定义宏常量,一般格式：

`#define 宏名 常数`

③ 使用符号常量既可以增加程序的可读性,也便于程序的维护。

2.3.2 变量

顾名思义,变量是指其值可以改变的量。变量具有三要素：变量名、变量的类型和变量的值。

（1）变量名指一个存储数据的空间。

（2）每个变量都有确定的数据类型,类型是对一类数据的抽象,每一种类型都定义了变量的存储方式、取值范围及在其上的操作。类型并不产生变量,变量是通过定义产生的。

（3）每个变量必须有确定的值才能参与运算。

程序中的变量是用于保存程序运算过程中所需要的原始数据、中间运算结果和最终结果的,因此,每一变量就相当于一个容器,对应着计算机内存中的某一块存储单元。

1. 变量的定义

C++要求程序中的每个变量在引用之前必须先定义。所谓定义即给出变量的名称及其类型。

变量定义的语法格式如下：

`数据类型 变量名表;`

例如：

```
int number1, number2, number3;      //定义了3个整型变量 number1, number2, number3
float total,sum;                     //定义了2个浮点型变量 total,sum
```

说明：

① 相同类型的变量可以放在一个定义语句中,变量名之间用逗号隔开。

② 变量可以在引用之前的任何地方定义。

③ "数据类型"可以是基本数据类型、构造类型、指针类型或其他合法的数据类型。

④ 变量定义后,系统会根据变量的类型为其分配相应大小的内存空间。

2. 变量的初始化

在定义变量的同时给变量赋值称为变量的初始化。例如：

```
float x=5.26;
```

```
char ch1='m';
int count=8;
```

所谓 const 型变量是指在定义变量的类型前面加上 const 修饰符，该修饰符进一步定义了变量的性质和行为，说明该变量在程序中只能初始化，而不能修改。例如：

```
const double pi=3.1415926;          //定义一个双精度型变量
const float e=2.71828f;             //定义一个单精度型变量
const int n=2*10;                   //定义一个整型变量
const float x=sin(3.14/3);          //用函数初始化了变量 x
```

【实例 2-3】 不同类型变量应用实例。

（1）程序代码

```
#include<iostream.h>
void main()
{
    const int m=9;                  //定义 const 型变量
    float x=3.28f;
    char ch1='d';
    int count;
    count=m;
    cout<<"m="<<m<<endl;
    cout<<"x="<<x<<endl;
    cout<<"ch1="<<ch1<<endl;
    cout<<"count="<<count<<endl;
}
```

（2）运行结果

```
m=9
x=3.28
ch1=d
count=9
```

（3）归纳分析

① const 型变量只能通过初始化取得数据，而不能用其他方法取得数据。下面的定义语句是错误的。

```
const double pi;
pi=3.1415926;
```

② const 型变量的应用类似于常量，即 const 型变量在程序中不可以赋值和修改。

③ const 必须放在类型名前面。

【实例 2-4】 字符型变量应用实例。

（1）程序代码

```
#include<iostream.h>
```

```
void main()
{
    char c1='A';
    char c2=66,c3;
    c3=c1+32;
    cout<<"c1="<<c1<<endl;
    cout<<"c2="<<c2<<endl;
    cout<<"c3="<<c3<<endl;
}
```

（2）运行结果

```
c1=A
c2=B
c3=a
```

（3）归纳分析

① 字符型变量在内存中存放的是字符的 ASCII 码,而非字符本身。如本实例中的 c1、c2、c3 中分别存放的是 A、B、a 的 ASCII 码：65、66、97。

② 既然字符型数据以 ASCII 码存储,就是说它的存储形式与整数的存储形式类似。所以字符型变量 c2 用整数 66 初始化,就是把它理解为 B 的 ASCII 码。

③ 字符型数据可以与整数进行算术运算。但要注意,字符型数据只占一个字节,即只能存储[0~255]之间的整数。

2.4　运算符与表达式的计算

运算符也称为操作符,参与运算的数据称为操作数或运算对象。由运算符和运算对象连接而成的有效式子称为表达式。

运算符按所要求的操作数的多少,可分为单目运算符、双目运算符和三目运算符。按运算符的运算性质又可分为算术运算符、关系运算符、逻辑运算符等。C++ 提供了丰富的运算符,从而可以完成多种运算。读者可以从以下 4 个方面来学习和理解运算符的使用。

（1）运算符的功能。

（2）运算符与操作数的关系,这里要注意运算符要求操作数的个数和类型。

（3）运算符的优先级别。运算符的优先级规定了表达式中不同运算符相邻出现时,运算符的计算顺序。优先级高的先运算,优先级低的后运算。

（4）运算符的结合性。用来规定同样优先级的运算符相邻出现时表达式的计算方式。如果一个运算符对其运算对象的操作是从左向右进行的,就称此运算符是左结合的,反之称为右结合。

说明：

① 括号可以改变表达式的优先级和结合方式。

② 数据类型对运算的限制：运算应该在相同的数据类型之间进行，且结果也属于该数据类型。

表 2-9 列出了常用运算符的优先级、功能和结合性。

表 2-9 运算符的优先级、功能和结合性

优先级	运 算 符	功能及说明	结合性	目
1	( )	改变运算符的优先级	左结合	双目
	::	域运算符		
	[ ]	数组下标运算符		
	. ->	访问成员运算符		
	. * -> *	成员指针运算符		
2	!	逻辑非	右结合	单目
	~	按位取反		
	++,--	自增、自减运算符		
	*	间接访问运算符		
	&	取地址运算符		
	+,-	单目正、负运算符		
	(type)	强制类型转换		
	sizeof	测试类型长度		
	new delete	动态分配、释放内存运算符		
3	* / %	乘、除、取余	左结合	双目
4	+ -	双目加、减	左结合	双目
5	<<,>>	左位移、右位移	左结合	双目
6	<,<=,>,>=	小于、小于等于、大于、大于等于	左结合	双目
7	==,!=	等于、不等于	左结合	双目
8	&	按位与	左结合	双目
9	^	按位异或	左结合	双目
10	|	按位或	左结合	双目
11	&&	逻辑与	左结合	双目
12	||	逻辑或	左结合	双目
13	? :	条件运算符	右结合	三目
14	=,+=,-=,*=,/=,%=,<<=,>>=&=,^=,|=	赋值运算符	右结合	双目
15	,	逗号运算符	左结合	双目

2.4.1 算术运算符与算术表达式

C++中的算术运算符包括基本算术运算符和自增、自减运算符。

1. 基本算术运算符及其表达式

C++的基本算术运算符包括：
- ＋(正或加法)，例如：＋3、2.3＋6；
- －(负或减法)，例如：－3、2.3－6；
- *(乘法)，例如：2.3 * 6；
- /(除法)，例如：2.3/6、16/3；
- ％(取余)，例如：16％3。

运算符＋、－、* 的功能分别与数学中的加法、减法和乘法的功能相同，分别计算两个操作对象的和、差、积。

除法运算符/要求运算符后边的操作对象不能为0，并且返回两个操作对象的商。当两个操作对象都为int型数据时，返回两个操作对象的商的整数部分，即进行的是整除运算。

加、减、乘、除运算对int型、float型和double型都适用。％运算符要求两个操作对象必须是整数或字符型数据，其结果为两个数整除后的余数。在算术运算中，如果一个运算对象为float类型数据，则运算结果为double类型。因为C++在运算时，对所有的float类型数据会自动转换为double类型数据处理。

加、减、乘、除和取余数运算符都是双目运算符，具有左结合性。

例如，下面都是有效的算术表达式：

```
(1+x)/(3 * x)
(((2 * x-3) * x+2) * x)-5
3.14 * sqrt(r)
b * b-4.0 * a * c
26/3                    //结果为 8
26%3                    //结果为 2
```

2. 自增、自减运算符及其表达式

运算符＋＋和－－分别是一个整体，中间不能用空格隔开。＋＋是使操作对象按其类型增加一个单位，－－是使操作对象按其类型减少一个单位。＋＋、－－运算符都是单目运算符，右结合。这两个运算符都有前置和后置两种形式，前置形式是指运算符在操作数的前面，后置形式是指运算符在操作数的后面。

例如：

```
++n;                   //前置形式,先使 n 自加 1,然后使用 n 的值
m--;                   //后置形式,先使用 m 的值,然后 m 自加 1
```

说明：

① "－"作为单目运算符时，具有右结合性。

② 两整数相除，结果为整数。

③ 模运算（％）要求两个操作对象均为整型数据。

④ 自增、自减运算符不能作用于常量和表达式上。

【实例 2-5】 算术运算符应用实例。

（1）程序代码

```
#include<iostream.h>
void main()
{
    int m=9,n=6,x,y;
    x=m/n;y=m% n;
    cout<< "x="<< x<< endl;
    cout<< "y="<< y<< endl;
    x=m++;                          //注意后置自增运算符的使用
    y=++n;
    cout<< "m="<< m<< "\tx="<< x<< endl;
    cout<< "n="<< n<< "\ty="<< y<< endl;
}
```

（2）运行结果

```
x=1
y=3
m=10     x=9
n=7      y=7
```

（3）归纳分析

① 由于 m 和 n 都是 int 型数据，所以 m/n 进行的是整除运算。

② x＝m++，++运算符作用在变量 m 的后边，即先将 m 的值 9 赋值给变量 x，然后使 m 的值加 1。所以，变量 x 得到 9，而不是 10。

③ y＝++n，++运算符作用在变量 n 的前边，即先使 n 的值加 1，然后将其值赋给变量 y。所以，变量 y 得到 7，而不是 6。

2.4.2 赋值运算符与赋值表达式

C++ 提供了两类赋值运算符，简单赋值运算符和复合赋值运算符。

1. 简单赋值运算符

简单赋值运算符为＝。

由赋值运算符组成的表达式称为赋值表达式，其一般格式如下：

变量=表达式

其功能是将一个数据(常量或表达式)赋给一个变量。

赋值运算符的优先级：只高于逗号运算符，比其他运算符的优先级都低。结合方式为自右向左结合。

2. 复合赋值运算符

复合赋值运算符由一个数值型运算符和基本赋值运算符组合而成，共有 10 个，分别为＋＝、－＝、＊＝、/＝、％＝、<<＝、>>＝、&＝、^＝、|＝。

复合赋值表达式的一般形式为：

变量#=表达式

其中#表示＋、－、＊、/、％、<<、>>、&、^、|。

该表达式等价于：

变量=变量#表达式

【实例 2-6】 赋值运算符应用实例。

(1) 程序代码

```cpp
#include<iostream.h>
void main()
{
    int m,n,a,b,number;
    a=b=3;                          //赋值表达式可以嵌套使用
    number=237;
    m=number/5;
    n=number% 5;
    cout<< "m= "<<m<<endl;
    cout<< "n= "<<n<<endl;
    a+=m;
    b * =n;
    cout<< "a= "<<a<<endl;
    cout<< "b= "<<b<<endl;
}
```

(2) 运行结果

m= 47

n= 2

a= 50

b= 6

(3) 归纳分析

① 赋值号左侧必须是变量，不能是常量或表达式。

② 赋值表达式可以嵌套使用。

2.4.3 逗号运算符与逗号表达式

逗号运算符其功能是按从左向右的顺序逐个对操作对象求值,并返回最后一个操作对象的值。逗号运算符也称顺序求值运算符,具有左结合性。逗号运算符的优先级最低。

由逗号运算符构成的表达式称为逗号表达式,其一般形式如下:

表达式 1,表达式 2,…,表达式 n

例如:

```
int i,j,k;                      //逗号作分隔符用
funx(x,y,z);                    //逗号作分隔符用
x=3+6,x*3,x+6                    //逗号作运算符用,其结果为 15(x+6 的值)
```

2.4.4 关系运算符与关系表达式

关系运算符即比较运算符,C++ 提供了 6 个关系运算符:＞、＞＝、＜、＜＝、＝＝、!＝,前四种运算符优先级高于后两种,其结合性均为左结合。

由关系运算符将两个表达式连接起来组成的表达式称为关系表达式。关系表达式的计算有两种可能的结果:

(1) 关系成立表示"真",用 1 表示;

(2) 关系不成立表示"假",用 0 表示。

例如:

```
int a=3,b=2,c=1;
a>b                //a 大于 b 成立,结果为 1
a<=b               //a 小于等于 b 不成立,结果为 0
a==b               //a 等于 b 不成立,结果为 0
b!=c               //b 不等于 c 成立,结果为 1
```

说明:

① 应避免对实数作相等或不等的判断。例如:$1.0/3.0*3.0==1.0$,结果为 0,可改写为:$fabs(1.0/3.0*3.0-1.0)<1e-6$。

② 一般不使用连续关系运算符的描述方式。这样的表达式其计算结果往往会出乎人们的预料。例如:$6>5>1$ 在 C++ 中是允许的,但值为 0。

③ 注意区分"＝"与"＝＝"的含义,前者为赋值号,后者为等号。

2.4.5 条件运算符与条件表达式

条件运算符(?:)是 C++ 中唯一的一个三目运算符。由条件运算符将三个表达式连

接起来组成的表达式称为条件表达式。其格式如下：

> 表达式 1 ?表达式 2 : 表达式 3

条件运算符的优先级高于赋值运算，低于关系和算术运算符。结合方式为从右向左结合。

条件表达式的计算：首先计算表达式 1 的值，如果表达式 1 的值为非 0(条件成立，逻辑真)，计算表达式 2 的值并将计算结果作为整个条件表达式的值；如果表达式 1 的值为 0(条件不成立，逻辑假)，计算表达式 3 的值并将计算结果作为整个条件表达式的值。

例如：

```
int a=3,b=2,x;
x=a>b ?a : b;          //a大于b成立,将a的值作为结果返回给x,即x=3
```

【实例 2-7】 关系、条件运算符应用实例。

（1）程序代码

```
#include<iostream.h>
void main()
{
    int a=6,b=8,max;
    if(a>b)
        max=a;
    else
        max=b;
    cout<<" max="<<max<<endl;
    max=a>b?a:b;
    cout<<" max="<<max<<endl;
}
```

（2）运行结果

```
max=8
Max
```

（3）归纳分析

① 在语句 max=a>b?a:b 中，关系运算符的优先级高于条件运算符的优先级，条件运算符的优先级高于赋值运算符的优先级，所以，先计算关系表达式 a>b 的值，然后计算条件表达式(a>b)?a:b 的值，最后计算赋值表达式的值 max=(a>b?a:b)。

② 运算符的优先级决定表达式的计算顺序。

2.4.6 逻辑运算符与逻辑表达式

C++ 提供了三个逻辑运算符即 &&(逻辑与)、||(逻辑或)、!(逻辑非)，用于表示操作对象之间的逻辑关系。

逻辑运算符优先级：

(1) 从高到低为：！（非）→ && （与）→ ‖ （或）。

(2) && 和 ‖ 的优先级低于关系运算符，高于条件和赋值运算符，！的优先级高于算术运算符。

！运算符是单目运算符，&& 和 ‖ 是双目运算符。单目运算符为右结合，双目运算符为左结合。

由逻辑运算符将表达式连接起来组成的表达式称为逻辑表达式。其运算对象是条件表达式和逻辑量。逻辑表达式的结果为逻辑值，0 表示逻辑假值，1 表示逻辑真值（非 0）。表 2-10 给出了逻辑运算符的运算规则。

表 2-10　逻辑运算符的运算规则

a	b	!a	a && b	a ‖ b	a	b	!a	a && b	a ‖ b
0	0	1	0	0	1	0	0	0	1
0	1	1	0	1	1	1	0	1	1

例如：

```
int a=8,b=15,x=10,y=3;
a<=x && x<=b                    //结果为 1
a>b && x>y                      //结果为 0
a==b‖x==y                       //结果为 0
!a‖a<b                          //结果为 1
```

说明：

① 用逻辑表达式表示复杂条件直观、简捷、可读性好。

② 逻辑表达式计算有时会出现部分表达式不参加运算的情况。

【实例 2-8】　逻辑运算符应用实例。

(1) 程序代码

```
# include<iostream.h>
void main()
{    int n=2011;
     if((n%4==0)&&(n%100!=0)‖(n%400==0))
       cout<<n<<" is leap year!"<<endl;
     else
       cout<<n<<" is not leap year!"<<endl;
}
```

(2) 运行结果

```
2011 is not leap year!
```

(3) 归纳分析

在逻辑表达式(n%4==0) && (n%100!=0) ‖ (n%400==0)中，&& 运算符高

于‖运算符,表达式的值为 0,因此,输出 2011 is not leap year!。

2.5 表达式中数据类型的转换

表达式中数据类型的转换有两种:自动转换和强制转换。

2.5.1 数据类型的转换

1. 自动转换

如果在一个表达式中出现不同数据类型(字符型、整型、浮点型)的数据进行混合运算时,C++利用特定的转换规则将两个不同类型的操作对象自动转换成同一类型的操作对象,然后再进行运算,这种自动转换的功能也称为隐式转换。不同数据类型的自动转换规则如图 2-2 所示。

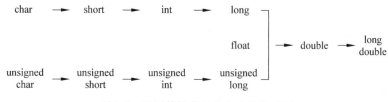

图 2-2　不同数据类型的自动转换规则

上述转换规则是将低类型的数据转换为高类型的数据,因此数据精度一般不会损失。例如:

```
int n=8;
char s='a';
float f=1.32f;
double r=8.52;
s * n+f * 2.0-r
```

表达式 s * n+f * 2.0-r 的计算过程为:

① 将 s 转换为 int 型,计算 s * n=97 * 8=776;

② 将 f 转换为 double 型,计算 f * 2.0=1.32 * 2=2.64;

③ 将 s * n 转换为 double 型,计算 776+2.64=778.64;

④ 计算 778.64-r=778.64-8.52=770.12。

2. 强制转换

C++允许将某种数据类型强制性地转换为另一种指定的类型,其转换的语法格式为:

(数据类型)操作对象;或者 数据类型 (操作对象);

其功能是将操作对象强制转换为指定的数据类型,强制转换也称为显示转换。例如:

```
(float)8/3          //将整数 8 强制转换为 float 型,然后再除以 3,结果为 2.66667
float(8/3)/2.5      //先计算 8/3=2,然后将 2 强制转换为 float 型,再除以 2.5,结果为 0.8
```

说明:

(1) 强制转换是一种不安全的转换。当将高类型的数据转换为低类型的数据时,数据精度会受到损失。例如:

```
float sum=8.96f;
int num;
num=(int)sum;              //num 的值为 8,精度受到损失
```

(2) 类型强制转换是一种暂时的行为,即转换过后操作对象本身的类型并不会改变。例如:

```
double w=5.15,h=6.2;
double area1;
int area2;
area1=int(w) * int(h);    //area1 的值为 30
area2=w * h;              //area2 的值为 31,w 和 h 的类型没有改变,仍然为 double 类型
```

3. 赋值时的类型转换

在赋值表达式中,当左边变量的类型与右边表达式的类型不同时,C++ 先计算出右边表达式的值,然后将其转换为左边的类型赋给变量。例如:

```
int m
float f=1.38f;
m=f * 5                    //先计算 f * 5=1.38 * 5=6.9,然后取整数部分 6 赋给变量 m
```

2.5.2　赋值类型转换时的副作用

在赋值表达式中,当左边变量的类型与右边表达式的类型不同时,要将右边表达式的类型转换为左边变量的类型。这种转换会产生一些预想不到的结果即副作用。

【实例 2-9】　赋值类型转换带来的副作用应用实例。

(1) 程序代码

```
#include<iostream.h>
void main()
{   int i=32,j=6;
    double df;
    df=i/j+2.3;                //i/j=32/6=5,而不是 5.33333
    cout<<"df="<<df<<endl;
    i=df/3;
```

```
    cout<<"i="<<i<<endl;
}
```

（2）运行结果

```
df=7.3
i=2
```

（3）归纳分析

① 在本实例中，若程序员本意是使 i/j＝32/6＝5.33333，可实际计算结果却只取了整数部分 5，因此使 df 的结果出现了偏差。

② 解决的办法是将语句 df＝i/j＋2.3;改写为 df＝float(i)/j＋2.3;即可。

③ 请读者分析，若将语句改写为 df＝float(i/j)＋2.3;，结果会怎样？

2.5.3　逻辑表达式优化时的副作用

在逻辑表达式 $e_1 \&\& e_2 \&\& e_3 \&\& \cdots \&\& e_n$ 中，如果表达式 e_i 为假（$i=1,2,\cdots,n-1$）就可以确定整个表达式为假，e_i 后面的表达式将不被计算；同理，在逻辑表达式 $e_1 \| e_2 \| e_3 \cdots \| e_n$ 中，如果表达式 e_i 为真（$i=1,2,\cdots,n-1$），可以确定整个表达式为真，所以 e_i 后面的表达式将不被计算。

【实例 2-10】 逻辑表达式优化时的副作用应用实例。

（1）程序代码

```
#include<iostream.h>
void main()
{
    int a=8,b=26,c=6,d=-3,x,y;
    x=a>b && --b>c && c>d;      //因为 a 不大于 b,所以--b 不被执行
    y=c||d++;                   //因为 c 非 0,所以 d++没有被执行
    cout<<"a="<<a<<endl;
    cout<<"b="<<b<<endl;
    cout<<"c="<<c<<endl;
    cout<<"d="<<d<<endl;
}
```

（2）运行结果

```
a=8
b=26
c=6
d=-3
```

（3）归纳分析

① 在本实例中，若程序员希望使 b 自减 1，但由于编译器对逻辑表达式的优化，实际上--b 没有被执行。

② 表达式 c‖d＋＋中的 d＋＋同样也不会被执行。

2.6　本章总结

1. 掌握 C++ 中基本数据类型的使用

基本数据类型包括整型、字符类型、浮点类型。

2. 运算符学习中的重点

（1）运算符的功能。

（2）与操作数的关系，这里要注意运算符要求操作数的个数和类型。

（3）运算符的优先级别。运算符的优先级决定了包含这些运算符的表达式求值的顺序，优先级高的先运算，优先级低的后运算。

（4）运算符的结合性。运算符的结合性确定了运算的方向。如果一个运算符对其运算对象的操作是从左向右进行的，就称此运算符是左结合的，反之称为右结合。

3. 掌握 C++ 运算符的功能及其表达式的计算

C++ 运算符包括算术运算符、赋值运算符、逗号运算符、关系运算符、条件运算符、逻辑运算符。

尤其要注意自增、自减运算符作为前缀和后缀使用时的差异。

2.7　思考与练习

2.7.1　思考题

（1）在什么情况下使用空类型 void？

（2）如何计算逗号表达式的值？

（3）如果在一个表达式中出现不同数据类型（字符型、整型、浮点型）的数据进行混合运算时，转换的原则是什么？

（4）赋值表达式中，当左边变量的类型与右边表达式的类型不同时，如何转换？

2.7.2　上机练习

（1）已知：1 英里＝1.609 34 千里，编程实现输入英里数，输出转换后的公里数。

（2）已知：华氏温度与摄氏温度的关系为 $F＝T(℃)×9/5＋32$，编程实现输入摄氏温度 T，输出转换后的华氏温度 F。

第 3 章　预处理与语句

学习目标

(1) 预处理语句的使用；

(2) 顺序结构的实现；

(3) 使用 if 语句或 switch 语句实现分支结构；

(4) 使用 for 语句或 while 语句实现循环结构；

(5) 用流程图描述算法。

3.1　预处理

在 C++ 源程序中加入一些"预处理命令"，可以改进程序设计环境，提高编程效率。预处理命令不是 C++ 语句，不能直接对它们进行编译，它们是在程序编译之前执行的，故称为预处理命令。

C++ 提供了 3 种预处理命令：

- 宏定义；
- 文件包含；
- 条件编译。

为了与一般 C++ 语句相区别，这些命令以符号"♯"开头，而且末尾不包含分号。

3.1.1　宏定义

1. 不带参数的宏定义

格式：

#define　标识符　　字符序列

功能：用指定的标识符(宏名)代替字符序列(宏体)。

【实例 3-1】　使用宏的实例。

(1) 程序代码

```
#include<iostream.h>
#define W 3.2
#define H 2.8
#define AREA W * H
void main()
```

```
{
    cout<< "AREA= "<<AREA<<endl;
}
```

（2）运行结果

```
AREA=8.96
```

（3）归纳分析

① 在本实例中，用 3.2 替换 W，2.8 替换 H，3.2 * 2.8 替换 AREA。但要注意，预编译时，用宏体替换宏名时系统不作语法检查。

② 引号中的内容与宏名相同也不置换。

③ 宏定义可嵌套，但不能递归调用。

④ ♯undef 可终止宏名作用域。格式如下：

```
#undef  宏名
```

2. 带参数宏定义

格式如下：

```
#define  标识符(参数表)  字符序列
```

例如：

```
#define  S(a,b)  a * b
    ⋮
area=S(3,2);
```

宏展开：

```
area=3 * 2;
```

【实例 3-2】 使用带参宏实例。

（1）程序代码

```
#include<iostream.h>
#define  POWER(x)  x * x
void main()
{
    int x=4,y=6,z;
    z=POWER(x+y);                    //宏展开: z=x+y * x+y;
    cout<< "z= "<<z<<endl;
}
```

（2）运行结果

```
z=34
```

（3）归纳分析

① 从运行结果可以看出，宏 POWER（x＋y）展开为 x＋y＊x＋y，而不是（x＋y）＊（x＋y）。

② 如果将上述宏定义命令改写为：

```
#define    POWER(x)    ((x) * (x))
```

则宏展开为：

```
z=((x+y) * (x+y));
```

程序运行后，在屏幕上输出的结果为：

```
z=100
```

3.1.2　文件包含

所谓"文件包含"是指一个文件可以将另一个文件的内容全部包含进来，即将另外的文件包含到本文件之中。C++ 提供了 ♯include 命令用来实现"文件包含"的操作。如在 file1.cpp 中有以下 ♯include 命令：

```
#include "file2.cpp"
```

它的作用如图 3-1 所示。

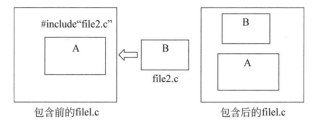

图 3-1　文件包含

格式如下：

```
#include    "文件名"
```

或

```
#include    <文件名>
```

功能：一个源文件可将另一个源文件的内容全部包含进来。预编译时，先用被包含文件的内容取代该预处理命令行，再对"包含"后的文件进行编译。

在文件包含中使用尖括号<>时，系统到指定的目录中查找要包含的文件，如果找不到，编译系统就给出"出错信息"。在文件包含中使用双引号""格式，则按照文件路径查找要包含的文件。如果在""中没有给出绝对路径，则默认用户当前目录中的文件。

对于系统提供的头文件,宜用< >格式,对于用户自己编写的文件,宜用""格式。

在 C++ 中被包含文件可以是:源文件(* . cpp)和头文件(* . h)。

头文件包含与标准函数有关的信息,或存放符号常量、类型定义、类定义及其与程序环境相关信息的文件。头文件一般包含以下内容:

(1) 对类型的声明。

(2) 函数声明。

(3) 内置(inline)函数的定义。

(4) 宏定义。用♯define 定义的符号常量和用 const 声明的常变量。

(5) 全局变量定义。

(6) 外部变量声明。如 entern int a;。

(7) 还可以根据需要包含其他头文件。

【实例 3-3】 文件包含实例。

(1) 程序代码

```
/ * powers.h * /
//头文件的内容
#define   sqr(x)      ((x) * (x))
#define   cube(x)     ((x) * (x) * (x))
#define   quad(x)     ((x) * (x) * (x) * (x))


/ * eg3_3.cpp * /
# include<iostream.h>
# include "powers.h"                    //包含 powers.h 文件
#define   MAX_POWER 5
void main()
{
    int n;
    cout<< "number\t"<< "exp(2)\t"<< "exp(3)\t"<< "exp(4)"<<endl;
    for(n=1;n<=MAX_POWER;n++)
        cout<<n<< "\t"<< sqr(n)<< "\t"<< cube(n)<< "\t"<<quad(n)<<endl;
}
```

(2) 运行结果

number	exp(2)	exp(3)	exp(4)
1	1	1	1
2	4	8	16
3	9	27	81
4	16	64	256
5	25	125	625

（3）归纳分析

① 一条 include 命令只能包含一个文件。

② 被定义的包含文件中还可以包含其他文件。

③ 习惯上，将 include 命令放在文件的开头位置。

④ 本实例包括两个文件：powers.h 和 eg3_3.cpp。

3.1.3 条件编译

如果没有指明，在进行编译时对源程序中的每一行都要编译。但有时希望程序中某一部分内容只在满足一定条件时才进行编译，如果不满足这个条件，就不编译这部分内容，这就是"条件编译"。

1. 宏名作为编译条件

```
#ifdef 标识符
    程序段 1
[#else
    程序段 2]
#endif
```

功能：当所指定的标识符已经被 #define 命令定义过，则在程序编译阶段只编译程序段 1，否则编译程序段 2。其中，#else 部分也可以省略。

2. 表达式作为编译条件

```
#if 表达式
    程序段 1
#else
    程序段 2
#endif
```

功能：当指定的表达式值为真（非零）时就编译程序段 1，否则编译程序段 2。

【实例 3-4】 条件编译应用实例。

（1）程序代码

```
/* powers.h */
#define  sqr(x)    ((x) * (x))
#define  cube(x)    ((x) * (x) * (x))


/* eg3_4.cpp */
#include<iostream.h>
#include "powers.h"
#define  MAX_POWER 5
void main()
```

```
    {
        int n;
        cout<< "number\t"<< "exp(2)\t"<< "exp(3)\t"<< "exp(4)"<<endl;
        for(n=1;n<=MAX_POWER;n++)
        {
            cout<<n<< "\t";
            #ifdef sqr
                cout<< sqr(n)<< "\t";
            #else
                cout<< "sqr(x) not defined!\n";
            #endif
            #ifdef cube
                cout<< cube(n)<< "\t";
            #else
                cout<< " cube(x) not defined!\n";
            #endif
            #ifdef quad
                cout<< quad(n)<< "\n";
            #else
                cout<< " quad(x) not defined! \n";
            #endif
        }//end for
    }
```

（2）运行结果

```
number  exp(2)  exp(3)      exp(4)
1       1       1           quad(x) not defined!
2       4       8           quad(x) not defined!
3       9       27          quad(x) not defined!
4       16      64          quad(x) not defined!
5       25      125         quad(x) not defined!
```

（3）归纳分析

① 本实例中，由于定义了：

```
#define   sqr(x)    ((x) * (x))
#define   cube(x)   ((x) * (x) * (x))
```

所以，执行语句 cout<<sqr(n)<<"\t";和 cout<<cube(n)<<"\t";，计算并输出 x 的平方和 x 的立方。

② 由于没有定义 quad(x)，所以，执行语句 cout<<" quad(x) not defined! \n";。

3.2 程序的三种基本结构及流程图

3.2.1 C++语句概述

语句是组成源程序的基本单位,它类似于一篇文章中的一个句子,但是 C++语句不是以句号(。)结束,而是以分号(;)结束。C++语句可以分为以下 4 大类。

1. 表达式语句

表达式语句格式如下:

表达式;

例如:

```
n++;                //算术表达式语句
sum=sum+n;          //赋值表达式语句
```

2. 流程控制语句

流程控制语句包括选择结构语句、循环结构语句和跳转语句。

(1) 选择结构语句

```
if()…else…
switch()…
```

(2) 循环结构语句

```
for()…
while()…
do…while()
```

(3) 跳转语句

```
continue
break
goto
return
```

说明:()表示其中是一个条件,…表示内嵌的语句。

3. 复合语句

复合语句也称为块语句,是由一对{}括起来的零个或多个语句组成。在语法上,复合语句被视为一条语句。格式如下:

```
{
    [数据说明部分;]
    执行语句部分;
}
```

复合语句一般用于下列两种情况：

（1）当结构上要求只用一条语句，但无法用一条表达式语句完成时，可采用复合语句。

（2）当定义的字节名仅在某一范围内使用时，使用块语句使其形成局部化的块结构。例如：

```
{
    int count=0;
    count++;
    sum+=count;                      //count 只在本复合语句中有效
}
```

定义语句用于定义新的名字。在同一块结构中，同一名字只能定义一次；在不同的块结构中，同一名字可以重新定义，并被视为不同的对象。

若在块结构中重新定义了块结构外已经定义了的名字，则块结构执行时，块外定义的名字被屏蔽，直至块结构结束，块外定义的名字重新可见。

说明：

① 复合语句在语法上和单一语句相同。

② 复合语句可以嵌套使用。

4. 其他语句

其他语句有函数调用语句等。

例如，sin(1.2);调用函数 sin(x)。

【实例 3-5】 复合语句应用实例。

（1）程序代码

```
#include<iostream.h>
void main()
{
    int   num=500;
    float price,cost;
    price=18.69f;
    {
        float price;
        price=19.32f;
        cost=num*price;              //块内定义变量 price,使得块外定义的 price 被屏蔽
        cout<< "cost1= "<< cost<<endl;
    }
```

```
        cost=num*price;              //块外定义的price重新可见
        cout<< "cost2="<<cost<<endl;
    }
```

（2）运行结果

```
cost1=9660
cost2=9345
```

（3）归纳分析

① 复合语句在语法上被视为一条语句。

② 本实例中,在块内、块外分别定义了变量price,尽管名称一样,但是编译系统认为它们是两个变量,为其分配各自的存储空间。

③ 当执行到块内时,块内的变量price屏蔽了块外的变量price。

3.2.2 程序的三种基本结构

C++支持结构化程序设计的三种基本结构:顺序结构、选择结构和循环结构。

1. 顺序结构

顺序地执行A语句和B语句。即执行完A语句后,接着执行B语句。如图3-2所示。

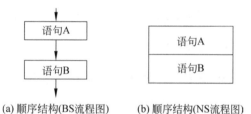

(a) 顺序结构(BS流程图)　　(b) 顺序结构(NS流程图)

图3-2　顺序结构BS和NS流程图

2. 选择结构

选择结构也称为分支结构,如图3-3所示。这种程序结构能有选择地执行程序中的不同程序段。

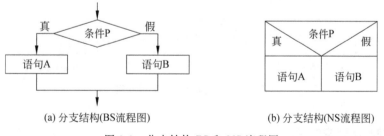

(a) 分支结构(BS流程图)　　　　　　(b) 分支结构(NS流程图)

图3-3　分支结构BS和NS流程图

3. 循环结构

在循环结构中,程序根据条件P是否成立,来决定是否重复执行某个程序段。若条件成立,则重复执行循环体A。当条件P不成立时终止循环,并控制转移到循环体外,如图3-4所示。

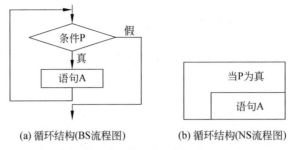

(a) 循环结构(BS流程图)　　(b) 循环结构(NS流程图)

图 3-4　循环结构 BS 和 NS 流程图

上述三种基本结构有以下两个共同特点：

（1）只有一个入口点，一个出口点。

（2）对于每个操作只有一条路径。

3.2.3　流程图

常用的流程图包括传统的流程图（也称为 BS 流程图）或结构化流程图（也称为 NS 流程图）。用图表示算法，比较形象直观，但修改算法时显得不大方便。

1. 流程图的组成

BS 流程图的常用元素如图 3-5 所示。

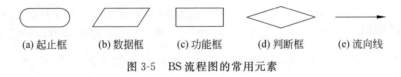

(a) 起止框　　(b) 数据框　　(c) 功能框　　(d) 判断框　　(e) 流向线

图 3-5　BS 流程图的常用元素

NS 流程图的常用元素如图 3-6 所示。

(a) 功能框　　　　　(b) 判断框　　　　　(c) 循环框

图 3-6　NS 流程图的常用元素

2. 三种基本结构的描述

三种基本结构的描述如图 3-2～图 3-4 所示。

3.3　顺序结构及其语句实现

C++ 的输入输出操作是通过"流"来实现的。所谓流是指来自设备或传送给设备的数据流。在 C++ 的输入输出流库中提供了标准输入 cin 和标准输出 cout 的流对象，用于各种数据的输入输出。有关流对象 cin、cout 和流运算符的定义等信息是存放在输入输出流库中的,所以使用输入输出流的程序必须使用预处理命令♯include<iostream.h>把头函数 iostream.h 包含到本文件中。

C++ 提供了多种输入输出库函数,具有很强的输入输出处理功能。iostream 库中定义了一些输入输出流控制符(manipulator),用于控制流的格式。这些控制符可以作为右操作对象出现在提取运算符<<和插入运算符>>的右边。表 3-1 列出了 iostream 库中常用的控制符及其功能。

表 3-1　iostream 库中常用的控制符及其功能

控 制 符	功 能 描 述	控 制 符	功 能 描 述
dec	设置基数为 10	endl	输出换行符'\n',并刷新流
oct	设置基数为 8	ends	输出'\0'
hex	设置基数为 16	flush	刷新流

3.3.1　标准输出流对象 cout

cout 是标准输出流对象,用于向标准输出设备——显示器输出数据。数据的输出是通过插入运算符<<将字符插入到输出流中的。

cout 的输出格式如下:

cout<<表达式 1<<表达式 2…;

说明:

① 在一个 cout 语句中,可以连续使用多个插入运算符<<输出多个数据。

② cout 的作用是向标准输出设备上输出字符流,被输出的数据可以是常量、已有值的变量或是一个表达式。输出多个表达式时,各输出项间用<<操作符隔开即可,但要注意 cout 首先按从右向左的顺序计算出各输出项的值,然后再从左向右输出各项的值。

③ cout 可以输出任何类型的数据。

例如:

```
int n=6;
float f=3.2f;
double d=636.36;
char c='t';
cout<< "n="<<n<< " f="<<f<< " d="<<d<< " c="<<c<<endl;
```

【实例 3-6】　输出流 cout 的应用实例。

(1) 程序代码

```
#include<iostream.h>
void main()
```

```
{
    int a=8,b,c;
    float f;
    char ch;
    b=(a=2*5,3*6,a*6);
    int n=5;
    c=(n++,n=12);
    ch=b+5;
    f=2.1*c;
    cout<<"n="<<n<<"a="<<a<<"b="<<b<<"c="<<c<<"\n";
    cout<<"ch="<<ch<<" f="<<f<<endl;
}
```

（2）运行结果

n=12　a=10　b=60　c=12

ch=A　f=25.2

（3）归纳分析

① 在一个 cout 语句中，可以连续使用多个插入运算符＜＜输出多个数据，并且其数据类型可以不同。

② 可以在 cout 输出流中插入 C++ 中的转义字符。例如：

cout<<"\n";

语句中的\n 是转义字符，表示换行。

③ 在 cout 中，实现输出数据换行功能的方法：既可以使用转义字符\n，也可以使用表示行结束的流控制符 endl。

3.3.2　在输出流中使用控制符

cout 输出流时一般使用默认格式。但是，流的默认格式有时不能满足输出要求。例如，希望通过下面的语句在输出 sum 时保留两位小数。

float sum=32.208609;

cout<<"sum="<<sum<<endl;

结果输出：sum＝32.2086，因为默认的格式是 6 位有效位。

在 C++ 的 iomanip 库中定义了一些输出流控制符，用于控制提取字符的行为。这些控制符可以作为右操作对象出现在提取运算符＞＞和插入运算符＜＜的右边。当程序中使用这些控制符时，要包含 iomanip.h 头函数。表 3-2 给出了 iomanip 库中常用的控制符及其功能。

表 3-2　iomanip 库中常用的控制符及其功能

控 制 符	功 能 描 述	控 制 符	功 能 描 述
Setfill(c)	设置填充字符 c	setiosflags(ios∷scientific)	以科学表示法形式显示
setprecision(n)	设显示小数精度为 n 位	setiosflags(ios∷lowercase)	十六进制数小写输出
setw(n)	设域宽为 n 个字符	setiosflags(ios∷uppercase)	十六进制数大写输出
setiosflags(ios∷left)	左对齐	setiosflags(ios∷showpos)	输出整数前的正号＋
setiosflags(ios∷right)	右对齐	setiosflags(ios∷skipws)	忽略前导空白
setiosflags(ios∷fixed)	以固定的浮点数形式显示		

【实例 3-7】　在输出流中使用控制符的实例。

（1）程序代码

```
# include<iostream.h>
# include<iomanip.h>
void main()
{
    int a=8,b=36,c=25;
    cout<< "dec\n";
    cout<< "a="<<a<< " b="<<b<< " c="<<c<<endl;
    cout<< "oct\n"<<oct;
    cout<< "a="<<a<< " b="<<b<< " c="<<c<<endl;
    cout<< "hex\n"<<hex;
    cout<< "a="<<a<< " b="<<b<< " c="<<c<<endl;
    float x=328.162,y=213.39;
    float z=x/y;
    cout<< setw(30)<< "x"<< setw(20)<< "y"<< setw(20)<< "z"<<endl;
    cout<< "auto:"<< setw(25)<<x<< setw(20)<<y<< setw(20)<<z<<endl;
    cout<< setiosflags(ios∷scientific);              //按照科学记数法输出
    cout<< "scientific:"<< setw(19)<<x<< setw(20)<<y<< setw(20)<<z<<endl;
    cout<< setiosflags(ios∷fixed);
    cout<< "fixed:"<< setw(24)<<x<< setw(20)<<y<< setw(20)<<z<<endl;
}
```

（2）运行结果

```
dec
a=8   b=36   c=25
oct
a=10  b=44   c=31
hex
a=8   b=24   c=19
                     x                 y              z
auto:                328.162           213.39         1.53785
scientific:  3.281620e+002   2.133900e+002     1.537851e+000
fixed:               328.162           213.39         1.53785
```

（3）归纳分析

① 控制符 dec、hex 和 oct 可以设置输出数据的进位计数制。在默认情况下，输出的数据按十进制格式输出。但可以使用流控制符 hex 和 oct 控制数据的输出格式为十六进制和八进制，一旦设置成某种进位计数制后，数据的输出就以该种数制为主，可利用流控制符 dec 将数制重新设成十进制。

这些控制符具有持续性，即对于所输出的数据都按其指定的基数表示，直到指定了另外的基数为止。

② 所谓域宽是指输出数据所占的输出宽度（单位是字符数）。设置域宽可以使用流控制符 setw(n) 和 cout 的方法 cout.width(n)。

其中 n 为正整数，表示域宽。当参数 n 的值比实际输出数据的宽度大时，则在给定的域宽内，数据靠右对齐，不足部分自动填充空格符；若输出数据的实际宽度比 n 值大时，则数据所占的实际位数输出数据，设置域宽的参数 n 不再起作用。

③ 设置浮点数的输出格式：对于浮点数，既可以用小数格式输出，也可以用指数格式输出。这可以分别通过 setiosflags(ios::fixed) 和 setiosflags(ios::scientific) 来控制。

④ cout.width(n) 和 setw(n) 二者都只对下一个被输出的数据有作用，若一个输出语句内有多个被输出的数据，而要保持一定格式域宽时，需要在每一输出数据前加上 cout.width(n) 或 setw(n)。

setw(n) 控制符除外，其他控制符具有持续性，即对于所输出的数据都按其指定方式显示，直到指定了另外的显示方式为止。

3.3.3 标准输入流对象 cin

cin 是标准输入流对象，用于从标准输入设备——键盘读取数据。当用户在键盘输入字符时，输入的字符顺序形成了输入流。数据的输入是通过提取运算符>>从输入流中提取的。

cin 的输入格式为：

cin>>表达式 1>>表达式 2…;

说明：

① 当程序在运行过程中执行到 cin 时，程序会暂停执行并等待用户从键盘输入相应数目的数据，用户输入完数据并按回车键后，cin 从输入流中取得相应的数据并传送给其后的变量中。

② 提取符>>后面的表达式可以是获得数据的变量或对象。

③ cin 可以输入任何基本类型的数据。

④ 在一个 cin 中，可以连续使用多个提取符>>输入多个数据。

【实例 3-8】 分别输入两个整数和两个实数，并求其商。

（1）编程思路

使用输入流对象 cin 输入两个整数和两个实数。

（2）程序代码

```
# include<iostream.h>
void main()
```

```
{
    int a,b,c;
    float x,y,z;
    cout<<"input a,b=";
    cin>>a>>b;                          //使用输入流对象输入数据
    cout<<"input x,y=";
    cin>>x>>y;
    c=a/b;
    z=x/y;
    cout<<"c="<<c<<endl;
    cout<<"z="<<z<<endl;
}
```

（3）运行结果

```
input a,b=12  5<回车>
input x,y=12  5<回车>
c=2
z=2.4
```

（4）归纳分析

① 从键盘输入多个数据时,通过操作空格键、制表符键或换行键将数据隔开。

② 提取符>>从流中提取字符时,只提取除空格、制表符或换行符之外的字符,即空格、制表符或换行符被跳过。

③ 提取字符时,整数的首字符可以是符号字符(＋或－)或整数字符;浮点数的首字符可以是小数点或整数字符。

【实例 3-9】　从键盘输入两个小写字母,转换成大写字母后输出。

（1）编程思路

使用输入流对象 cin 输入字符数据。然后根据大小写字母之间的 ASCII 码差值 32,把小写字母转换成大写字母。

（2）程序代码

```
#include<iostream.h>
void main()
{
    char c1,c2;
    cin>>c1>>c2;
    c1=c1-32;
    c2=c2-32;
    cout<<"c1="<<c1<<endl;
    cout<<"c2="<<c2<<endl;
}
```

（3）运行结果

```
input c1,c2=m  k<回车>
c1=M
```

c2=K

（4）归纳分析

① 从键盘输入多个字符型数据时，每两个数据之间用空格、制表符或换行符隔开。

② 提取字符型数据时，跳过空格、制表符或换行符。

③ 从键盘输入字符型数据时，不要用单引号(')括起来。

3.3.4 赋值语句

赋值语句格式如下：

赋值表达式；

例如：

x=5;
y=3.2+x;
x+=y;
a=b=c=d;

说明：

① 在赋值语句中，先计算赋值号右边表达式的值，然后将其值赋给左边的变量。

② 要特别注意，赋值号不同于数学上的等号。

【实例 3-10】 已知三角形三条边的长度分别为 a、b、c，求三角形的面积。

（1）编程思路

根据海伦公式：

$$l = \frac{a+b+c}{2}, \quad s = \sqrt{l(l-a)(l-b)(l-c)}$$

求三角形的面积。本实例的流程图如图 3-7 所示。

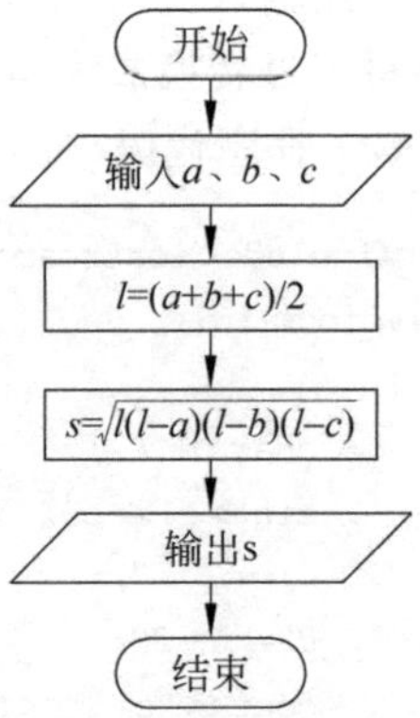

（2）程序代码

```cpp
#include<iostream.h>
#include<math.h>
void main()
{
    float a,b,c,l,s;
    cout<<"input a,b,c=";
    cin>>a>>b>>c;
    l=(a+b+c)/2;
    s=sqrt(l*(l-a)*(l-b)*(l-c));
    cout<<"s="<<s<<endl;
}
```

图 3-7 实例 3-10 流程图

（3）运行结果

input a,b,c=3 4 5<回车>
s=6

（4）归纳分析

① 一个程序单位一般可以分为三部分：输入、处理和输出。

② 所谓处理就是设计解题的算法。如果是数值计算，就是找出未知数和已知数之间的函数关系。

③ 在本实例中，若从键盘输入 3　5　12，运行结果如下：

```
input a,b,c=3   5   12<回车>
s=-1.#IND
```

这是因为，在设计算法时，没有考虑构成三角形的条件，想当然地认为输入的数据可以构成三角形。解决的办法可用 3.4 节介绍的分支语句处理。

3.4　分支结构及其语句实现

如果在程序中需要根据判断来决定执行哪些操作，那么要使用分支结构。C++ 提供了两种语句：if 语句（条件语句）和 switch 语句（开关语句）实现分支结构。

3.4.1　单分支结构及其语句实现

单分支语句的格式如下：

```
if (表达式)
    语句
```

功能：当执行 if 语句时，先对括号中的表达式求值。如果表达式的值为真（非 0 即为真），执行语句。if 语句的执行过程可以用图 3-8 描述。

【实例 3-11】　已知某学生"高等数学"课程的成绩，如果及格了，输出"Passed!"。

（1）编程思路

成绩 score 按照是否及格划分，可以分成两种：score≥60 或 score<60。如果 score≥60，则输出"Passed!"；如果 score<60，则不做任何处理。本实例的流程图如图 3-9 所示。

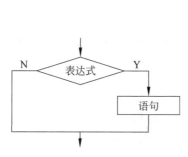

图 3-8　单分支 if 语句执行过程

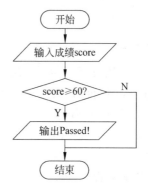

图 3-9　实例 3-11 流程图

（2）程序代码

```
#include<iostream.h>
void main()
{
    float score;
    cout<<"Please enter score=";
    cin>>score;
    if(score>=60)
        cout<<"Passed!"<<endl;
}
```

（3）运行结果

```
Please enter score=69<回车>
Passed!
```

（4）归纳分析

① if 语句中的表达式可以是任意类型的表达式，但是，常用关系表达式或逻辑表达式，并且表达式必须用括号()括起来。

② 语句可以是一条语句，也可以是多条语句。如果是多条语句，用{}括起来构成复合语句。

③ 在书写代码时，尽量使 if 语句的内嵌语句比 if 语句缩进，从而养成良好的编程书写风格。

【讨论题 3-1】 试求 x 的绝对值。

3.4.2 双分支结构及其语句实现

双分支语句的格式如下：

```
if (表达式)
    语句1
else
    语句2
```

功能：当执行 if 语句时，先对括号中的表达式求值。如果表达式的值为真（非 0 即为真），执行语句1；否则，执行语句2。if 语句的执行过程可以用图 3-10 描述。

【实例 3-12】 输入任意一个整数，判断该数的奇偶性。

（1）编程思路

整数 num 按照奇数或偶数来划分有两种可能性：如果 num%2 等于 0，num 为"偶数"；否则

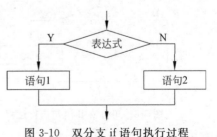

图 3-10 双分支 if 语句执行过程

num 为"奇数"。本实例的流程图如图 3-11 所示。

（2）程序代码

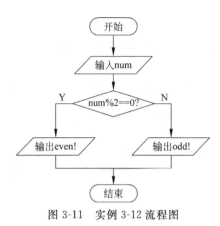

图 3-11 实例 3-12 流程图

```cpp
#include<iostream.h>
void main()
{
    int num;
    cout<<"please input num=";
    cin>>num;
    if(num%2==0)  //如果 num 能被 2 整除即为偶数
        cout<<num<<"is even!"<<endl;
    else
        cout<<num<<" is odd!"<<endl;     //奇数
}
```

（3）运行结果

第 1 次运行：

```
please input num=18<回车>
18 is even!
```

第 2 次运行：

```
please input num=15<回车>
15 is odd!
```

（4）归纳分析

本实例需要根据"num%2"是否为"真"来选择执行不同的输出语句。处理两个分支的问题时常使用 if…else…语句。

【讨论题 3-2】 已知学生高等数学的成绩,如果及格了,输出"passed!",否则输出"no passed!"。

【讨论题 3-3】 指出下列程序中的错误,并改正。

```cpp
#include<iostream.h>
void main()
{
    float x,y;
    if(x>y)
        x=y;    y=x;
    else
        x++; y++;
    cout<<x<<y;
}
```

3.4.3 多分支结构及其语句实现

多分支结构的实现可以用 if 语句的嵌套形式，也可以用 switch 语句。

1. if 语句的嵌套形式

所谓 if 语句的嵌套是指在条件语句内部（语句 1 或语句 2）中又使用了条件语句。例如，下列两个程序段都使用了 if 语句的嵌套形式。

```
if(x>1)
    if(y>1)
    ⋮
    else
    ⋮
```

与

```
if(x>1)
⋮
else
    if(y>1)
```

【**实例 3-13**】 猜数字游戏。输入任意一个整数，判断其是否为 8，若猜对了，给出 "right!"；若猜错了且比 8 大，给出 "big!"，否则给出 "small!"。

（1）编程思路

整数 m 与 8 比较其大小关系有三种可能性：m＝8、m＜8、m＞8。如果 m＝8，输出 "right!"；如果 m＜8，输出 "small!"；如果 m＞8，输出 "big!"。本实例的流程图如图 3-12 所示。

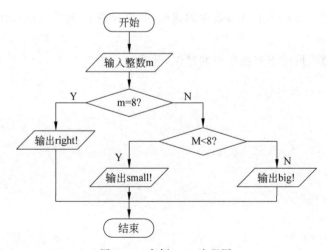

图 3-12 实例 3-13 流程图

（2）程序代码

```
#include<iostream.h>
void main()
{
    int m;
    cout<<"please input m=";
    cin>>m;
    if(m=8)
        cout<<"right! \n";
    else
        if(m>8)                    //if 语句的嵌套使用
            cout<<"big! \n";
        else
            cout<<"small! \n";
}
```

（3）运行结果

第 1 次运行：

```
please input m=6<回车>
small!
```

第 2 次运行：

```
please input m=8<回车>
right!
```

第 3 次运行：

```
please input m=12<回车>
big!
```

（4）归纳分析

在程序中使用 if 语句的嵌套形式时，要特别注意 else 与 if 的配对问题。一定要确保 else 与 if 的对应关系不存在歧义性。配对原则是，else 与之前边最近的未配对的 if 语句相对应。如果在程序中使用了 {}，有可能改变 else 与 if 的对应关系，这要视具体情况而定。

【讨论题 3-4】 输入任意一个字符，判断其是否为字母字符，若是，给出 "character!"；若是数字字符，给出 "number!"，否则给出 "other!"。

2. switch 语句

switch 语句也称为开关语句。适用于根据条件进行多路选择的结构。其语法格式如下：

```
switch(表达式)
```

```
{
case 常量表达式 1：
    语句 1
case 常量表达式 2：
    语句 2
      ⋮
case 常量表达式 i：
    语句 i
      ⋮
case 常量表达式 n：
    语句 n
[default：
    语句 n+1]
}
```

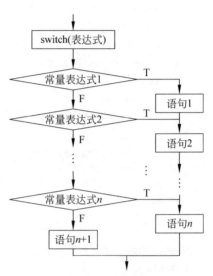

其执行过程为：首先计算 switch 语句后面表达式的值，当表达式的值与第 i 个 case 后面的常量的值相等时，就执行此 case 后面的语句 i，若所有的 case 中的常量的值都没有与表达式的值相匹配的，就执行 default 后面的语句 $n+1$，当没有 default 语句时，则什么也不执行。

switch 语句的执行过程可以用图 3-13 描述。

图 3-13　switch 语句执行过程

【实例 3-14】　任意给定一个月份数，输出是哪个季节。

（1）编程思路

众所周知，12,1,2 月是冬季；3,4,5 月是春季；6,7,8 月是夏季；9,10,11 月是秋季。考虑到用户输入的非法数据，本实例需要 5 个分支。本实例的流程图如图 3-14 所示。

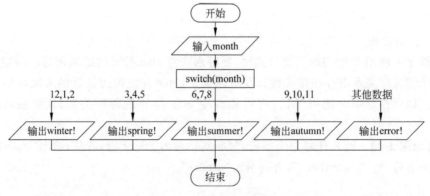

图 3-14　实例 3-14 流程图

（2）程序代码

```
# include<iostream.h>
void main()
```

```
{
    int month;
    cout<< "please input month=";
    cin>>month;
    switch(month)
    {
        case 12:
        case 1:
        case 2:        //12、1、2 月是冬季
            cout<< "month "<<month<< " is winter!"<<endl;
            break;
        case 3:
        case 4:
        case 5:        //3、4、5 月是春季
            cout<< "month "<<month<< " is spring"<<endl;
            break;
        case 6:
        case 7:
        case 8:        //6、7、8 月是夏季
            cout<< "month "<<month<< " is summer"<<endl;
            break;
        case 9:
        case 10:
        case 11:       //9、10、11 月是秋季
            cout<< "month "<<month<< " is autumn"<<endl;
            break;
        default:
            cout<< "input month error!"<<endl;
    }
}
```

（3）运行结果

第 1 次运行：

```
please input month=6<回车>
month 6 is summer
```

第 2 次运行：

```
please input month=16<回车>
input month error!
```

（4）归纳分析

① 当处理多分支问题时，虽然使用嵌套的 if 语句也能解决，但因为嵌套层次多，编程时容易出错，所以常使用 switch 语句。

② case 后边的"常量表达式"可以是整型常量表达式或字符型常量表达式，其值必须

互不相同。

③ case 后可包含多个可执行语句,且不必加复合语句的标记符{ }。

④ 多个 case 可共用一组执行语句。

例如,本实例中的语句:

```
case 3:
case 4:
case 5:
        cout<< "month "<<month<<" is spring"<<endl;
```

当 month 的值为 3 或 4 或 5 时,都执行语句 cout<<"month "<<month<<" is spring"<<endl;

⑤ "default:语句 n+1"可以省略。

⑥ 当执行完"语句 i"后,不是马上跳出 switch 语句,程序执行的流程转移到下一个 case 继续执行,即接着执行"语句 i+1"、"语句 i+2"、…、"语句 n",直至"语句 n+1"。"case 常量"只是起语句标号作用,并不是在该处进行条件判断。因此必须人为地加一条语句 break,控制跳出 switch 语句并执行 switch 的后一条语句。

⑦ 各 case 子句和 default 子句的次序可任意。

⑧ 在 switch 语句中出现的 break 语句并不是必需的,这要根据程序的需要来决定。在此 break 语句的作用是跳出 switch 语句。

⑨ switch 语句可以嵌套 switch。

【实例 3-15】 输入学生"高等数学"的成绩,若成绩大于等于 90 分,输出"Very Good!";若成绩在 80～90 分之间,输出"Good!";若成绩在 70～80 分之间,输出"Right!";若成绩在 60～69 分之间,输出"Passed!";若成绩在 0～59 分之间,输出"no Passed!";否则,输出"Data error!"。

(1) 编程思路

学生的成绩 score 可以取 0～100 之间的整数,switch 语句中 case 后面要求具有特定值的表达式,而不能是某个范围,因此只有将范围值转化为具体的值,才可以使用 switch 语句。考虑到"score/10"的取值为 0～10,本实例即可使用 switch 语句实现多分支结构。

(2) 程序代码

```cpp
#include<iostream.h>
void main()
{
    int score;
    cout<< "please input score=";
    cin>> score;
    if(score>100) score=110;
    switch(score/10)
    {
        case 10:
        case 9:
```

```
            cout<< "Very Good! "<<endl; break;
        case 8:
            cout<< "Good! "<<endl; break;
        case 7:
            cout<< "Right! "<<endl; break;
        case 6:
            cout<< "Passed! "<<endl; break;
        case 5:
        case 4:
        case 3:
        case 2:
        case 1:
        case 0:
            cout<< "no Passed! "<<endl; break;
        default:
            cout<< "Data error! "<<endl;
    }//end switch
}
```

（3）运行结果

第 1 次运行：

```
please input score=101<回车>
Data error!
```

第 2 次运行：

```
please input score=80<回车>
Good!
```

（4）归纳分析

① 当处理多分支结构问题时，有时需要做一些处理后，才可以使用 switch 语句。

② if(score>100) score=110;该语句限制 score 在 100 分以上有正确的输出。如果不做该处理，101～109 之间是数据也会输出"Very Good!"。

【讨论题 3-5】 考虑下列分段函数是否可以用 switch 语句。

$$y = \begin{cases} 2x+1, & (x<0) \\ x^2, & (0 \leqslant x \leqslant 3) \\ 3x, & (x>3) \end{cases}$$

【讨论题 3-6】 阅读下列程序，给出运行结果。

```
# include<iostream.h>
void main()
{
    int x=1,y=0,a=0,b=0;
    switch(x)
```

```
    {
        case 1:
        switch(y)
        {
            case 0:
                a++;
                break;
            case 1:
                b++;
                break;
        }
        case 2:   a++;b++; break;
        case 3:   a++;b++;
    }
    cout<< "a= "<< a<< " b= "<<b<<endl;
}
```

3.4.4   使用条件表达式实现分支结构

C++ 中条件运算符由"?"和":"组成，它是 C++ 中唯一的三目运算符，其结合性为右结合。使用条件表达式也可以实现分支结构。

【实例 3-16】 输入任意三个数 x、y、z，求最大值并输出。

（1）编程思路

数据 x、y、z 中，任意一个都可能取最大值。首先，从 x、y 中取出最大值存放到 max 中；然后比较 max 和 z 的大小，若 z>max，将 z 的值存放到 max 中；那么，max 中放的就是最大值。

（2）程序代码

```
#include<iostream.h>
void main()
{
    float x,y,z,max;
    cout<< "please input x,y,z=";
    cin>> x>> y>> z;
    max= (x>y? x:y);                    //使用条件表达式实现分支结构
    if(z>max) max=z;
    cout<< "max= "<<max<<endl;
}
```

（3）运行结果

第 1 次运行：

please input x,y,z=3.2   -63   0<回车>

```
max=3.2
```

第 2 次运行：

```
please input x,y,z=-63  3.2  0<回车>
max=3.2
```

第 3 次运行：

```
please input x,y,z=-63  0  3.2<回车>
max=3.2
```

（4）归纳分析

① 本实例使用了条件表达式处理分支结构。max＝(x＞y?x:y)；语句中，关系运算符的优先级高于条件运算符，条件运算符的优先级高于赋值运算符。所以，先判断 x、y 的大小，然后将其中大数赋给变量 max。

② 语句 max＝(x＞y?x:y)；也可以用下列双分支 if 语句替换：

```
if(x>y)
    max=x;
else
    max=y;
```

3.5　循环结构及其语句实现

如果在程序中反复执行一段代码，直到不满足条件为止，这种重复过程就称为循环。C++ 提供了 3 种循环语句：for 语句、while 语句和 do…while 语句。

循环结构都有三要素：一是循环变量的初值；二是循环变量的终止条件；三是循环变量的改变。初值用于设置循环的入口点，终止条件用于设置循环的出口点，循环变量的改变保证循环的结束。循环三要素在编写循环语句时非常重要，请读者慢慢体会其含义。

3.5.1　for 语句

for 循环语句的格式如下：

```
for(表达式 1;表达式 2;表达式 3)
    循环体语句
```

执行 for 循环的过程如下：
（1）求"表达式 1"的值；
（2）求"表达式 2"的值；
（3）若"表达式 2"的值为真，执行"循环体语句"，然后计算"表达式 3"的值；
（4）重复步骤（2）和步骤（3），直至"表达式 2"的值为假，退出循环。

for 语句执行过程也可以用图 3-15 描述。

【实例 3-17】 编写程序，计算 1～100 之间的奇数和。

（1）编程思路

本实例是计算若干数的和。考虑一个数一个数地往里加，即重复计算 sum＝sum＋x（x 的值每次都不一样），因此，可用循环结构实现。本实例的流程图如图 3-16 所示。

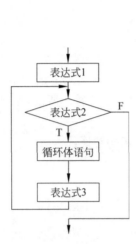

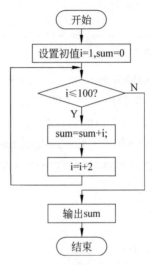

图 3-15　for 语句执行过程　　　　图 3-16　实例 3-17 流程图

（2）程序代码

```cpp
#include<iostream.h>
void main()
{
    int i,sum;
    for(i-1,sum=0;i<=100;i+=2)          //循环变量的修改
        sum+=i;
    cout<<"sum= "<<sum<<endl;
}
```

（3）运行结果

sum=2500

（4）归纳分析

① for 语句中的"表达式 1"、"表达式 2"和"表达式 3"可以是任意表达式。

② "表达式 1"用于设置循环变量的初值；"表达式 2"设置循环终止的条件；"表达式 3"完成循环变量的修改。

③ "表达式 1"、"表达式 2"和"表达式 3"均可以省略，但分号（;）不能省略。

④ 如果在执行过程中循环无法终止，就成了常说的"死循环"或"无限循环"。通常在循环三要素中若有一个考虑不当，就有可能造成"死循环"。"死循环"在语法上是没有错误的。

【讨论题 3-7】　计算 $1\sim100$ 之间的偶数和;计算 $1\sim100$ 之间的和。

【讨论题 3-8】　计算 8!（$8!=1\times2\times3\times\cdots\times8$）。

3.5.2　while 语句

while 语句的格式如下:

```
while(表达式)
    循环体语句
```

执行 while 循环的过程如下:

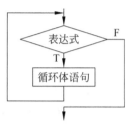

图 3-17　while 语句执行过程

① 先计算"表达式"的值。

② 若"表达式"的值为真（非 0），执行"循环体语句"。

③ 重复步骤①和步骤②;直至"表达式"的值为假（0），退出循环，执行 while 语句的下一条语句。

while 语句执行过程也可以用图 3-17 描述。

【实例 3-18】　编写程序,计算 $1+\dfrac{1}{2}+\dfrac{1}{3}+\dfrac{1}{4}+\cdots+\dfrac{1}{n}$ 的和刚好大于等于 5 时的项数 n。

（1）编程思路

本实例也是计算若干数的和,即重复计算 sum＝sum＋1/n（n 的值每次都不一样）,因此,可用循环结构实现。本实例的流程图如图 3-18 所示。

（2）程序代码

```cpp
#include<iostream.h>
void main()
{
    int n=1;
    float sum=0;            //设置循环变量 sum 的初值为 0
    while(sum<5)            //循环条件为 sum 小于 5 时循环
    {
        sum+=1.0/n;        //修改循环变量 sum 的值
        n++;
    } //end while
    cout<< "n= "<<n-1<<" sum= "<< sum<<endl;
}
```

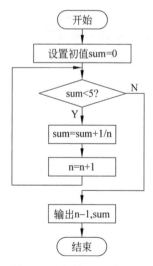

图 3-18　实例 3-18 流程图

（3）运行结果

n=83　sum=5.00207

（4）归纳分析

① while 语句中的"表达式"可以是任意表达式。但常用关系表达式或逻辑表达式。

② 一般将循环初值写在 while 之前;循环终值写在 while 之后的表达式中;循环变量

的修改写在循环体内。

③ 读者试分析一下，若程序中的语句 sum＋＝1.0/n;写成 sum＋＝1/n;会出现什么情况？

【讨论题 3-9】 用 while 语句计算 1～100 之间的和。

3.5.3 do-while 语句

do-while 语句的格式如下：

```
do
   循环体语句
while(表达式);
```

执行 do-while 循环的过程如下：

① 先执行"循环体语句"；

② 计算"表达式"的值，若"表达式"的值为真（非 0），执行"循环体语句"；

③ 重复步骤①和步骤②；直至"表达式"的值为假（0），退出循环，执行 do-while 语句的下一条语句。

do-while 语句执行过程也可以用图 3-19 描述。

【实例 3-19】 编写程序，求 π 的近似值，要求误差小于或等于 10^{-6} 为止。已知 $\pi/4 \approx 1-1/3+1/5-1/7+\cdots$。

（1）编程思路

本实例也是计算若干数的和，即重复计算 sum＝sum±1/i(i 的值每次都不一样)，因此，可用循环结构实现。本实例的流程图如图 3-20 所示。

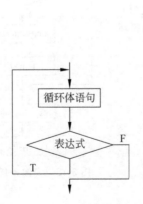

图 3-19　do-while 语句执行过程

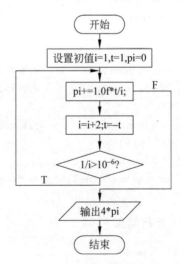

图 3-20　实例 3-19 流程图

（2）程序代码

```
# include<iostream.h>
# include<math.h>            //绝对值函数 fabs(x)的定义在头文件 math.h 中
void main()
{
    int i=1,t=1;
    float pi=0,eps=1e-6f;          //eps 用于设置误差
    do
    {
        pi+=1.0f * t/i;
        i+=2;
        t=-t;                //处理正负号,使得加和项的正负号交替出现。即一次为正,一次为负
    } while(fabs(1.0/i)>eps);     //设置循环终止条件
    cout<< "pi="<<4 * pi<<endl;
}
```

（3）运行结果

pi=3.14159

（4）归纳分析

① do-while 语句中的"表达式"可以是任意表达式。但常用关系表达式或逻辑表达式。

② do-while 语句是先执行循环体语句,然后判断"表达式"是否为真。

③ 一般将循环初值写在 do 之前;循环终值写在 while 后的表达式之中;循环变量的修改写在循环体内。

④ while 后面的分号不能省略。

说明:在循环体相同的情况下,while 语句和 do-while 语句的功能基本相同。二者的区别在于:当循环条件一开始就为假时,do-while 语句中的循环体至少会被执行一次,而 while 循环则一次都不执行。

3.5.4 循环嵌套及其语句实现

循环嵌套是指在循环体内又包含了循环语句。在 C++ 中 while、do-while 和 for 语句不仅可以自身嵌套,而且还可以相互嵌套。下列几种嵌套格式都是合法的。

说明:

① 循环嵌套时,外层循环和内层循环间是包含关系,即内层循环必须被完全包含在外层循环中,不得交叉。

② 当程序中出现循环嵌套时,这时,程序每执行一次外层循环,则其内层循环必须循环所有的次数(即内层循环结束)后,才能进入到外层循环的下一次循环。

嵌套格式1

```
while(表达式1)
  {…
    do
     {
       ⋮
     }
    while(表达式2);
   ⋮
  }
```

嵌套格式2

```
while(表达式)
  {…
    for(表达式1;表达式2;表
    达式3)
     {
       ⋮
     };
   ⋮
  }
```

嵌套格式3

```
for(表达式1;表达式2;
表式3)
  {…
    while(表达式)
     {
       ⋮
     }
   ⋮
  }
```

【实例3-20】 编写程序,输出九九乘法表。

（1）编程思路

九九乘法表有九行九列。用循环变量 i 控制行数（1～9），用循环变量 j 控制列数（1～9）。要注意的是,并不是每行都有九列,而是第 i 行有 i 列。

（2）程序代码

```cpp
#include<iostream.h>
#include<iomanip.h>
void main()
{
    int i,j;
    for(i=1;i<=9;i++)                //i控制行数
    {
        for(j=1;j<=i;j++)            //每行输出到主对角线为止
          {
              cout<<setw(5);        //使每个数字占5个字符位,以便对齐输出的数
              cout<<i*j;
          }//end for
        cout<<endl;
    }//end for
}
```

（3）运行结果

```
1
2    4
3    6    9
4    8    12   16
5    10   15   20   25
6    12   18   24   30   36
7    14   21   28   35   42   49
8    16   24   32   40   48   56   64
9    18   27   36   45   54   63   72   81
```

（4）归纳分析

内循环作为外循环的循环体语句，外循环每重复一次，内循环要全部完成。本实例中按照先行后列的形式输出，即外循环控制行，内循环控制列。

【讨论题 3-10】 打印下列图案。

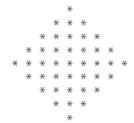

3.6 辅助控制语句

控制执行顺序的语句也称为跳转语句。这些语句可以使程序无条件地改变执行的顺序。

3.6.1 break 语句

break 语句称为中断语句。其格式如下：

```
break;
```

该语句只能用于两种情况：

（1）用在 switch 结构中，当某个 case 子句执行完后，使用 break 语句跳出 switch 结构。

（2）用在循环结构中，用 break 语句来结束循环。如果在嵌套循环中，break 语句只能结束其所在的那层循环。

说明：

① break 只能终止并跳出最近一层的结构。

② break 不能用于循环语句和 switch 语句之外的任何其他语句之中。

【实例 3-21】 判断正整数 $n(n > 2)$ 是否是素数。

（1）编程思路

按照素数的定义，如果 n 不能被 $2 \sim \text{sqrt}(n)$ 之间的任意一个数整除，则 n 是素数；否则，n 是非素数。本实例设置了一个标志 flag，标记 n 是否为素数，flag＝1 为素数，flag＝0 为非素数。

（2）程序代码

```
#include<iostream.h>
#include<math.h>
void main()
```

```
{
    int i,j,flag,n;
    cout<<"please input n=";
    cin>>n;
    flag=1;                        //flag=1 为素数的标志。假设每个数都是素数
    for(i=2;i<=sqrt(n);i++)        //sqrt(n)是求 n 的平方根函数,该函数包含在<math.h>中
        if(n%i==0)
        {
            flag=0;                //如果 n 不是素数将 flag 修改为 0,即表示 n 为非素数
            break;                 //终止循环
        }
    if(flag==1)                    //循环终止后,如果 flag 仍然为 1,n 即为素数
        cout<<n<<" is prime!"<<endl;
    else
        cout<<n<<" is not prime!"<<endl;
}
```

（3）运行结果

第 1 次运行结果：

```
please input n=233<回车>
233 is prime!
```

第 2 次运行结果：

```
please input n=231<回车>
231 is not prime!
```

（4）归纳分析

一旦 n 能被 i 整除,即可断定 n 不是素数,用 break 终止循环。但是,若 n 不能被一个 i 整除,却不能得出结论: n 为素数。

【讨论题 3-11】 将小写字母转换成大写字母,直至输入非字母字符。

3.6.2 continue 语句

continue 语句称为继续语句。其格式如下：

```
continue;
```

该语句只能用在循环结构中。当在循环结构中遇到 continue 语句时,则跳过 continue 语句后的其他语句结束本次循环,并转去判断循环控制条件,以决定是否进行下一次循环。即 continue 只能结束本次循环,而非终止整个循环。

【实例 3-22】 求输入的 10 个数中正数的个数及其和。

（1）编程思路

循环输入 10 个数据,当输入的数据小于等于 0,结束本次循环;否则,求其和并统计

数据的个数,并继续下一次循环。

(2) 程序代码

```cpp
#include<iostream.h>
#include<math.h>
void main()
{
    float x,sum=0;
    int i,n=0;
    for(i=1;i<=10;i++)
    {
        cout<<"please input x=";
        cin>>x;
        if(x<=0)
            continue;                   //结束本次循环
        else
        {
            sum+=x;
            n++;
        }
    }
    cout<<"n="<<n<<" sum="<<sum<<endl;
}
```

(3) 运行结果

```
please input x=3.2<回车>
please input x=-2.6<回车>
please input x=-3.6<回车>
please input x=0<回车>
please input x=12.3<回车>
please input x=5.69<回车>
please input x=-9.65<回车>
please input x=12.5<回车>
please input x=50.32<回车>
please input x=18.89<回车>
n=6 sum=102.9
```

(4) 归纳分析

① 若输入的数字小于等于 0,用 continue 终止本次循环,而非终止整个循环。

② break 语句与 continue 语句的区别:

• break 语句是终止本层循环,continue 语句是终止本次循环。

• break 语句可以用在循环和 switch 语句中,continue 语句只能用在循环语句中。

请分析下列两个程序段，分别给出 sum 的值。

程序段 1：

```
for(int sum=0,i=1;i<=100;i++)
{
    if(i%2!=0)
        continue;
    sum+=i;
}
cout<<"sum="<<sum<<endl;
```

程序段 2：

```
for(int sum=0,i=1;i<=100;i++)
{
    if(i%2!=0)
        break;
        sum+=i;
}
cout<<"sum="<<sum<<endl;
```

3.7　程序实例

【实例 3-23】　输入任意 3 个数，按由小到大的顺序排列输出。

（1）编程思路

假设输入的 3 个数 a、b、c 是有序数（由小到大）。首先，比较 a 和 b 的大小，若 a 大于 b，交换 a 和 b 的值，使得 a 的值小于 b 的值；其次，比较 a 和 c 的大小，若 a 大于 c，交换 a 和 c 的值，使得 a 的值小于 c 的值；最后，比较 b 和 c 的大小，若 b 大于 c，交换 b 和 c 的值，使得 b 的值小于 c 的值；这样，3 个数 a、b、c 即为有序数（由小到大）。

（2）程序代码

```
#include<iostream.h>
void main()
{
    float a,b,c,temp;
    cout<<"input a,b,c=";              //提示输入 3 个数
    cin>>a>>b>>c;                      //输入 3 个数 a、b、c
    if(a>b)
    {
        temp=a;a=b;b=temp;            //交换 a 与 b 的值,将比较小的数放在 a 中
    }
    if(a>c)
    {
        temp=a;a=c;c=temp;            //交换 a 与 c 的值,将最小的数放在 a 中
```

```
    }
    if(b>c)
    {
        temp=b;b=c;c=temp;    //交换 b 与 c 的值,将剩余两数中比较小的数放在 b 中
    }
    cout<<" small to large:"<<a<<" "<<b<<" "<<c<<endl;
}
```

（3）运行结果

第 1 次运行结果：

```
please input a,b,c=3.2   6.3   2.1<回车>
small to large:2.1  3.2   6.3
```

第 2 次运行结果：

```
please input a,b,c=2.1   6.3   3.2<回车>
small to large:2.1  3.2   6.3
```

第 3 次运行结果：

```
please input a,b,c=6.3   3.2   2.1<回车>
small to large:2.1  3.2   6.3
```

【实例 3-24】 根据输入的运算符（＋、－、＊、/），进行相应的四则运算。

（1）编程思路

四则运算的运算符包括＋、－、＊、/四种,可以用多分支语句 switch 实现。另外,通过 do-while 语句实现多次重复计算。

（2）程序代码

```
#include<iostream.h>
void main()
{
    float x,y,z;
    char ch,ch1;
    do
    {
        cout<<"please input x,y=";
        cin>>x>>y;
        cout<<"please input operator:";
        cin>>ch;
        switch(ch)                      //用 switch 语句实现多分支结构
        {
            case '+':
                z=x+y;cout<<x<<ch<<y<<"="<<z<<endl;break;
            case '-':
                z=x-y;cout<<x<<ch<<y<<"="<<z<<endl;break;
```

```
            case ' * ':
                z=x * y;cout<< x<< ch<< y<< "= "<< z<<endl;break;
            case '/':
                if(y!=0)
                {
                    z=x/y;cout<< x<< ch<< y<< "= "<< z<<endl;
                }
                else
                    cout<< "divisor can not be zero! \n";
                break;
            default:
                cout<< "operator is not legality! \n";
        }
        cout<< "are you continue(y/n)?";
        cin>> ch1;
    }while(ch1=='y'||ch1=='Y');
}
```

（3）运行结果

```
please input x,y=12.3    3.6<回车>
please input operator:-<回车>
12.3- 3.6=8.7
are you continue(y/n)?y<回车>
please input x,y=23.6    6.9<回车>
please input operator: * <回车>
23.6 * 6.9=162.84
are you continue(y/n)?y<回车>
please input x,y=32.6    0<回车>
please input operator:/<回车>
divisor can not be zero!
are you continue(y/n)?n<回车>
```

【实例3-25】 已知 Fibonacci 数列的前 6 项为：1,1,2,3,5,8,按此规律输出该数列的前 40 项。

（1）编程思路

Fibonacci 数列的通项为 $a_n = a_{n-1} + a_{n-2}$，利用迭代的方式每次求两个数据项 $a=a+b$；$b=b+a$，重复 20 次即可计算出该数列的前 40 项。

（2）程序代码

```
# include< iostream.h>
# include< iomanip.h>
void main()
{
    int a=1,b=1,count=2,i;
```

```
        for(i=1;i<=20;i++)              //每次求两个数,所以需要循环 20 次求得 40 个数据项
        {
            cout<<setw(12)<<a<<setw(12)<<b;  //输出的每个数占 12 个字符位
             if(i%3==0)
                    cout<<endl;              //每行输出 6 的数
            a=a+b;                           //当前要求的数据项为该数前边两个数据项之和
            b=b+a;
        }
}
```

（3）运行结果

1	1	2	3	5	8
13	21	34	55	89	144
233	377	610	987	1597	2584
4181	6765	10946	17711	28657	46368
75025	121393	196418	317811	514229	832040
1346269	2178309	3524578	5702887	9227465	14930352
24157817	39088169	63245986	102334155		

【实例 3-26】 输入一个正整数,按逆序输出。

（1）编程思路

若输入的整数 m 为负数,取 m 的绝对值,以保证 m 为正整数。通过求除数为 10 的余数取得 m 的最后一位数并输出,然后将 m 整除 10 去掉最后一位数;重复求余数、整除……直至 m 为零,结束运算。

（2）程序代码

```
#include<iostream.h>
#include<math.h>
void main()
{
    int m,n;
    cout<<"input m=";
    cin>>m;                    //输入整数 m
    if(m<0) m=fabs(m);         //如果 m<0,取 m 的绝对值
    while(m)
    {
        n=m%10;                //取 m 的最后一位数
        cout<<n;               //输出 m 的最后一位数
        m/=10;                 //修改 m 的值,将当前 m 的最后一位数去掉
    }
}
```

（3）运行结果

input m=235648

846532

【实例3-27】 百钱买百鸡。用100元钱买100只鸡,公鸡每只5元,母鸡每只3元,小鸡每3只1元,要求每种鸡至少买1只,且必须是整数只,问公鸡、母鸡和小鸡各买几只?

（1）编程思路

本实例有3个未知数,但只能列出2个方程,没有唯一解。经过分析可知,公鸡(cock)最多买16(100/5-1-3)只,母鸡(hen)最多买29只(由100/3-1-3得出),小鸡为chicken=100-cock-hen。

（2）程序代码

```cpp
# include<iostream.h>
void main()
{
    int cock,hen,chicken;
    for(cock=1;cock<16;cock++)                        //公鸡最多买16(100/5-1-3)只
        for(hen=1;hen<29;hen++)                       //母鸡最多买29(100/3-1-3)只
        {
            chicken=100-cock-hen;
            if(5*cock+3*hen+chicken/3==100 && chicken%3==0) //要保证小鸡为整数只
            {
                cout<<"cock="<<cock<<"   ";
                cout<<"hen="<<hen<<"   ";
                cout<<"chicken="<<chicken<<endl;
            }
        }
}
```

（3）运行结果

```
cock=4   hen=18   chicken=78
cock=8   hen=11   chicken=81
cock=12   hen=4   chicken=84
```

3.8 本章总结

1. 会用流程图描述算法

学会使用BS流程图和NS流程图描述算法。

2. 掌握C++的三种基本结构及其语句实现

（1）顺序结构及其语句实现
（2）分支结构及其语句实现
if语句格式如下:

```
if(表达式)
语句 1
[else
    语句 2]
```

switch 语句格式如下：

```
switch(常量表达式)
{
        case 常量表达式 1: 语句 1;break;
        case 常量表达式 2: 语句 2;break;
         ⋮
        case 常量表达式 n: 语句 n;break;
        default: 语句 n+1
}
```

（3）循环结构及其语句实现

for 语句格式如下：

```
for(表达式 1;表达式 2;表达式 3)
    循环体语句
```

while 语句格式如下：

```
while(表达式)
    循环体语句
```

do-while 语句格式如下：

```
do
    循环体语句
while(表达式);
```

3. 编写程序时需注意的事项

（1）一个程序一般要有输入、处理和输出三部分组成。

（2）循环三要素：初值、终值和循环变量的改变。循环语句中三者缺一不可。

3.9　思考与练习

3.9.1　思考题

（1）在 C++ 中,实现分支结构有哪几种语句？switch 语句与 if 语句有何异同点？

（2）在 C++ 中,实现循环结构有哪几种语句？有何区别？

（3）在 for 语句中省略其三个表达式分别代表什么含义？

（4）while 和 do-while 循环语句有什么区别？

（5）语句 break 与 continue 有何区别？

（6）循环嵌套的执行过程是怎样的？

3.9.2　上机练习

（1）编写程序，根据输入的数据（1～7）输出对应是星期几。

（2）编写一个 C++ 程序，利用循环和制表转义序列\t 打印下列数据：

```
N   10 * N   100 * N   1000 * N
1   10       100       1000
2   20       200       2000
3   30       300       3000
```

（3）编写程序，帮助小学生学习乘法。用 rand() 函数产生两个一位数，显示类似下列的问题：

How much is 6 times 7?

然后输入答案，程序检查学生的答案。如果正确，则打印"very good"，然后提出另一个乘法问题，如果不正确，则打印"No,try again"，让学生重复回答这个问题，直到正确为止。

第4章 数组及应用

学习目标

(1) 理解数组的含义；

(2) 数组的定义及其初始化；

(3) 使用一维数组、二维数组解决实际问题；

(4) 使用字符数组与字符串解决实际问题；

(5) 会使用字符串处理函数、字符串。

4.1 问题的提出

前面章节中使用的变量有一个共同的特点，即一个变量存放一个数据，这种变量在 C++ 中称为简单变量。当程序中涉及一组具有相同数据类型、彼此又相关的数据时，仍然采用简单变量的方法显然是不合适的。

例1：已知，一个班级 36 个学生"英语"课的成绩，求该门课程的平均成绩。

分析：假设用 36 个变量存放这些成绩，然后求其平均成绩，是否可行？答案是肯定可行的，只是比较烦琐。试想，若要计算一个年级或一个学校所有学生"英语"课的平均成绩，这种方法就显得更加烦琐。

假设用下列形式表示 36 个学生"英语"课程的成绩，其中 a_i 表示第 i 个学生的成绩。即用角标来区分每个学生的成绩。

$$a_1, a_2, a_3, \cdots, a_i, \cdots, a_{36}$$

例2：已知，一个班级 36 个学生 6 门功课(英语、高等数学、马克思主义哲学、计算机文化基础、工程制图、体育)的成绩，求每个学生 6 门功课的平均成绩及每门课程的平均成绩。

假设用下列矩阵形式表示 36 个学生 6 门功课的成绩，其中，a_{ij} 表示 i 个学生第 j 门课程的成绩，并且 a_{ij} 具有相同的数据类型。类似地可以用 $\text{avg}_1, \text{avg}_2, \cdots, \text{avg}_{36}$ 表示每个学生的平均成绩。

$$
\begin{matrix}
a_{11} & a_{12} & a_{13} & a_{14} & a_{15} & a_{16} \\
a_{21} & a_{22} & a_{23} & a_{24} & a_{25} & a_{26} \\
\vdots & \vdots & \vdots & \vdots & \vdots & \vdots \\
a_{361} & a_{362} & a_{363} & a_{364} & a_{365} & a_{366}
\end{matrix}
$$

在 C++ 中将 avg_i、a_{ij} 这种形式的变量用数组形式表示。

数组是一种构造类型，是由一组顺序排列的、具有相同类型的变量组成的集合。数组中的每个变量称为数组元素，所有元素共用一个变量名，即数组名。

本章将重点介绍一维数组、二维数组和字符数组的定义及使用。

4.2 一维数组及应用

具有一个下标的数组称为一维数组，由于数组是构造类型，所以数组在使用之前必须先定义。

4.2.1 一维数组的定义

1. 一维数组的定义

一维数组定义的格式为：

数据类型　数组名[常量表达式]

说明：

① "数据类型"可以是基本数据类型，也可以是已经定义过的某种数据类型。

② "数组名"是用户自定义的标识符，用来表示数组的名称。

③ "常量表达式"必须是整型数据，用于表示数组的长度，即数组所包含元素的个数。

④ 不能用变量定义数组的大小，即不允许对数组的大小作动态定义。

⑤ 对于一个长度为 n 的一维数组，C++规定数组的下标从 0 开始，依次为 1,2,3,…，$n-1$。

⑥ []是数组运算符，其优先级较高。结合性为左结合。

⑦ 数组运算符不能用()。

例如：

```
int a[6];              //定义了一个整型数组 a
float b[8];            //定义了一个单精度数组 b
double c[10];          //定义了一个双精度数组 c
int f[n];              //非法定义
```

上例分别定义了 3 个不同类型的有效数组 a、b、c，a 数组包含 6 个数组元素，分别是 a[0]，a[1]，a[2]，…，a[5]，且 a 数组中的每个元素都是整型量；类似地，b 数组包含 8 个单精度数组元素，c 数组包含 10 个双精度数组元素。f 数组无效，其数组的长度非常量表达式。

具有相同类型的数组可以在一个语句中定义。例如：

```
int m[8],n[10];              //同时定义了两个整型数组
```

具有相同类型的简单变量和数组也可以在一个语句中定义。例如：

```
float x,y[10];              //同时定义了一个浮点型变量和一个浮点型数组
```

2. 一维数组在内存中的存储形式

数组被定义之后，系统为其分配一块连续的存储空间。该空间的大小为 $n\times$ sizeof（元素类型），其中 n 为一维数组的长度，sizeof（元素类型）为元素类型的长度。

例如：

```
int a[6];
```

图 4-1 给出了数组 a 在内存中存储形式的示意图。

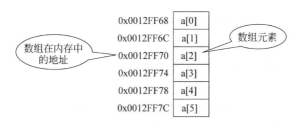

图 4-1 一维数组 a 在内存中的存储形式

说明：

① 数组名 a 有双重含义，除了表示数组名外，还表示该数组在内存中的首地址，并且是地址常量。这在指针运算中非常重要。

② 数组 a 中每个数组元素为整型，占的内存空间为 4 字节，因此，整个数组所占内存空间为 6×4＝24 字节。

4.2.2 一维数组的初始化

在定义数组的同时给数组元素赋初值称为数组的初始化。其初始化的方式如下：

类型 数组名[常量表达式]={初值表}

下面都是合法的初始化一维数组元素的格式：

（1）第一种格式：

```
int a[6]={1,2,3,4,5,6};          //整型数组元素被全部初始化
```

等价于：

```
a[0]=1; a[1]=2; a[2]=3; a[3]=4; a[4]=5; a[5]=6;
```

（2）第二种格式：

```
int b[8]={2,5,9,6,1,3};          //初始化了部分数组元素,没有初始化的元素自动置为 0
```

等价于：

```
b[0]=2; b[1]=5; b[2]=9; b[3]=6; b[4]=1; b[5]=3; b[6]=0; b[7]=0;
```

（3）第三种格式：

```
int c[]={3,5,9,2,1};             //编译系统根据初值个数确定数组的长度为 5
```

等价于：

```
c[0]=3; c[1]=5; c[2]=9; c[3]=2; c[4]=1;
```

（4）第四种格式：

```
static int d[5];
```

等价于：

```
d[0]=0; d[1]=0; d[2]=0; d[3]=0; d[4]=0;
```

说明：

① 对 static 数组元素不赋初值，系统会自动赋以 0 值。对非 static 型数组不初始化，其元素值不能确定。

② 若只给部分数组元素赋初值，没有赋初值的元素默认为 0。

③ 当全部数组元素赋初值时，可不指定数组长度，系统会根据初始化值的个数确定数组的长度。

4.2.3　一维数组的应用

数组必须先定义后使用。数组的使用即数组元素的使用。每个元素由唯一的下标来标识，即通过数组名及下标可以唯一地确定数组中的某个元素。

数组元素也称为下标变量。下标可以是常量、变量或表达式，但其值必须是整数。下标变量可以像简单变量一样参与各种运算。例如：

```
int a[6],b[5],i,j;
a[1]=b[2]=3;              //下标为常量
i=3;j=2;
a[i+2]=j;                 //下标为表达式,等价于：a[5]=2;
b[j]=6;                   //下标为变量,等价于：b[2]=6;
b[a[1]]=a[i]+b[2];        //下标是数组元素的值,等价于：b[3]=a[3]+b[2];
```

再例如：

```
int m[6],i;
for(i=0;i<5;i++)
     m[i]=2*i;            //利用循环为数组元素赋值
```

等价于：

```
m[0]=0; m[1]=2; m[2]=4; m[3]=6; m[4]=8; m[5]=10;
```

【实例 4-1】　将 10 个整数存入数组 a 中，找出其中最大值和最小值并输出。

（1）编程思路

假设 $max=a[0]$ 为最大值，然后依次与数组元素 $a[i]$（$i=1\sim9$）进行比较，若 max 小于 $a[i]$，说明假设不对，使 $max=a[i]$，继续比较，直至所有元素都比较完毕，max 中一定存放的是最大值。类似地，可以找到最小值 min。本实例的流程图如图 4-2 所示。

（2）程序代码

```
#include<iostream.h>
void main()
```

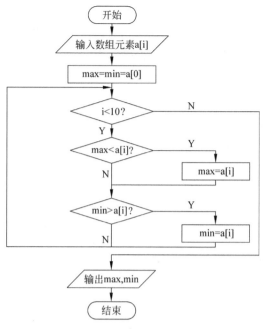

图 4-2 实例 4-1 流程图

```
{
    int a[10],i,max,min;
    for(i=0;i<10;i++)
        cin>>a[i];                      //输入数组元素的值
    max=min=a[0];
    for(i=1;i<10;i++)
    {
        if(max<a[i]) max=a[i];
        if(min>a[i]) min=a[i];
    }
    cout<<"max="<<max<<endl;
    cout<<"min="<<min<<endl;
}
```

（3）运行结果

```
please input a[i]=12  63  21  0  -6  6  95  -21  63  0<回车>
max=95
min=-21
```

（4）归纳分析

① 数组元素的表示形式：数组名[下标]。

② 只能逐个引用数组元素，不能试图一次引用整个数组。

③ 若一维数组的大小为 n，则一维数组元素的下标从 0 开始，直到 n−1 为止，不存在 a[n]这个元素。

【实例 4-2】 用数组求 Fibonacci 数列前 20 项并输出。

（1）编程思路

Fibonacci 数列中数据项的通式为：$a_n = a_{n-1} + a_{n-2}$。用数组形式表示为：a[n]＝a[n－1]＋a[n－2]。利用循环重复计算 a[n]（n＝3～20,a[1]＝a[2]＝1 为已知数据项）即可。

（2）程序代码

```
#include<iostream.h>
#include<iomanip.h>
void main()
{
    int f[21],n;
    f[1]=f[2]=1;
    for(n=3;n<21;n++)
        f[n]=f[n-1]+f[n-2];                    //计算 Fibonacci 数列中的第 n 项
    for(n=1;n<21;n++)
        cout<<setw(10)<<f[n];
}
```

（3）运行结果

```
    1      1      2      3      5      8     13     21
   34     55     89    144    233    377    610    987
 1597   2584   4181   6765
```

（4）归纳分析

① 为了和实际应用相适应,本实例中数组元素的下标是从 1 开始使用的,但这并不表示没有 f[0],只是没有给 f[0]赋值,其中的值是不确定的。实际应用中,也可以在 f[0]中存放 Fibonacci 数列中数据项的个数,即 f[0]＝20。

② 读者可以对比第 3 章中实例 3-25,分析本实例与之的异同点。

4.3   二维数组及应用

具有两个下标的数组称为二维数组。与一维数组类似,二维数组用之前也必须先定义。

4.3.1   二维数组和多维数组的定义

1. 二维数组和多维数组的定义

二维数组定义的格式如下：

数据类型   数组名[常量表达式 1][常量表达式 2]

说明：

①"常量表达式 1"表示二维数组的行数。

②"常量表达式 2"表示二维数组的列数。

例如：

```
int a[3][4];              //定义了一个整型二维数组 a
float b[3][2];            //定义了一个单精度二维数组 b
double c[5][3];           //定义了一个双精度数二维数组 c
```

上例分别定义了 3 个不同类型的数组 a、b、c，a 数组包含 3×4＝12 个数组元素，分别是 a[0][0]、a[0][1]、a[0][2]、a[0][3]、a[1][0]、a[1][1]、a[1][2]、a[1][3]、a[2][0]、a[2][1]、a[2][2]、a[2][3]，且 a 数组中的每个元素都是整型量；类似地 b 数组包含 6 个单精度数组元素，c 数组包含 15 个双精度数组元素。

推广到 n 维数组，其定义的格式如下：

数据类型　数组名[常量表达式 1][常量表达式 2]…[常量表达式 n]

例如：

```
int d[2][3][4]; //定义了一个整型三维数组 d
```

d 数组包含 2×3×4＝24 个数组元素，分别是 d[0][0][0]、d[0][0][1]、d[0][0][2]、d[0][0][3]、d[0][1][0]、d[0][1][1]、d[0][1][2]、d[0][1][3]、d[0][2][0]、d[0][2][1]、d[0][2][2]、d[0][2][3]、d[1][0][0]、d[1][0][1]、d[1][0][2]、d[1][0][3]、d[1][1][0]、d[1][1][1]、d[1][1][2]、d[1][1][3]、d[1][2][0]、d[1][2][1]、d[1][2][2]、d[1][2][3]。

多维数组在实际应用中用得比较少，因此，本节重点介绍二维数组及其应用。

2. 二维数组在内存中的存储形式

数组被定义之后，系统为其分配一块连续的存储空间。该空间的大小为 n×m×sizeof(元素类型)，其中 n、m 为二维数组的行数、列数。

例如

```
int a[3][4];
```

图 4-3 给出了二维数组 a 在内存中存储形式的示意图。

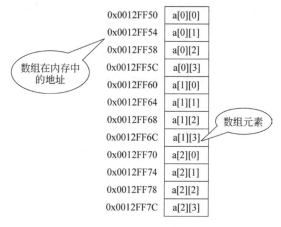

图 4-3　二维数组 a 在内存中的存储形式

3. 二维数组的理解

例如，对于二维数组 a[3][4]，实际上可以将其看成是由 3 个连续的具有 4 个数组元素的一维数组组成，即 a[0]、a[1]、a[2]。而 a[0]、a[1]、a[2] 又分别由包含 4 个元素的一维数组组成。

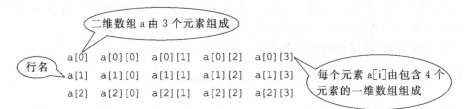

它们在内存中也是按这个顺序存放的，即按行序优先存放。

4.3.2 二维数组的初始化

二维数组的初始化与一维数组类似。
下面都是合法的初始化二维数组元素的格式。
（1）第一种格式：

```
int a[3][4]={{2,6,3,9},{5,7,9,8},{1,6,4,2}};          //a 数组元素被全部初始化
```

这种赋值方法比较直观，把第一对括号内的数值赋给第 1 行的元素，第二对括号内的数值赋给第 2 行的元素，依此类推。即等价于：

```
a[0][0]=2;a[0][1]=6;a[0][2]=3;a[0][3]=9;
a[1][0]=5;a[1][1]=7;a[1][2]=9;a[1][3]=8;
a[2][0]=1;a[2][1]=6;a[2][2]=4; a[2][3]=2;
```

（2）第二种格式：

```
int a[3][4]={2,6,3,9,5,7,9,8,1,6,4,2};          //与格式(1)类似，全部初始化
```

（3）第三种格式：

```
int b[][3]={{12,31,26},{81,36,97}};
                //初始化了全部数组元素，隐含了行数。行数=初始化值的个数/列数
```

等价于：

```
b[0][0]=12;b[0][1]=31;b[0][2]=26;b[1][0]=81;b[1][1]=36;b[1][2]=97;
```

（4）第四种格式：

```
int c[3][3]={{6},{1,8},{1,2,3}};          //给出了部分数组元素的值
```

等价于：

```
c[0][0]=6;c[1][0]=1;c[1][1]=8;c[2][0]=1;c[2][1]=2;c[2][2]=3;
```

说明：

① 格式（1）与格式（2）的初始化是等价的，即可省略内层的花括号。但格式（2）看起来不直观。

② 习惯上常用矩阵的形式表示二维数组中各元素的值。下面用 3 个矩阵表示上述 3 个数组初始化后各元素对应的数据值。

③ 如果对所有元素赋初值，可以省略第一个下标，即行数。系统会根据初值表中数据的个数自动定义数组的行数。

a 数组：				b 数组：			c 数组：		
2	6	3	9	12	31	26	6	0	0
5	7	9	8	81	36	97	1	8	0
1	6	4	2				1	2	3

4.3.3　二维数组的应用

在二维数组中，每个元素是通过数组名及行下标和列下标来唯一确定的。使用格式如下：

数组名[行下标][列下标]

【实例 4-3】　将二维数组的行列元素互换，存放到另一个数组中并输出。

（1）编程思路

已知二维数组 a[m][n]，根据题意，另一个数组记作 b[n][m]，则 b 数组中的元素与 a 数组中的元素存在下列关系：b[i][j]＝a[j][i]。

（2）程序代码

```
#include<iostream.h>
void main()
{
    int a[3][4]={{12,31,26,86},{33,14,26,69},{51,16,87,28}};
    int b[4][3],i,j;
    for(i=0;i<4;i++)
        for(j=0;j<3;j++)
            b[i][j]=a[j][i];                //行列元素互换
    cout<<"a[m][n]:\n";
    for(i=0;i<3;i++)
    {
        for(j=0;j<4;j++)                     //输出互换前元素
            cout<<a[i][j]<<"   ";
        cout<<endl;
    }
    cout<<"b[n][m]:\n";
    for(i=0;i<4;i++)
    {
        for(j=0;j<3;j++)                     //输出互换后元素
            cout<<b[i][j]<<"   ";
        cout<<endl;
```

```
        }
    }
```

（3）运行结果

```
a[m][n]:                        b[n][m]:
12  31  26  86                  12  33  51
33  14  26  69   互换前元素       31  14  16
51  16  87  28                  26  26  87   互换后元素
                                86  69  28
```

（4）归纳分析

① 二维数组常常与双循环联系在一起使用，外循环控制二维数组的行数，内循环控制二维数组的列数。

② 与一维数组一样，只能逐个引用二维数组中的数组元素，不能一次引用整个数组。

【实例 4-4】 求二维数组中最大值的元素及其位置（行、列位置）并输出。

（1）编程思路

求二维数组 a[m][n]中最大值元素的方法与一维数组类似。本实例的关键是在求出最大值元素的同时，要标记其位置，即行号和列号。因此，设两个变量 k 和 l 分别标记最大值的行号和列号。

（2）程序代码

```cpp
# include<iostream.h>
void main()
{
    int a[3][4]={{12,31,26,86},{33,14,26,69},{51,16,87,28}};
    int i,j,k,l,max=a[0][0];
    k=0;l=0;
    for(i=0;i<3;i++)
        for(j=0;j<4;j++)
            if(max<a[i][j])
            {
                max=a[i][j];
                k=i;                    //标记最大元素值的行号
                l=j;                    //标记最大元素值的列号
            }
    cout<<"max=a["<<k<<"]["<<l<<"]="<<max<<endl;
}
```

（3）运行结果

```
max=a[2][2]=87
```

（4）归纳分析

引用二维数组中的元素需要两个下标，即行标和列标。

【讨论题 4-1】 将表 4-1 中的值读到数组 a 中，分别

表 4-1 讨论题 4-1 中的数据

23	35	12	16
13	78	34	25
38	46	96	27
39	65	73	82

求各行、各列、对角线及表中所有数之和。

4.4 字符数组与字符串

在程序设计中经常要处理非数值型数据,如文本数据。在 C++ 中提供了字符型常量、字符型变量和字符串常量,但没有提供字符串类型变量。因此,字符串变量不能直接定义和使用,而是通过字符型数组或字符型指针变量来实现的。

字符数组是指数据类型为字符类型的数组,它用来存放字符型数据。字符数组也分为一维数组和多维数组,一维数组存放一个字符串,多维数组存放多个字符串。前面介绍的数组的定义及初始化同样适用于字符数组,但字符数组又有其独特的处理方式。本节详细介绍字符数组的定义及应用。

4.4.1 字符数组的定义

字符数组定义的格式如下:

```
char   数组名[常量表达式]                          //一维字符数组的定义
char   数组名[常量表达式 1][常量表达式 2]…[常量表达式 n]    //n 维字符数组的定义
```

例如:

```
char str1[6],str2[20];                          //定义了两个字符型数组 str1,str2
char str3[6][10];                               //定义了二维字符数组 str3
```

上面定义了 3 个字符数组,str1 数组包含 6 个数组元素,分别是 str1[0]、str1[1]、str1[2]、str1[3]、str1[4]、str1[5]。str1 数组中的每个元素都是字符型变量。str3 是一个二维数组,可以存放 6 个字符串,每个字符串最多可以存放 10 个字符。

4.4.2 字符数组的初始化

对字符数组的初始化有两种方式:一种方式是逐个字符赋值,另一种方式是用字符串常量对整个数组赋值。

1. 逐个字符赋值

逐个字符赋值的格式如下:

```
char   数组名[常量表达式]={ '字符 1','字符 2',…,'字符 n'};
```

例如:

```
char str1[6]={'C','h','i','n','a'}, str2[8]={'f','r','i','e','n','d'};
char str3[2][5]={{'b','o','o','k'},{'p','e','n'}};
```

2. 用字符串常量对整个数组赋值

在 C++ 中,对于字符串的处理是通过字符数组实现的,所以可以用字符串常量初始化字符数组。

用字符串常量对整个数组赋值的格式如下:

char　数组名[常量表达式]={"字符串常量"};

例如:

char str4[6]={"China"}, str5[8]="friend";
char fruit[5][7]={ "Apple","Orange","Grape","Pear","Peach"};

表 4-2 和表 4-3 列出了上述 6 个数组初始化后各元素对应的数据值。

表 4-2　一维数组初始化后各元素对应的数据值

	0	1	2	3	4	5	6	7
str1[6]	C	h	i	n	a			
str2[8]	f	r	i	e	n	d		
str4[6]	C	h	i	n	a	\0		
str5[8]	f	r	i	e	n	d	\0	

表 4-3　二维数组初始化后各元素对应的数据值

		0	1	2	3	4	5	6
str3	str3[0]	b	o	o	k			
	str3[1]	p	e	n				
fruit	fruit[0]	A	p	p	l	e	\0	
	fruit[1]	O	r	a	n	g	e	\0
	fruit[2]	G	r	a	p	e	\0	
	fruit[3]	P	e	a	r	\0		
	fruit[4]	P	e	a	c	h	\0	

说明:

① 第一种逐个字符初始化的方法比较烦琐,第二种用字符串常量初始化方法较简单;

② 从表 4-2 可以看出,两种方法是有区别的。第二种方法在字符数组中会加上一个字符串结束标志\0。

③ 用字符串初始化一维字符数组时,可以省略大括号{}。

4.4.3 字符串的输入输出

1. 字符串及结束标志

用字符串常量对整个数组初始化时,系统会在字符数组的末尾自动加上一个字符串结束标志'\0'。参见表 4-2。

2. 字符串的输入输出

字符数组的输入输出有两种方式:逐个字符输入输出、按字符串输入输出。

(1) 逐个字符输入输出

字符数组可以通过下标运算符访问,这与其他类型数组的访问是类似的。

【实例 4-5】 利用 cin 和 cout 逐个字符输入并输出。

① 程序代码

```
#include<iostream.h>
void main()
{
    char str[10];
    int i;
    cout<<"please input str[i]=";
    for(i=0;i<10;i++)
        cin>>str[i];                 //利用 cin 函数逐个字符输入
    cout<<"str=";
    for(i=0;i<10;i++)
        cout<<str[i];                //逐个字符输出
    cout<<endl;
}
```

② 运行结果

```
please input str[i]=hj jk araew jewr<回车>
str=hjjkaraewj
```

【实例 4-6】 利用 get() 和 put() 函数逐个字符输入并输出。

① 程序代码

```
#include<iostream.h>
void main()
{
    char str[10];
    int i;
    cout<<"please input str[i]=";
    for(i=0;i<10;i++)
```

```
        cin.get(str[i]);                            //利用 get()函数逐个字符输入
    cout<<"str=";
    for(i=0;i<10;i++)
        cout.put(str[i]);                           //逐个字符输出
    cout<<endl;
}
```

② 运行结果

```
please input str[i]=hdfk n m jerwat<回车>
str=hdfk n m j
```

③ 归纳分析

- 按下标变量处理字符时，cin 不从输入流中读取空格、制表符或换行符。
- 成员函数 get()从输入流中读取字符型数据时，可以读取空格符和制表符。其格式如下：

```
cin.get(字符变量);
```

(2) 按字符串输入输出

字符数组可以通过数组名访问，即将字符数组看作一个整体来处理。

【实例 4-7】 按字符串输入并输出。

① 程序代码

```
#include<iostream.h>
void main()
{
    char str1[10],str2[10];
    int i;
    cout<<"please input str=";
    cin>>str1;                          //按字符串输入
    cout<<"str1="<<str1<<endl;          //按字符串输出
    cin.get(str2,10);
    cout<<"\nstr2="<<str2<<endl;
}
```

② 运行结果

```
please input str=bnm j k jawet ghar awe<回车>
str1=bnm
str2=j k jawe                                //输出了 9 个字符
```

③ 归纳分析

- 按字符串处理时，cin 可以从输入流中读取一系列字符，直到遇见空格、制表符或换行符结束为止。
- 成员函数 get()从输入流中读取字符型数据时，可以读取空格、制表符或换行符。

成员函数 get()的格式如下:

cin.get(数组名,长度,结束符);

其中,"长度"表示数组接受字符串的最大长度,如果输入的字符串长度超过指定的"长度",会引起程序运行错误;"结束符"表示 get()从输入流中读取一系列字符,直到遇见"结束符"结束。省略"结束符"时,默认为回车符。

- 按字符串处理时,cout<<字符串,直到遇见字符串结束标志'\0'为止。

4.4.4 字符数组的应用

【实例 4-8】 统计字符串中大于、小于和等于某个字符的字符个数。

(1)编程思路

逐个字符与特定的字符 ch 比较,若字符大于 ch,则 n1++;若字符等于 ch,则 n2++;若字符小于 ch,则 n3++;直到遇到字符串结束标志'\0'为止。

(2)程序代码

```
#include<iostream.h>
#include<string.h>
void main()
{
    char str[10],ch;
    int i=0;
    int n1=0,n2=0,n3=0;
    cout<<"input str[10]=";
    cin>>str;
    cout<<"input ch=";
    cin>>ch;
    while(str[i++]!='\0')
        if(str[i]>ch)
            n1++;                    //统计大于 ch 字符的字符个数
        else
            if(str[i]==ch)
                n2++;
            else
                n3++;
    cout<<"n1="<<n1<<"  n2="<<n2<<"  n3="<<n3<<endl;
}
```

(3)运行结果

```
input str[10]=sjgdhkkwel<回车>
input ch=h<回车>
n1=5  n2=1  n3=4
```

（4）归纳分析

① 字符数组可以通过下标运算符访问，这与其他类型数组的访问是类似的。

② 字符数组中的字符个数常常是隐含的，遇到'\0'即意味着字符串结束。

4.4.5 字符串处理函数

字符串处理函数包含在头文件 string.h 中。下面介绍 4 个常用的字符串处理函数。

1. 求字符串长度函数

函数格式如下：

```
int strlen(const char * s);
```

功能：计算 s 所指向字符串的长度，即字符串所包含的字符个数。

说明：

① 参数 s 是指向字符串的指针。s 可以是字符串常量、字符数组名或字符指针。

② 字符串的长度不包含字符串结束标志'\0'。

例如：

```
char str[10]="flower";
char fruit[5][7]={"Apple","Orange","Grape","Pear","Peach"};
cout<<strlen("watch")<<endl;                    //输出结果为 5
cout<<strlen(str)<<endl;                        //输出结果为 6
cout<<strlen(fruit[0])<<" "<<strlen(fruit[1])<<" "<<strlen(fruit[3])<<endl;
                                                //输出结果为 5 6 4
```

2. 字符串拷贝函数

函数格式如下：

```
char * strcpy(char * s1, const char * s2);
```

功能：将 s2 所指的字符串复制到 s1 所指的字符串中。

说明：

① 参数 s1、s2 都是指向字符串的指针。s1 可以是字符数组名或字符指针，但不能是字符型常量，s2 可以是字符串常量、字符数组名或字符指针。

② 将 s2 所指的字符串复制到 s1 所指的字符串中，用赋值语句 s1＝s2 是不行的，赋值语句要求＝左边是左值，但 s1 不是左值。

例如：

```
char fruit1[3][7];
char fruit[5][7]={ "Apple","Orange","Grape","Pear","Peach"};
strcpy(fruit1[0],fruit[2]);            //将 Grape 复制到 fruit1[0]数组中
strcpy(fruit1[1],fruit[1]);
```

```
strcpy(fruit1[2],fruit[0]);
cout<<fruit1[0]<<" "<<fruit1[1]<<" "<<fruit1[2]<<endl;        //输出 Grape Orange Apple
```

3. 字符串连接函数

函数格式：

```
char * strcat(char * s1, const char * s2);
```

功能：将 s2 所指的字符串连接到 s1 所指的字符串之后。

说明：参数 s1、s2 都是指向字符串的指针。s1 可以是字符数组名或字符指针，但不能是字符型常量，s2 可以是字符串常量、字符数组名或字符指针。

例如：

```
char str1[20]="beautiful",str2[10]=" flower!";
strcat(str1,str2);              //将字符串" flower!"连接到"beautiful"之后
cout<<str1<<endl;               //输出结果为 beautiful flower!
```

4. 字符串比较函数

函数格式：

```
int   strcmp(const char * s1, const char * s2);
```

功能：比较两个字符串的大小，即按从左到右的顺序逐个比较对应字符的 ASCII 码。若 s1 大于 s2，返回整数 1；若 s1 小于 s2，返回整数 -1；若 s1 等于 s2，返回整数 0。

说明：

① 参数 s1、s2 都是指向字符串的指针。

② s1 和 s2 都可以是字符串常量、字符数组名或字符指针。

例如：

```
char str1[20]="beautiful",str2[10]=" flower!";
cout<<strcmp(str1,str2)<<endl;            //输出结果为 1
cout<<strcmp(str2,str1)<<endl;            //输出结果为-1
cout<<strcmp(str1,"beautiful")<<endl;     //输出结果为 0
```

【实例 4-9】 将一个字符串逆序存放并输出。

（1）编程思路

首先，利用 strlen()函数求出字符串 str 的实际长度 m；然后首尾元素进行交换 str[0]=str[m-1]、str[1]=str[m-2]……不断地重复 m/2 次，直到所有元素交换完毕。

（2）程序代码

```
#include<iostream.h>
#include<string.h>
void main()
```

```
{
    char str[10],ch;
    int m,i,j;
    cout<<"input str[10]=";
    cin>>str;
    m=strlen(str);
    for(i=0,j=m-1;i<j;i++,j--)
    {
        ch=str[i];
        str[i]=str[j];                //首尾元素进行交换,实现逆序存放
        str[j]=ch;
    }
    cout<<str<<endl;
}
```

（3）运行结果

input str[10]=nfdlkahrt<回车>

trhakldfn

（4）归纳分析

通过交换 i 和 j 指向的元素 str[i]和 str[j],从而达到逆序存放。同时前项 i 向后移动,j 从后项向前移动。

【讨论题 4-2】 请读者自己编程求字符串长度。

4.5 数组应用实例

数组是一种表示和存储数据的重要方法。利用数组可以实现数据的计算、统计、排序和查找等各种运算。下面通过一些实例来说明这些运算。

4.5.1 数值计算

【实例 4-10】 求多项式 $y=2.3x^5+2x^4-5.6x^2-8.5x+3$ 的值。

（1）编程思路

对于 n 次多项式 $y=a_nx^n+a_{n-1}x^{n-1}+\cdots+a_2x^2+a_1x+a_0$,如果按给定的多项式直接计算,会有多次重复计算。例如,$x^5=x*x*x*x*x$,重复计算了 $x^2=x*x$、$x^3=x*x*x$、$x^4=x*x*x*x$。因此,对于 n 次多项式的计算是将多项式分解成 n 个一次式来计算,这样避免了重复计算,提高了效率。

可以将多项式 $2.3x^5+2x^4-5.6x^2-8.5x+3$ 分解成$((((2.3x+2)x+0)x-5.6)x-8.5)x+3$,将一次式的系数依次存放在数组 a 中,重复计算 5 个一次式即可。

（2）程序代码

```
#include<iostream.h>
void main()
{
    const int m=5;
    float a[m]={3,-8.5,-5.6,0,2},y=2.3,x;
    int i;
    cout<<"please input x=";
    cin>>x;
    for(i=m;i>=0;i--)
        y=y*x+a[i];                      //计算一次式
    cout<<"y=2.3x5+2x4-5.6x2-8.5x+3="<<y<<endl;
}
```

（3）运行结果

```
please input x=2.3<回车>
y=2.3x5+2x4-5.6x2-8.5x+3=350.277
```

（4）归纳分析

如果多项式中缺某一项，系数用 0 补齐。本实例中的 a[3]=0。

【实例 4-11】 已知，两个矩阵 A、B，编程实现两个矩阵的乘法运算。

（1）编程思路

对于两个矩阵做乘法，要求 A 矩阵的列数与 B 矩阵的行数相等。若乘积矩阵记作 C，则 C 矩阵的行数等于 A 矩阵的行数、列数等于 B 矩阵的列数。即 $C_{mn} = A_{mk} \times B_{kn}$（$A$ 矩阵为 m 行、k 列，B 矩阵为 k 行、n 列），且 C 矩阵中的每个元素满足：$C_{ij} = A_{i1} \times B_{1j} + A_{i2} \times B_{2j} + \cdots + A_{ik} \times B_{kj}$。在程序中可以用二维数组表示矩阵，分别用 a[m][k]、b[k][n] 和 c[m][n] 数组表示 A_{mk}、B_{kn} 和 C_{mn} 矩阵，则 c[i][j]=c[i][j]+a[i][l]*b[l][j]，其中 i=0~m-1、j=0~n-1、l=0~k-1。例如：

$$
\begin{bmatrix} 3 & 2 & 3 & 1 \\ 1 & 2 & 2 & 6 \\ 3 & 5 & 4 & 6 \end{bmatrix} \times \begin{bmatrix} 4 & 2 & 1 & 5 \\ 2 & 3 & 8 & 4 \\ 6 & 8 & 2 & 3 \\ 5 & 4 & 3 & 9 \end{bmatrix} = \begin{bmatrix} 39 & 40 & 28 & 35 \\ 50 & 48 & 39 & 67 \\ 76 & 77 & 69 & 86 \end{bmatrix}
$$

（2）程序代码

```
#include<iostream.h>
#define m 3
#define k 4
#define n 4
void main()
{
    int a[m][k]={{3,2,3,1},{1,2,2,6},{3,5,4,6}};
    int b[k][n]={{4,2,1,5},{2,3,8,1},{6,8,2,3},{5,4,3,9}};
```

```
int i,j,l,c[m][n]={{0},{0},{0}};
for(i=0;i<m;i++)
    for(j=0;j<n;j++)
        for(l=0;l<k;l++)
            c[i][j]=c[i][j]+a[i][l]*b[l][j]; //计算 Cij
for(i=0;i<m;i++)
{
    for(j=0;j<n;j++)
        cout<<c[i][j]<<" ";
    cout<<endl;
}
}
```

（3）运行结果

```
39    40    28    35
50    48    39    67
76    77    69    86
```

（4）归纳分析

考虑到数组的下标是从 0 开始，所以 i=0～m−1、j=0～n−1、l=0～k−1。

【讨论题 4-3】　编程求两个矩阵的和。

4.5.2　统计

【实例 4-12】　在数组 a 中有 10 个四位数，如果四位数的个、十、百、千位上的数字均是 0 或 2 或 4 或 6 或 8，则统计出满足此条件的个数 n，并把这些四位数存入数组 b 中。

（1）编程思路

首先，将 a 数组中的每个四位数依次拆分为 4 个一位数，并存放到 bb[4] 数组中，然后逐一判断 bb[0]、bb[1]、bb[2]、bb[3] 能否被 2 整除，若都能整除，即为满足条件的数据，存放到 b 数组中，同时计数。重复上述过程，直至 a 数组中的 10 个四位数都操作完毕。

（2）程序代码

```
#include<iostream.h>
void main()
{
    int a[10]={2013,2562,1268,2046,3212,4620,6214,1256,8642,5678};
    int bb[4],b[10];
    int i,j,flag,n=0;
    for(i=0;i<10;i++)
    {
        bb[0]=a[i]/1000;              //将 a[i]的千位数存放到 bb[0]中
        bb[1]=a[i]%1000/100;          //将 a[i]的百位数存放到 bb[1]中
```

```
            bb[2]=a[i]%100/10;                    //将 a[i]的十位数存放到 bb[2]中
            bb[3]=a[i]%10;                        //将 a[i]的个位数存放到 bb[3]中
            flag=1;                               //假设 a[i]满足条件
            for (j=0;j<4;j++)
                if (bb[j]%2!=0)
                {
                    flag=0;
                    break;
                }                                 //若有一位数字不满足条件,退出循环
            if(flag==1)
            {
                b[n]=a[i];                        //将满足条件的数据存放到 b 数组中
                n++;                              //统计满足条件的数据个数
            }
        }
        cout<<"b[i]=";                            //将满足条件的数据输出
        for(i=0;i<n;i++)
            cout<<b[i]<<"  ";
        cout<<endl<<"n="<<n<<endl;                //输出满足条件的数据个数 n
}
```

（3）运行结果

```
b[i]=2046   4620   8642
n=3
```

（4）归纳分析

注意四位数拆分为 4 个一位数的算法。

【讨论题 4-4】 在数组 a 中有 10 个四位数,如果该数连续大于该四位数以后的 5 个数且该数是奇数,则统计出满足此条件的个数 n,并把这些四位数存入数组 b 中。

4.5.3 排序

排序的算法很多,这里介绍两种常用的排序算法:选择排序和冒泡排序。

【实例 4-13】 试用选择排序法将任意给定的 10 个数按由小到大的顺序排列输出。

（1）编程思路

将任意给定的 10 个数存放到数组 a[10]中,假设 a 数组中的数据为有序数,即 a[0]≤a[1]≤a[2]≤…≤a[9]。

选择排序的基本思想是:在 10 个数据中选择一个最小的数放在排头即 a[0]的位置;在剩余的 9 个数据中再选择一个最小的数放在次排头即 a[1]的位置;依此类推,直到剩下最后一个数为止。10 个数据共需要选择 9 轮。

下面以 5 个数(21,8,0,−16,6)为例,在表 4-4 中给出了选择排序的过程。

表 4-4 选择排序过程

	a[0]	a[1]	a[2]	a[3]	a[4]
第 1 轮(5 个数据比较,假设 a[0]较小)	**21**	8	0	−16	6
比较 a[0]与 a[1],a[1]较小	21	**8**	0	−16	6
比较 a[1]与 a[2],a[2]较小	21	8	**0**	−16	6
比较 a[2]与 a[3],a[3]较小	21	8	0	**16**	6
比较 a[3]与 a[4],a[3]较小	21	8	0	**16**	6
第 1 轮结束后 a[0]与 a[3] 交换	**16**	8	0	21	6
1 个有序数	**16**				
第 2 轮(4 个数据比较,假设 a[1]较小)		**8**	0	21	6
比较 a[1]与 a[2],a[2]较小		8	**0**	21	6
比较 a[2]与 a[3],a[2]较小		8	**0**	21	6
比较 a[2]与 a[4],a[2]较小		8	**0**	21	6
第 2 轮结束后 a[1]与 a[2] 交换		**0**	8	21	6
2 个有序数	**16**	**0**			
第 3 轮(3 个数据比较,假设 a[2]较小)			**8**	21	6
比较 a[2]与 a[3],a[2]较小			**8**	21	6
比较 a[2]与 a[4],a[4]较小			8	21	**6**
第 3 轮结束后 a[2]与 a[4] 交换			**6**	21	8
3 个有序数	**16**	**0**	**6**		
第 4 轮(2 个数据比较,假设 a[3]较小)				**21**	8
比较 a[3]与 a[4],a[4]较小				21	**8**
第 4 轮结束后 a[3]与 a[4] 交换				**8**	21
5 个有序数(剩余 1 个数,比较结束)	**16**	**0**	**6**	**8**	**21**

(2) 程序代码

```
# include<iostream.h>
# define n 10
void main()
{
    int a[n]={21,8,0,-16,6,13,65,32,-23,12};
    int i,j,k,temp;
    cout<<"before sorted data:\n";
    for(i=0;i<n;i++)                        //输出排序前的数据
        cout<<a[i]<<' ';
    for(i=0;i<n-1;i++)                      //比较排序的总轮数
```

```
    {
        k=i;                              //假设排头最小
        for(j=i+1;j<n;j++)                //每轮比较的次数
            if(a[k]>a[j]) k=j;            //标记较小数据的位置
                if(k!=i)                  //若排头与较小数据的位置不同,交换数据
                {
                    temp=a[k];
                    a[k]=a[i];
                    a[i]=temp;
                }
    }
    cout<<"\nafter sorted data:\n";
    for(i=0;i<n;i++)                      //输出排序后的数据
    cout<<a[i]<<' ';
    cout<<endl;
}
```

（3）运行结果

```
before sorted data:
21 8 0 -16 6 13 65 32 -23 12
after sorted data:
-23 -16 0 6 8 12 13 21 32 65
```

（4）归纳分析

① 5 个数据,需要比较 4 轮,n 个数据需要比较 $n-1$ 轮。

② 在第 2 轮中,用 a[1]与 a[2]开始比较起;那么,在第 i 轮中,用 a[i−1]与 a[i]开始比较起。

③ 第 i 轮比较结束后,若较小数据 a[k]的位置 k 与排头 a[i−1]的位置 i−1 不同,则交换 a[i−1]与 a[k]。

【实例 4-14】 试用冒泡排序法将任意给定的 10 个数按由小到大的顺序排列输出。

（1）编程思路

首先将任意给定的 10 个数存放到数组 a[10]中,假设 a 数组中的数据为有序数,即 a[0]≤a[1] ≤a[2]≤…≤a[9]。

冒泡排序的基本思想是:使比较小的数据像气泡一样上浮到数组的顶部,而比较大的数据下沉到数组的底部。具体做法可用下面的 5 个数(21,8,0,−16,6)说明。表 4-5 给出了冒泡排序的过程。

（2）程序代码

```
#include<iostream.h>
#define n 10
void main()
{
```

表 4-5　冒泡排序过程

	a[0]	a[1]	a[2]	a[3]	a[4]
第 1 轮(5 个数据比较)	**21**	8	0	−16	6
比较 a[0]与 a[1],a[0]较大;a[0]与 a[1]交换	8	**21**	0	−16	6
比较 a[1]与 a[2],a[1]较大;a[1]与 a[2]交换	8	0	**21**	−16	6
比较 a[2]与 a[3],a[2]较大;a[2]与 a[3]交换	8	0	−16	**21**	6
比较 a[3]与 a[4],a[3]较大;a[3]与 a[4]交换	8	0	−16	6	**21**
第 1 轮结束后,最大数 **21** 沉底,最后 1 个是有序数					21
第 2 轮(4 个数据比较)	**8**	0	−16	6	
比较 a[0]与 a[1],a[0]较大;a[0]与 a[1]交换	0	**8**	−16	6	
比较 a[1]与 a[2],a[1]较大;a[1]与 a[2]交换	0	−16	**8**	6	
比较 a[2]与 a[3],a[2]较大;a[2]与 a[3]交换	0	−16	6	**8**	
第 2 轮结束后,较大数 **8** 沉底,最后 2 个是有序数				**8**	**21**
第 3 轮(3 个数据比较)					
比较 a[0]与 a[1],a[0]较大;a[0]与 a[1]交换	**0**	−16	6		
比较 a[1]与 a[2],a[2]较大;不需要交换,整个排序结束	−16	**0**	6		
第 3 轮结束后,全部 5 个有序数	**−16**	**0**	**6**	**8**	**21**

```
int a[n]={21,8,0,-16,6,13,65,32,-23,12};
int i,j,k,temp,flag;
cout<< "before sorted data:\n";
for(i=0;i<n;i++)                          //输出排序前的数据
    cout<<a[i]<<' ';
for(i=0;i<n-1;i++)                        //冒泡排序的总轮数
{
    flag=1;                               //标记本轮中是否进行数据交换
    for(j=0;j<n-i;j++)                    //每轮比较的次数
        if(a[j]>a[j+1])                   //较大的数据后移
        {
            flag=0;
            temp=a[j];
            a[j]=a[j+1];
            a[j+1]=temp;
        }
    if(flag==1) break;                    //如果没有数据移动,排序结束
}
cout<< "\nafter sorted data:\n";
for(i=0;i<n;i++)
```

```
        cout<<a[i]<<' ';                        //输出排序后的数据
        cout<<endl;
}
```

（3）运行结果

```
before sorted data:
21 8 0 - 16 6 13 65 32 - 23 12
after sorted data:
- 23 - 16 0 6 8 12 13 21 32 65
```

（4）归纳分析

① n 个数据采用冒泡排序,最多比较 $n-1$ 轮。若在某一轮排序过程中不再交换数据,则排序结束。

② 冒泡排序每轮都是从最前面的数据开始比较起,而将较大数据逐个往后推。

【实例 4-15】 将若干个字符串按字典顺序排列并输出。

（1）编程思路

本实例采用选择排序算法,其编程思路与实例 4-13 类似。

（2）程序代码

```
# include< iostream.h>
# include< string.h>
# define m 5
void main()
{
    char fruit[m][7]={ "Apple","Orange","Grape","Pear","Peach"};
    int i,j;
    char temp[10];
    cout<< "before sorted :\n";
    for(i=0;i<m;i++)
        cout<< fruit[i]<<"   ";
    cout<<endl;
    for(i=0;i<m-1;i++)
        for(j=i+1;j<m;j++)
            if(strcmp(fruit[i],fruit[j])>0)              //比较两个字符串的大小
            {
                strcpy(temp,fruit[i]);
                strcpy(fruit[i],fruit[j]);
                strcpy(fruit[j],temp);
            }
    cout<< "after sorted :\n";
    for(i=0;i<m;i++)
        cout<< fruit[i]<<"   ";
    cout<<endl;
}
```

（3）运行结果

before sorted:

Apple   Orange   Grape   Pear   Peach

after sorted:

Apple   Grape   Orange   Peach   Pear

（4）归纳分析

① 若干个字符串的存储应采用二维字符数组实现。

② 字符串的比较要用 strcmp()函数，而不能用关系运算符比较。

4.5.4 查找

在数据序列中进行查找有许多种算法，从数据序列是否有序可以分为顺序查找和有序查找。这里介绍两种常用的查找算法：顺序查找和二分查找。

【实例 4-16】 采用顺序查找算法，在无序数据序列$(21,8,0,-16,6,13,65,18,-23,12)$中查找数据 18 是否存在。

（1）编程思路

首先，将无序数据序列存放到数组 a 中。顺序查找即用待查找的数据 x 按顺序与数据序列 a[i]比较，若 x＝a[i]即查找成功；若在数据序列中全部查找完毕也没有找到，则查找失败。

（2）程序代码

```
#include<iostream.h>
#define n 10
void main()
{
    int a[n]={21,8,0,-16,6,13,65,18,-23,12};
    int i,x,flag=0;
    cout<<"please input find x=";
    cin>>x;
    for(i=0;i<n-1;i++)
        if(x==a[i])                        //顺序查找
        {
            flag=1;
            break;
        }
    if(flag==1)
        cout<<"find successed! \n";
    else
        cout<<"find failed! \n";
}
```

（3）运行结果

第 1 次运行结果：

```
please input find x=18
find successed!
```

第 2 次运行结果：

```
please input find x=38
find failed!
```

（4）归纳分析

① 顺序查找算法,既可以在无序数据序列中查找,也可以在有序数据序列中查找。但是,更适宜在无序数据序列中查找。

② 顺序查找算法效率比较低。

【实例 4-17】 采用二分查找算法,在有序数据序列(−23,−16,0,6,8,12,13,18,21,65)中查找数据 18 是否存在。

（1）编程思路

二分查找也称为折半查找。其方法是将有序数列逐次折半,并确定折半的数据位置,用待查找的数据与其比较,若相等则查找成功。否则比较两数的大小,如果待查找的数据比折半位置的数据小,那么到前半区间继续查找,否则到后半区间继续查找。其具体做法是：

① 将有序数列存放到一个数组 a 中。

② 设置 3 个标记,low 指向待查区间的首部,high 指向待查区间的尾部,binary 指向折半的位置,即待查区间的中部(binary＝(low＋high)/2)。

③ 比较待查数据 x 与 a[binary]是否相等,若 x＝a[binary],则说明查找成功并结束查找;若 x＜a[binary],说明 x 在[low, binary−1]（前半区间）范围内,故使 high＝binary−1;若 x＞a[binary],说明 x 在[binary＋1, high]（后半区间）范围内,故使 low＝binary＋1。

④ 如果出现 low＞high,则说明查找失败（没有查找到）,结束查找。

（2）程序代码

```
#include<iostream.h>
#define n 10
void main()
{
    int a[n]={-23,-16,0,6,8,12,13,18,21,65 };
    int low,high,binary,x;
    cout<<"please input find x=";
    cin>>x;                          //输入待查找数据
    low=0;high=n-1;                  //标识查找区间
    binary=(low+high)/2;             //确定折半位置
    while(x!=a[binary] && low<=high)
```

```
        {
            if(x<a[binary])
                high=binary-1;                    //在前半区间查找
            else
                low=binary+1;                     //在后半区间查找
                binary= (low+high)/2;
        }
        if(low<=high)
        cout<<"find successed!"<<endl;
        else
        cout<<"find failed!"<<endl;
}
```

（3）运行结果

第1次运行结果：

```
please input find x=18
find successed!
```

第2次运行结果：

```
please input find x=38
find failed!
```

（4）归纳分析

二分查找算法，只能在有序数据序列中查找，但查找效率比较高。

4.6 本章总结

1. 一维、二维数组的定义和初始化

掌握一维、二维数组的定义及其初始化的方法。

数据类型 数组名[常量表达式]={数据序列}；
数据类型 数组名[常量表达式1][常量表达式2]={ {数据序列1},{数据序列2},…,{数据序列m}}；

2. 一维、二维数组的使用

数组是一种表示和存储数据的重要方法。数组的使用即数组元素的使用。数组中各元素在内存中所占的存储单元按下标序号顺序存放，C++规定，只能逐个引用数组中的元素，而不能一次引用整个数组。数组元素的表示形式如下：

数组名[下标] 或 数组名[下标1][下标2]

数组元素也称为下标变量。下标可以是常量、变量或表达式，但其值必须是整数。下标变量可以像简单变量一样参与各种运算。

利用数组可以实现数据的计算、统计、排序和查找等各种运算。

3. 字符数组和字符串

在 C++ 中提供了字符型常量、字符型变量和字符串常量,但没有提供字符串类型变量。因此,字符串变量不能直接定义和使用,而是通过字符型数组或字符型指针变量来实现的。

字符数组是指数据类型为字符类型的数组,它用来存放字符型数据。字符数组也分为一维数组和多维数组,一维数组存放一个字符串,多维数组存放多个字符串。但字符数组又有其独特的处理方式。

（1）符数组的初始化

字符数组的初始化有两种方式：一种方式是逐个字符赋值,另一种方式是用字符串常量对整个数组赋值。后者会在字符数组的尾部加一个结束标志'\0'。

（2）字符串的输入输出

① 按字符串处理时,cin 可以从输入流中读取一系列字符,直到遇见空格、制表符或换行符结束。

② cin 的成员函数 get()从输入流中读取字符型数据时,可以读取空格、制表符或换行符。成员函数 get()的格式如下：

cin.get(数组名,长度,结束符);

其中,"长度"表示数组接受字符串的最大长度,如果输入的字符串长度超过指定的"长度",会引起程序运行错误;"结束符"表示 get()从输入流中读取字一系列字符,直到遇见"结束符"为止。省略"结束符"时,默认为回车符。

③ 按字符串处理时,cout 输出字符串,直到遇见字符串结束标志'\0'为止。

（3）常用字符串处理函数

```
int strlen(const char * s);
char * strcpy(char * s1, const char * s2);
char * strcat(char * s1, const char * s2);
int   strcmp(const char * s1, const char * s2);
```

4.7 思考与练习

4.7.1 思考题

（1）数组 int a[10]中有多少个元素？其最小下标是多少？每个元素占多少个字节？

（2）'c'与"c"有何区别？

（3）cin. get()与 cin 在读取字符时有何区别？

（4）数组名有何特殊的含义？如何理解二维数组 a[3][2]？

4.7.2 上机练习

（1）编写程序，在有序数列（$-23,-16,0,6,8,12,13,18,21,65$）中插入一个数据 x，使其仍然有序。

（2）输入 10 个字符串和 1 个待查找的字符串 x，在 10 个字符串中进行查找并统计出大于、等于和小于字符串 x 的个数。

（3）编程完成填数字游戏。要求：输入一个奇数（$n \geqslant 3$），使该数字表格是奇数行、奇数列，且每行、每列、对角线上数据之和是相等的，如表 4-6 所示。

表 4-6 填数字游戏

17	24	1	8	15
23	5	7	14	16
4	6	13	20	22
10	12	19	21	3
11	18	25	2	9

说明：此表用 $1 \sim 25$ 填充后，形成 5 行、5 列，且每行、每列、对角线上数字之和均为 65。

第5章 对象的函数成员和全局函数

学习目标

(1) 定义函数；

(2) 调用函数，传值调用，递归调用；

(3) 会合理地定义变量的存储属性；

(4) 合理地定义内联函数；

(5) 使用函数重载。

语句是构造程序的最基本单位。当编写的程序越来越大，越来越复杂的时候，为了使程序更简洁、可读性更好、更便于复用和更便于维护，就有必要将把它分成若干个模块，每个模块完成一项任务。在 C++ 中，这些模块就是一个个的函数。函数也是 C++ 构造程序的重要的基本单位。

【实例 5-1】 对象的成员函数应用实例。定义一个学生类，该类中包含 4 个数据成员、两个成员函数。一个成员函数用于设置学生的学号、姓名、年龄和班号，另一个成员函数用于输出学生的基本信息。

(1) 编程思路

先定义一个学生类 TStudent，该类中包含 4 个数据成员：sno[5]（学号）、sname[10]（姓名）、sage（年龄）和 cno（班号）。两个成员函数：SetStudent 和 ShowStudent。定义类 TStudent 的对象 s1，通过该对象访问类的成员。

(2) 程序代码

```
# include< iostream.h>
# include< string.h>
# include< iomanip.h>
class TStudent {                                        //定义 TStudent 类
    public:
        void SetStudent (char * sn,char * name,int age,int cn); //声明成员函数
        void ShowStudent ();
    private:                                            //定义数据成员
        char sno[5];                                    //学号
        char sname[10];                                 //姓名
        int sage;                                       //年龄
        int cno;                                        //班号
};
void TStudent∷SetStudent (char * sn,char * name,int age,int cn)
                                                        //在类的外部定义成员函数
    {
```

```
    strcpy(sno,sn);
    strcpy(sname,name);
    sage=age;
    cno=cn;
}
void TStudent::ShowStudent()
{
    cout<<setw(6)<<sno<<setw(12)<<sname<<setw(6)<<sage<<setw(6)<<cno<<endl;
}

void main()
{
    TStudent s1;
    cout<<"访问类成员 \n";
    cout<<setw(6)<<"sno"<<setw(12)<<"sname"<<setw(6)<<"sage"<<setw(6)<<"cno\n";
    s1.SetStudent ("001","马林",18,1);    //在类的外部通过类的对象 s1 访问其 public 成员
    s1.ShowStudent();
}
```

（3）运行结果

访问类成员：

sno	sname	sage	cno
001	马林	18	1

（4）归纳分析

① void SetStudent(char * sn, char * name, int age, int cn)函数是对象的成员函数，用于设置学生的学号、姓名、年龄和班号。

② void ShowStudent()是类的成员函数，用于输出学生的基本信息。

③ 无论是成员函数、用户自定义函数，其定义、调用都是一样的。

5.1 函数定义与调用语句

一个大型程序的总体设计原则是模块化，即将一个大的程序按功能分割成一些小模块，每个模块完成特定的功能。模块可以作为黑盒子来理解，模块之间通过参数和返回值或其他方式相联系。C++ 程序是函数的集合，由一个 main()函数和若干个其他函数构成。主 main()函数是一个特殊的函数，由操作系统调用，并在程序结束时返回到操作系统。程序总是从 main()函数开始执行，main()函数可以调用其他函数，其他函数之间也可以相互调用。本章介绍的函数就是结构化程序设计方法中的模块。模块化程序设计的特点如下：

（1）各模块相对独立、功能单一、结构清晰、接口简单。

（2）控制了程序设计的复杂性。

（3）提高元件的可靠性。

（4）缩短开发周期。

（5）避免程序开发的重复劳动。

（6）易于维护和功能扩充。

模块化程序设计采用"自顶向下、逐步分解、分而治之"的开发方法。

5.1.1　函数的分类

函数的分类可以从不同的角度来划分。

1. 从用户角度

从用户角度上函数可以分为"标准函数"和"用户自定义函数"。标准函数也称为库函数，标准函数由 C++ 系统提供，可以直接使用，但需要在程序中包含相应的头文件；用户自定义函数是由用户自己根据需要编写的。本章重点介绍用户自定义函数。

2. 从函数形式

从函数形式上函数可以分为"无参函数"和"有参函数"。

5.1.2　函数的定义

函数是语句序列的封装体。函数定义的格式如下：

```
函数类型 函数名 (参数表)
{
    函数体
}
```

说明：

① 函数的定义由函数类型、函数名、参数表和函数体组成。

② 函数类型指出函数返回值的类型。若没有返回值时，其函数类型为 void。

③ 函数名必须符合 C++ 标识符命名规则。

④ 参数表由零个、一个或多个参数组成。如果没有参数称为无参函数，反之称为有参函数。在定义函数时，参数表内给出的参数需要指出其类型和参数名。

⑤ 大括号中的语句称为函数体，函数体由说明语句和执行语句组成，实现特定的功能。

⑥ C++ 不允许函数嵌套定义，即不允许在一个函数体内再定义另一个函数。

例如：

（1）无参函数定义

```
void prints()                        //函数返回值为 void 型
```

```
{
    cout<<"C++example!";
}
```

（2）有参函数定义

```
int max(int x,int y)                          //函数返回值为 int 型
{
    int z;
    z=x>y?x:y;                                //函数体
    return(z);
}
```

5.1.3 函数的返回值

返回语句的格式如下：

```
return(表达式);
```

或

```
return 表达式;
```

或

```
return;
```

功能：使程序控制从被调用函数返回到调用函数中，同时把返回值带给调用函数。

说明：

① return 后可以有表达式，也可以没有表达式。前者返回一个值给调用函数，后者返回到调用函数处，但不返回值。

② 函数中可有多个 return 语句。但是，只要遇到一个 return 语句函数就结束并返回到调用函数处。

③ 函数若无 return 语句，遇到最后一个"}"时，自动返回到调用函数处。

④ 若函数类型与 return 语句中表达式的类型不一致，按前者为准，进行自动转换，即函数调用转换。

⑤ return 语句，只能返回一个值。

例如：

（1）函数中可有多个 return 语句

```
float max(float x,float y)
{
    if(x>=y)
        return x;                            //return 语句后的表达式可以不加括号
    else
        return(y);                           //return 语句后的表达式可以加括号
}
```

（2）函数中有 return 语句，但不返回值，起控制转向的作用

```
void swap(int x,int y)
{
    int t;
    t=x;x=y;y=t;
    return;                 //return 语句只起返回的作用
}
```

【实例 5-2】 函数应用实例（函数类型与 return 语句中表达式的类型不一致）。

（1）程序代码

```
#include<iostream.h>
int sum(float x,float y)        //函数返回值为 int 型
{
    float z;
    z=x+y;
    cout<<"function sum:z="<<z<<endl;
    return(z);                  //z 的类型为 float,将自动进行函数调用转换,转换为 int 型
}

void main()
{
    float x,y,z;
    cout<<"please input x,y=";
    cin>>x>>y;
    z=sum(x,y);
    cout<<"function main:z="<<z<<endl;
}
```

（2）运行结果

```
please input x,y=3.6  2.5<回车>
function sum:z=6.1
function main:z=6
```

（3）归纳分析

① sum()函数的类型为 int 型，但返回值 z 的类型为 float 型，因此，在进行函数调用时进行自动转换，将 float 型转换为 int 型。

② 要尽量避免函数类型与 return 语句中表达式的类型不一致的情况。

5.1.4 函数的调用语句

函数的调用语句的格式如下：

函数名();

或

函数名(实参表);

说明：

① 函数名是用户自定义的或是 C++ 提供的标准函数名。

② 实参表是由逗号分隔的若干个表达式，实参是用来在调用函数时对形参进行初始化的。

③ 要求实参与形参：个数相同、顺序一致、对应类型一致。

例如，下面 3 种函数调用方式都是正确的：

（1）函数语句方式

```
prints();
```

（2）函数表达式方式

```
z=max(x,y)+3;
```

（3）函数参数方式

```
cout<<max(x,y);
z=max(max(a,b),max(c,d));
```

【实例 5-3】 不同函数调用方式应用实例。

（1）程序代码

```
#include <iostream.h>
float max(float x,float y)
{
    if(x>=y)
        return x;
    else
        return(y);
}


void main()
{
    float x,y,z,t;
    cout<<"please input x,y,z=";
    cin>>x>>y>>z;
    t=max(x,y);                //函数作为表达式
    cout<<"max(x,y)="<<t<<endl;
    cout<<"max(x,y,z)="<<max(max(x,y),z)<<endl;    //函数作为参数
}
```

（2）运行结果

```
please input x,y,z=1 2 3<回车>
max(x,y)=2
max(x,y,z)=3
```

（3）归纳分析

① 本实例在调用函数时，采用了函数表达式方式：t＝max(x,y);。

② 本实例在调用函数时，还采用了函数参数方式：max(max(x,y),z);。

5.1.5　函数原型的声明

如果一个函数调用另一个函数，在调用函数中需要对被调用函数进行声明。函数原型是由函数定义中抽取出来的能代表函数特征的部分，包括函数类型、函数名、参数个数及类型。其格式如下：

函数类型　函数名(参数表);

说明：

① C++要求函数在被调用之前，应当让编译器知道该函数的原型，以便编译器利用函数原型提供的信息去检查调用的合法性，保证参数的正确传递。

② 当函数定义在前，函数调用在后时，可以不对函数原型声明。但是，当函数调用在前，函数定义在后，通过函数原型声明告诉编译器函数名称、函数的返回类型、函数要接收的参数个数、参数类型和参数顺序，编译器用函数原型验证函数调用；否则编译时会出错。

③ 参数表中可以不包含参数的名称，只包含参数的类型。函数原型中的参数名对编译器没有意义，编译器只验证参数个数、参数类型和参数顺序。

【实例 5-4】　函数原型的声明实例。

（1）程序代码

```
#include<iostream.h>
void main()
{
    float x,y,z,t;
    float max(float ,float );                //函数原型的声明
    cout<<"please input x,y,z=";
    cin>>x>>y>>z;
    t=max(x,y);
    cout<<"max(x,y)="<<t<<endl;
    cout<<"max(x,y,z)="<<max(max(x,y),z)<<endl;
}

float max(float x,float y)                   //函数定义
{
```

```
        if(x>=y)
          return x;
        else
          return(y);
}
```

（2）运行结果

```
please input x,y,z=1 2 3<回车>
max(x,y)=2
max(x,y,z)=3
```

（3）归纳分析

① 本实例调用函数在前,定义函数在后。因此,要在调用函数中声明被调用的函数原型 float max(float ,float);。

② 函数原型 float max(float ,float);的声明,也可以放在文件的头部,即 main()函数之前。

③ 请读者上机试一试,若不声明被调用的函数原型会怎样?

5.2 函数调用的参数传递

C++采用以下几种方式向被调用函数传递参数:传值、传地址和引用方式。本节只介绍传值方式 ,关于后两种传递方式将在后续章节中介绍。

5.2.1 函数的参数

1. 形参

定义函数时在函数名后面括号中的变量名称为形式参数,简称形参。所有形参总称为形参表。

说明:

① 形参表由零个、一个或多个参数组成。

② 形参由数据类型、变量名组成,多个形参之间用逗号分隔。

③ 同类型的形参也要分别说明其类型,这点与变量的定义不同。

④ 形参在函数被调用前不占内存空间,函数调用时为形参分配内存,调用结束,释放所占的内存空间。

例如:

```
int f1(int a, float y)          //定义了一个整型函数 f1(),a、y 为形参
{…}
float f2(double x, double y)     //定义了一个单精度函数 f2(), x、y 为形参
{…}
```

2. 实参

在调用函数时函数名后面括号中的表达式称为实际参数,简称实参。所有实参总称为实参表。

说明:

① 实参表中的参数可以有一个或多个,也可以没有参数。

② 实参可以是常量、变量或表达式,实参必须有确定的值。

③ 实参要与形参:个数相同、顺序一致、对应类型一致。

④ 当实参为变量时,其名称与形参的名称可以一样,也可以不一样。

例如,调用 f1 和 f2 函数的语句:

```
f1(3, 3.2)
        //实参为常量,对应 f1() 函数中形参要求(两个参数,第 1 个为 int 型、第 2 个为 float 型
float x=12.6;
f1(3, x)                        //一个实参为常量,一个实参为变量
double a=28.3,b=6.12;
f2(a, b+12.6)                   //一个实参为变量,一个实参为表达式
```

5.2.2　函数参数的传递方式

本节只介绍传值调用方式。传值调用时,将实参的值赋给对应的形式参数,即对形参进行初始化,然后执行函数体。

在函数体执行过程中形式参数的变化不会影响对应实参的值。传值方式可以有效地防止被调用函数改变实际参数的原始值。

【实例 5-5】 函数传值调用方式应用实例。

(1) 程序代码

```
# include<iostream.h>
void main()
{
    float x,y;
    void swap(int ,int );                   //函数原型声明
    cout<< "please input x,y=";
    cin>>x>>y;
    swap(x,y);                              //传值调用
    cout<< "after swap/function main(x,y):"<<x<<" "<<y<<endl;
}

void swap(int x,int y)
{
    int t;
```

```
    t=x;x=y;y=t;                                  //交换 x 和 y 的值
    cout<<"after swap/function swap(x,y):"<<x<<" "<<y<<endl;
}
```

（2）运行结果

```
please input x,y=1 2<回车>
after swap/function swap(x,y):2   1
after swap/function main(x,y):1   2
```

① 通过程序运行结果，可以看出本实例的实参为：x＝1,y＝2,形参通过传值调用取得了 x＝1,y＝2(注意：形参 x 和 y 与实参 x 和 y 不是同一个变量，在内存中分别占用不同的存储空间)，在 swap()函数中，交换了形参 x 和 y 的值，不会影响到对应实参的值。

② 函数的传值调用中，形参得到了实参的副本后，两者就没有联系了。

说明：

① 形参与实参占用不同的内存单元。

② 在函数调用时，为形参分配存储单元，并将实参的值复制到形参中；调用结束后，形参单元被释放，实参单元仍保留并维持原值。

【实例 5-6】 编写一个函数 ft，它的功能是：求 Fibonacci 数列中大于等于 t 的最小一个数，结果由函数返回。其中 Fibonacci 数列 $F(n)$ 的定义为：

$$\begin{cases} F(0)=0, \quad F(1)=1 \\ F(n)=F(n-1)+F(n-2) \end{cases}$$

（1）编程思路

定义函数 ft(int t),形参 t 的值由实参传递得到。在函数 ft()中求出 Fibonacci 数列的第 n 项 fn(n≥3),然后判断 fn<t 是否成立？若成立继续计算 fn,直到 fn≥t 结束。

（2）程序代码

```
#include<iostream.h>
void main()
{
    int t;
    int ft(int);                          //函数原型声明
    cout<<"please input t=";
    cin>>t;
    cout<<"fn="<<ft(t)<<endl;
}

int ft(int t)
{
    int f1=0,f2=1,fn;
    fn=f1+f2;
    while(fn<t)
    {
```

```
        f1= f2;
        f2= fn;
        fn= f1+ f2;                    //计算 Fibonacci 数列的第 n 项
    }
    return fn;
}
```

（3）运行结果

please input t= 65<回车>

fn= 89

（4）归纳分析

① 在本实例中,将已知数据 t 作为函数的参数。类似地,其他函数的参数也由已知数据组成。

② 思考：在本实例中,能否同时求出大于等于 t 的最小一个数是第几项？

【实例 5-7】　编写一个函数 js(),其功能是：求 n 以内(不包括 n)同时能被 5 和 9 整数的所有自然数之和的平方根 s。

（1）编程思路

定义函数 js(int n),形参 n 值由实参传递得到。在函数 js()中将同时能被 5 和 9 整数的所有自然数(i＝1～n－1)加起来,最后求其平方根。

（2）程序代码

```
# include< iostream.h>
# include< math.h>
void main ()
{
    int n;
    double js (int n);
    cout<< "please input n=";
    cin>> n;
    cout<< "sqrt(s)="<< js(n)<< endl;
}


double js (int n)
{
    double s= 0.0;
    int i;
    for(i= 1;i< n;i+ +)
        if(i%5== 0 && i% 9== 0)
            s+ =i;                        //同时能被 5 和 9 整数的自然数加到 s 中
    s= sqrt (s);
    return s;
}
```

（3）运行结果

```
please input n=1000<回车>
sqrt(s)=106.701
```

（4）归纳分析

① 在本实例中，已知数据为 n，因此将其作为函数的参数。

② sqrt(s)函数的定义在 math.h 头文件中。

5.3 函数的嵌套调用与递归调用

5.3.1 函数的嵌套调用

函数的嵌套调用（见图 5-1）是指一个函数调用另一个函数，而被调用的函数又可调用其他函数。

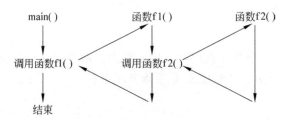

图 5-1 函数的嵌套调用图示

说明：尽管函数不可以嵌套定义，但是可以嵌套调用。

【实例 5-8】 求 3 个数中最大数和最小数的差值。

（1）编程思路

因为，一个函数只能通过 return 语句返回一个值。因此，编写两个函数 max()与 min()分别求 3 个数中最大数和最小数。然后，再编写一个函数求最大数和最小数的差值 fsub()。由 main()函数调用 fsub()函数求最大数和最小数的差值，fsub()函数再调用 max()和 min()函数求 3 个数中最大数和最小数。

（2）程序代码

```cpp
#include<iostream.h>
double min(double x,double y,double z);
double fsub(double a,double b,double c);
double max(double a,double b,double c);
void main()
{
    double a,b,c;
    cout<<"please input a,b,c=";
    cin>>a>>b>>c;
    cout<<"max(a,b,c)-min(a,b,c)=";
```

```
        cout<<max(a,b,c)<<" - "<<min(a,b,c)<<" = "<<fsub(a,b,c)<<endl;        //嵌套调用
}

double fsub(double a,double b,double c)                //最大值函数与最小值之差函数
{
        return max(a,b,c)-min(a,b,c);
}

double max(double a,double b,double c)                //最大值函数
{
        double t;
        t=a>b?a:b;
        return(t>c?t:c);
}

double min(double a,double b,double c)                //最小值函数
{
        double t;
        t=a<b?a:b;
        return(t<c?t:c);
}
```

（3）运行结果

```
please input a,b,c=2.3   31.6   97.8<回车>
max(a,b,c)-min(a,b,c)=97.8-2.3=95.5
```

（4）归纳分析

本实例中，main()函数调用 fsub()函数，fsub()函数再调用 max()和 min()函数，形成函数的嵌套调用。

5.3.2　函数的递归调用

所谓函数的递归调用就是一个函数直接或间接地调用该函数本身。递归调用过程可以分为两个阶段：

（1）回推阶段，从原问题出发，按递归公式回推，最终达到递归终止条件。

（2）递推阶段，按递归终止条件求出结果，逆向逐步代入递归公式，递推到原问题。

【实例 5-9】　用递归调用，求 x 的 n 次方（n 是正整数）。

（1）编程思路

对于一个正整数 n，其 x^n 的一般定义如下：

$$\begin{cases} x^n = x \cdot x \cdot x \cdot \cdots \cdot x \\ x^n = x \quad (n=1) \end{cases}$$

x^n 也可以采用如下的递归定义：

$$x^n = x \cdot x^{n-1}$$

使用第一个定义,计算 2.3^5: $2.3^5 = 2.3 \times 2.3 \times 2.3 \times 2.3 \times 2.3 = 64.3634$

使用递归定义计算 2.3^5:

$$2.3^5 = 2.3 \times 2.3^4 = 2.3 \times 2.3 \times 2.3^3 = 2.3 \times 2.3 \times 2.3 \times 2.3^2$$
$$= 2.3 \times 2.3 \times 2.3 \times 2.3 \times 2.3$$
$$= 64.3634$$

（2）程序代码

```
#include<iostream>
using namespace std;
main()
{
    int n;
    float y,x;
    float power(float,int);
    cout<<"please input x,n=";
    cin>>x>>n;
    y=power(x,n);
    cout<<"y="<<y<<endl;
}

float power(float x,int m)
{
    float t=1.0;
    int i;
    if(m==1)
        t=x;
    else
        t=x*power(x,m-1);                    //递归调用
    return(t);
}
```

（3）运行结果

```
please input x,n=2.3  5<回车>
y=64.3634
```

（4）归纳分析

① 与循环类似,递归也有三要素。

• 递归终止条件,即递归的出口。本实例的递归出口为 power(x,1)=x。

• 递归公式。本实例的递归公式为 $power(x,n)=x*power(x,n-1)$。

• 递归限制条件。本实例的递归限制条件为 $n \geqslant 1$。

② 本实例也可以不用递归求解,而用递推求解,即先求 power(x,1)=x,power(x,2)= x*power(x,1),power(x,3)=x*power(x,2),…,直至 power(x,n)=x*power(x,n-1)。试编写用递推方法求 x 的 n 次方的函数。

③ 递归是一种编程技术,并不是专门用于计算 x^n 的。用非递归的方法计算 x^n 效率更高,用递归来计算 x^n,是因为它的递归调用易于实现和理解。

【讨论题 5-1】　试分别用递归和递推方法求 n 的阶乘。

【实例 5-10】　n 阶 Hanoi 塔问题(3 阶 Hanoi 塔示意图如图 5-2 所示)。假设有三个分别命名为 A、B、C 的塔座,在塔座 A 插有 n 个直径大小各不相同、依小到大编号为 1,2,…,n 的圆盘。现要求将 A 塔座上的 n 个圆盘移至 C 塔座上(借助于 B 塔座)并仍按同样顺序排列,圆盘移动时必须遵循下列规则:

- 每次只能移动一个圆盘;
- 圆盘可以插在 A、B、C 中的任一塔座上;
- 任何时刻都不能将一个较大的圆盘压在较小的圆盘之上。

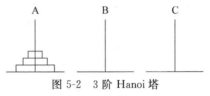

图 5-2　3 阶 Hanoi 塔

(1) 编程思路

如果能将移动 n 个圆盘的问题变成移动 $n-1$ 个圆盘的问题,移动 $n-1$ 个圆盘又变成移动 $n-2$ 个圆盘的问题……直至变成移动 1 个圆盘的问题,就可用递归求解。本实例就是基于这种思想实现的。具体地说,可用下列步骤实现:

① 将塔座 A 上的 $n-1$ 个圆盘移到塔座 B 上。
② 将塔座 A 上剩余的一个圆盘移到塔座 C 上。
③ 将塔座 B 上的 $n-1$ 个圆盘移到塔座 C 上即可。

(2) 程序代码

```
#include<iostream.h>
void main()
{
    void hanoi(int num,char a,char b,char c);
    int num;
    cout<<" please input num=";
    cin>>num;
    hanoi(num,'a','b','c');
}


void hanoi(int n,char a,char b,char c)
{
    if(n==1)
        cout<<"Move Disc No:"<<n<<" from pile "<<a<<" to "<<c<<endl;
    else
    {
        hanoi(n-1,a,c,b);
        cout<<"Move Disc No:"<<n<<" from pile "<<a<<" to "<<c<<endl;
        hanoi(n-1,b,a,c);                    //递归调用
    }
}
```

（3）运行结果

```
please input num= 3
Move Disc No:1    from pile a to c
Move Disc No:2    from pile a to b
Move Disc No:1    from pile c to b
Move Disc No:3    from pile a to c
Move Disc No:1    from pile b to a
Move Disc No:2    from pile b to c
Move Disc No:1    from pile a to c
```

（4）归纳分析

① 有些问题既可以用递归求解，也可以用递推求解；但是有些问题只能用递归求解，本实例即是这类问题。

② 利用递归求解，程序简洁易懂，但是内存空间消耗比较大；利用递推求解，程序执行的效率比较高。

5.4 内联函数

使用函数可以实现代码重用，但函数调用是需要栈空间去处理现场和返回地址，代价是增加时间和空间的开销。为了解决这一问题，C++ 允许在编译时将被调用函数的代码直接嵌入到调用函数中，而不是将流程转出去。这种嵌入到调用函数中的函数称为内联函数，也称为内置函数。

内联函数的定义形式如下：

inline 函数类型 函数名(形参表);

说明：

① 内联函数不发生函数调用，只是在编译时用内联函数的函数体替换调用语句，节省了调用开销，但相应地增加了目标代码量。

② 内联函数的函数体一般比较小，且不允许有循环语句和开关语句；否则，函数定义时即使有 inline 关键字，编译器也会把该函数作为非内联函数处理。

【实例 5-11】 采用内联函数编程求 1～10 中奇数的立方及其和。

（1）编程思路

在内联函数 fx()中，首先判断 a 是否是奇数，若是奇数求其立方并返回，否则返回 0。

（2）程序代码

```
#include<iostream.h>
inline int fx(int);
void main()
{
    int i,m=0;
    for(i=1;i<=10;i++)
```

```
        if(fx(i))
        {
            m+=fx(i);
            cout<<i<<" * "<<i<<" * "<<i<<" = "<<fx(i)<<endl;
        }
    cout<<"1 * 1 * 1+3 * 3 * 3+…+9 * 9 * 9="<<m<<endl;
}

inline int fx(int a)                        //定义内联函数
{
    if(a%2)
        return a * a * a;
    else
        return 0;
}
```

（3）运行结果

```
1 * 1 * 1=1
3 * 3 * 3=27
5 * 5 * 5=125
7 * 7 * 7=343
9 * 9 * 9=729
1 * 1 * 1+3 * 3 * 3+…+9 * 9 * 9=1225
```

（4）归纳分析

内联函数的函数体中不允许有循环语句。因此,本实例将循环放在 main()函数中。

【讨论题 5-2】 采用内联函数编程求 3 个数中的最小数。

5.5　函数重载

　　函数重载是指同名函数对应多个不同的函数实现。函数重载要求同名函数具有相同的功能,而只是参数的个数或参数的类型不同。系统将根据同名函数的这些不同之处来选择其对应的实现。例如:

```
int max(int x,int y)
{
    return (x>y?x:y);
}

float max(float x,float y)
{
    return (x>y?x:y);
}
```

```
double max(double x,double y)
{
    return (x>y?x:y);
}
```

上述三个同名函数 max()即为函数重载。这三个函数具有相同的功能,即求两个数中的大数,只是每个函数的参数类型不同。例如:

```
int fun(int x)
{…}

float fun(int x)
{…}

double fun(int x)
{…}
```

上述三个同名函数 fun()不是函数重载。在函数调用时都是同一形式,如 fun(8),编译系统无法据此判别应该调用哪一个函数。

说明:

① 在调用函数重载时,系统根据参数的类型或个数找到与之唯一匹配的函数并执行它。

② 若只有函数类型不同时,系统无法根据参数的类型或个数找到与之唯一匹配的函数并执行它。因此,这种函数不是函数重载。

【实例 5-12】 求 3 个数中最大的数。

(1)编程思路

本实例没有规定 3 个数的数据类型,可以考虑下列三种情况:3 个数都是 int 型、3 个数都是 float 型、3 个数都是 double 型。这样,对应的 3 个函数就具有相同的功能,参数个数也一样,只是参数类型不一致。所以,可以用函数重载实现。

(2)程序代码

```
#include<iostream.h>
void main()
{
    int max(int ,int ,int );              //函数声明
    float max(float ,float ,float );      //函数声明
    double max(double ,double ,double );  //函数声明
    int a,b,c,maxi;
    cout<<"please input integer a,b,c=";
    cin>>a>>b>>c;                          //输入 3 个整数
    maxi=max(a,b,c);                       //求 3 个整数中的最大者
    cout<<"max_abc="<<maxi<<endl;

    float f,g,h,maxf;
```

```
        cout<< "please input float f,g,h=";
        cin>>f>>g>>h;                              //输入 3 个单精度数
        maxf=max(f,g,h);                           //求 3 个整数中的最大者
        cout<< "max_fgh="<<maxf<<endl;

        double x,y,z,maxd;
        cout<< "please input double x,y,z=";
        cin>>x>>y>>z;                              //输入 3 个双精度数
        maxd=max(x,y,z);                           //求 3 个双精度数中的最大者
        cout<< "max_xyz="<<maxd<<endl;
}

int max(int x,int y,int z)                         //定义求 3 个整数中的最大值的函数
{
    int t;
    t= (x>y?x:y);
    if(z>t)t=z;
     return t;
}

float max(float x,float y,float z)                 /定义求 3 个单精度数中的最大值的函数
{
    float t;
    t= (x>y?x:y);
    if(z>t)t=z;
    return t;
}

double max(double x,double y,double z)             //定义求 3 个双精度数中的最大值的函数
{
    double t;
    t= (x>y?x:y);
    if(z>t)t=z;
    return t;
}
```

（3）运行结果

```
please input integer a,b,c=5  3  1<回车>
max_abc=5
please input float f,g,h=12.3  36.9  23.5<回车>
max_fgh=36.9
please input double x,y,z=1.2365  6.96548  12.36547<回车>
max_xyz=12.3655
```

（4）归纳分析

① 在该实例中，使用了下列函数重载：

```
int max(int ,int ,int );
float max(float ,float ,float);
double max(double,double,double);
```

② 上述三个函数的函数名相同，参数个数也相同，只是参数的类型不同。

③ 在调用函数重载 max(5,3,1)时，系统根据参数的类型找到与之唯一匹配的函数 int max(int x,int y,int z)并执行它；同理，在调用函数重载 max(12.3,36.9,23.5)时，系统调用函数 float max(float x,float y,float z)；在调用函数重载 max(1.2365,6.96548, 12.36547)时，系统调用函数 double max(double x,double y,double z)。

【实例 5-13】 编写一个程序，求 2 个实数或 3 个实数中的最大者。

（1）编程思路

本实例既可以求 2 个实数中的最大数，也可以求 3 个实数中的最大数。其功能一样，只是函数的参数个数不一样。所以，可以用函数重载实现。

（2）程序代码

```cpp
# include<iostream.h>
void main()
{
    double max(double ,double) ;            //函数原型声明
    double max(double ,double ,double );    //函数原型声明

    double x,y,z,max2,max3;
    int flag;                               //确定输入 2个或 3个实数
    cout<< "please input flag(2 or 3)=";
    cin>> flag;
    switch(flag)
    {
        case 2:
            cout<< "please input double x,y=";
            cin>> x>> y;                    //输入 2个双精度数
            max2=max(x,y);
            cout<< "max_xy="<<max2<<endl;
            break;
        case 3:
            cout<< "please input double x,y,z=";
            cin>> x>> y>> z;                //输入 3个双精度数
            max3=max(x,y,z);
            cout<< "max_xyz="<<max3<<endl;
            break;
        default: cout<< "input flag(2 or 3) data error! \n";
    }
}
```

```
double max(double x,double y)                    //定义求 2 个双精度数中的最大值的函数
{
    double t;
    t= (x>y?x:y);
    return t;
}

double max(double x,double y,double z)           //定义求 3 个双精度数中的最大值的函数
{
    double t;
    t= (x>y?x:y);
    if(z>t)t=z;
    return t;
}
```

（3）运行结果

第 1 次运行结果：

```
please input flag(2 or 3)=2<回车>
please input double x,y=2.3   6.9<回车>
max_xy=6.9
```

第 2 次运行结果：

```
please input flag(2 or 3)=3<回车>
please input double x,y,z=2.3   9.6   3.4<回车>
max_xyz=9.6
```

（4）归纳分析

① 在该实例中,使用了下列函数重载：

```
double max(double ,double);
double max(double ,double ,double );
```

② 上述两个函数的函数名相同,参数的类型也相同,只是参数个数不相同。

③ 如果输入两个实数,在调用函数重载 max(2.3,6.9)时,系统根据参数的个数找到与之唯一匹配的函数 double max(double x,double y)并执行它,结果是输出这两个实数中的最大数；如果输入 3 个实数,系统根据参数的个数找到与之唯一匹配的函数 double max(double x,double y,double z)并执行它,结果是输出这 3 个实数中的最大数。

5.6　函数模板

在实例 5-12 的函数重载中,读者看到了下列三个函数的功能一样,只是函数参数的类型不一样。这样的函数体是一样的,重复写了三次。若能把功能相同,只是函数参数类型不同的函数重载用一个函数来定义,将会给程序设计带来极大的方便。C++ 提供的函

数模板可以解决这一问题。

```
int max(int x,int y,int z)              //定义求 3 个整数中的最大者的函数
{
    int t;
    t= (x>y?x:y);
    if(z>t)t=z;
    return t;
}

float max(float x,float y,float z)      //定义求 3 个单精度数中的最大者的函数
{
    float t;
    t= (x>y?x:y);
    if(z>t)t=z;
    return t;
}

double max(double x,double y,double z)  //定义求 3 个双精度数中的最大者的函数
{
    double t;
    t= (x>y?x:y);
    if(z>t)t=z;
    return t;
}
```

所谓函数模板是指一个通用函数，其函数类型和形参类型用一个虚拟的类型来表示，而不是具体指定。凡是函数体相同的函数都可以用这个模板来代替，不必定义多个函数，只需在模板中定义一次即可。在调用函数时系统会根据实参的类型来取代模板中的虚拟类型，从而实现了不同函数的功能。

函数模板的定义格式如下：

```
template<class 类型参数表>          //模板声明
```

例如，函数模板定义了 T 为一种类型参数，并用 T 作为函数的类型和参数的类型。T 的具体类型由调用它的函数表达式决定。

```
template<class T>
T max(T x,T y,T z)
{
    T t;
    t= (x>y?x:y);
    if(z>t)t=z;
    return t;
}
```

例如,函数模板定义了 T1 和 T2 两种类型参数,T1 和 T2 的具体类型由调用它的函数表达式决定。

```
template<class T1,class T2>
int fun(T1 x,T2 y)
{
    int flag;
    if(x*y>0)
        flag=1;
    else
        if(x*y==0)
            flag=0;
        else
            flag=-1;
    return flag;
}
```

【实例 5-14】 用函数模板实现:求 3 个数中最大的数。

(1) 编程思路

本实例中的 3 个数的数据类型可以是:int 型、float 型或 double 型。这样,需要定义 3 个具有相同的功能的函数,参数个数也一样,只是参数类型不一致。所以,可以用函数模板实现。

(2) 程序代码

```
template<class T>
T max(T x,T y,T z)                      //定义求 3 个数中的最大值的模板函数
{
    T t;
    t=(x>y?x:y);
    if(z>t)t=z;
    return t;
}


void main()
{
    int a,b,c,maxi;
    cout<<"please input integer a,b,c=";
    cin>>a>>b>>c;                        //输入 3 个整数
    maxi=max(a,b,c);                     //求 3 个整数中的最大者
    cout<<"max_abc="<<maxi<<endl;

    float f,g,h,maxf;
    cout<<"please input float f,g,h=";
    cin>>f>>g>>h;                        //输入 3 个单精度数
    maxf=max(f,g,h);                     //求 3 个整数中的最大者
    cout<<"max_fgh="<<maxf<<endl;
```

```
        double x,y,z,maxd;
        cout<<"please input double x,y,z=";
        cin>>x>>y>>z;                        //输入 3 个双精度数
        maxd=max(x,y,z);                     //求 3 个双精度数中的最大者
        cout<<"max_xyz="<<maxd<<endl;
    }
```

（3）运行结果

```
please input integer a,b,c=5   3   1<回车>
max_abc=5
please input float f,g,h=12.3   36.9   23.5<回车>
max_fgh=36.9
please input double x,y,z=1.2365   6.96548   12.36547<回车>
max_xyz=12.3655
```

（4）归纳分析

① 在对程序进行编译时,遇到调用函数 max(a,b,c),系统会将函数名 max 与模板 max 相匹配,将实参的类型 int 取代了函数模板中的虚拟类型 T,并按照 int 型生成一个具体函数:

```
int max(int x,int y,int z)
{
    int t;
    t=(x>y?x:y);
    if(z>t)t=z;
    return t;
}
```

同理,遇到调用函数 max(x,y,z),将实参的类型 double 取代了函数模板中的虚拟类型 T,并按照 double 型生成一个具体函数：double max(double,double,double)。

② 在程序中,若同时存在一般函数和模板函数,当两者同名、参数同类型时,优先调用一般函数。

③ 函数模板实现了函数参数的通用性,简化了函数重载的函数体设计,可以大大地提高程序设计的效率。

【讨论题 5-3】 阅读下列程序,运行结果如下。

```
template<class T1,class T2>
int fun(T1 x,T2 y)
{
    int flag;
    if(x*y>0)
        flag=1;
    else
        if(x*y==0)
```

```
            flag=0;
        else
            flag=-1;
        return flag;
}


void main()
{
    int a=3,y;
    float b=3.2;
    double c=-2.369;
    y=fun(a,b);
    cout<<"fun(int,float)="<<y<<endl;
    y=fun(b,c);
    cout<<"fun(float,double)="<<y<<endl;
}
```

5.7　具有默认参数值的函数

在函数调用时,要求实参的个数应与形参相同。有时多次调用同一函数时用同样的实参,C++ 提供简单的处理办法,允许形参取一个默认值。例如:

```
int fact(int n=6);                      //函数原型说明
```

指定 n 的默认值为 6,如果在调用此函数时用 fact();等价于 fact(6);。即当确认 n 的值为 6,则可以不必给出实参的值。如果不想使形参取此默认值,则通过实参另行给出。如 fact(8),此时,形参 n=8。例如:

```
float sum(float x,y,z=12.6);            //函数原型说明
```

可以只指定部分默认值。在此函数中只指定了参数 z 的默认值为 12.6,若用调用语句 sum(2.3,3.6);等价于 sum(2.3,3.6,12.6);。如果不想使形参取此默认值,则通过实参另行给出。如 sum(2.3,3.6,9.5);,此时,形参 z=9.5。

说明:

① 参数的默认值必须为常量表达式。

② 可以有多个参数具有默认值,但默认值必须从右向左设置。例如:

```
float   sum(float x,y=3.2,z);          //是错误的
```

③ 当函数原型说明中给出了参数的默认值,则在函数定义时,不允许再用默认值。

```
float fact(int n=6);
⋮
float fact(int n=10)                    //错误,重复定义了默认参数
{
```

```
    float f=1;
    for(int i=2;i<=n;i++)
        f*=i;
    return f;
}
```

【实例 5-15】 具有默认参数值函数应用实例。

（1）程序代码

```
#include<iostream.h>
void main()
{
    int max(int a, int b, int c=0);              //函数声明中说明形参 c 有默认值 0
    int a,b,c;
    cout<<"please input a,b,c=";
    cin>>a>>b>>c;
    cout<<"max(a,b,c)="<<max(a,b,c)<<endl;
    cout<<"max(a,b)="<<max(a,b)<<endl;           //c 采用默认值 0
}
int max(int x,int y,int z)
{
    int t;
    t=(x>y?x:y);
    if(z>t)t=z;
    return t;
}
```

（2）运行结果

```
please input a,b,c=-2  -6  5<回车>
max(a,b,c)=5
max(a,b)=0
```

5.8 变量的存储属性

变量是对程序中数据的存储空间的抽象。变量的属性包括两类：

（1）数据类型

数据类型是指变量所持有的数据的性质，该属性在第 2 章已经介绍过，在此不再赘述。

（2）存储属性

存储属性包括：

① 存储类别：存储类别是指数据在内存中存储的方法。存储方法分为静态存储和动态存储两大类。存储类别具体包含 4 种：自动的（auto）、静态的（static）、寄存器的（register）和外部的（extern）。根据变量的存储类别，可以知道变量的作用域和生存期。

② 作用域：作用域是指变量的作用范围。在这个范围里，变量是有效的，可以使用该变量的名字进行与该变量有关的操作。每个变量都有一个确定"作用域"，由变量定义出现的位置确定。作用域是静态概念。与程序执行过程无关。

③ 生存期：生存期是指变量在程序执行的某一时刻是否存在。生存期是动态概念，是指程序执行的一段时期，在一个变量的存在期里，它所占的存储单元一直保持，只要不对变量重新赋值，单元中的值就保持不变。

变量定义格式可以修正为：

[存储类别] 数据类型 变量表;

5.8.1　局部变量和全局变量

1. 局部变量

在函数和类内部定义的变量称为局部变量，其作用域为：定义它的函数或类内起作用。局部变量的作用域有块作用域、函数原型作用域、函数作用域和类作用域。

例如：

```
float fun1(int m)                //函数 fun1
{
    int i,j;                     //i、j、m在函数 fun1 中有效
    ⋮
}


char fun2(int k, int l)          //函数 fun2
{
    double x,y;      //x、y、i、k、l在效函数 fun2 中有效。fun1 与 fun2 中使用了同名变量 i
    int i;
    ⋮
}


void main()
{
    int m,n;
    ⋮
    {
        double m,z;    //m、z在复合语句中有效,块内的 m 屏蔽了 main()函数中的 m
        ⋮
    }
}
```

说明：

① 在函数内部定义的变量，其作用域为本函数，即只在本函数中有效。对 main()函

数也不例外。

② 不同函数中可以使用同名的变量，它们代表不同的对象，互不干扰。例如，在 fun1 和 fun2 函数中都定义了变量 i，但它们是不同的对象，在内存中占有不同的单元。

③ 可以在一个函数内的复合语句中定义变量，这些变量只在本复合语句中有效。其作用域即为块作用域。

④ 形参也是局部变量。例如 fun1 函数中的形参 m 只在 fun1 函数中有效。

⑤ 在函数原型声明语句中出现的参数名，其作用范围只在本行的括号内有效，即具有函数原型作用域。

2. 全局变量

在函数和类外部定义的变量称为全局变量，其作用域为：从定义变量的位置开始到文件的结束。这种作用域也称为文件作用域。

说明：

① 全局变量增加了函数之间数据联系的渠道，全局变量作用域内的函数，均可使用、修改该全局变量的值。

② 使用全局变量降低了函数的通用性、可靠性、可移植性，同时也降低了程序的可理解性，软件工程学提倡尽量少用全局变量。

③ 全局变量在程序全部执行过程中占用存储单元。

④ 如果在同一个源文件中，全局变量与局部变量同名，则在局部变量的作用范围内，全局变量被屏蔽。

例如：

```
int m=26,n=88;              //全局变量 m、n
float fun1(a)               //定义函数 fun1
{
    int a;
    int b,c;
    ⋮
}
char c,s;                   //全局变量 c、s
char fun2 (int x, int y)    //定义函数 fun2
{
    int i,j;
    ⋮
}
void main ()                //主函数
{
    int m,n;
    ⋮
}
double t;                   //全局变量 t
```

全局变量 m、n 的作用范围

全局变量 c、s 的作用范围

【实例 5-16】　编写一个函数,求 3 个数中的最大值、最小值和平均值。

(1) 编程思路

C++ 规定,一个函数通过 return 语句只能返回一个值。本实例要求在一个函数中既求 3 个数中的最大值、又求最小值和平均值,显然用 return 语句返回 3 个值是不可能实现的。因此,借助于全局变量实现。

(2) 程序代码

```
# include<iostream.h>
float    max,min;                                        //声明全局变量
float    max_min_avg(float x,float y,float z);
void main()
{
    float x,y,z,avg;
    cout<< "please inpuy x,y,z=";
    cin>> x>> y>> z;
    avg=max_min_avg(x,y,z);
    cout<< "max= "<<max<< " min= "<<min<< " avg= "<< avg<<endl;    //用全局变量 min
}

float    max_min_avg(float x,float y,float z)
{
    float    avg=0.0,t;
    t=x>y ?x:y;
    max=t>z ?t:z;                                         //用了全局变量 max 和 min
    t=x<y ?x:y;
    min=t<z ?t:z;
    avg= (x+y+z)/3;
    return avg;
}
```

(3) 运行结果

```
please inpuy x,y,z=12.3   6.2   9.8<回车>
max=12.3   min=6.2   avg=9.43333
```

(4) 归纳分析

本实例中,max、min 全程有效。因此,在函数 max_min_avg()中对其所做的修改,在main()函数中同样可见。

【讨论题 5-4】　试分别给出下列程序的运行结果。

程序 1:　　　　　　　　　　　　　　　　程序 2:

```
# include<iostream.h>                    # include<iostream.h>
int i;                                   int i;
void main()                              void main()
{                                        {
```

```
    void prt();                              void prt();
    for(i=0;i<6;i++)                         for(i=0;i<6;i++)
        prt();                                   prt();
}                                        }
void prt()                               void prt()
{                                        {
    for(i=0;i<6;i++)                         for(int i=0;i<6;i++)
        cout<<"*";                               cout<<"*";
    cout<<endl;                              cout<<endl;
}                                        }
```

5.8.2 变量的存储类别

1. auto 型变量

局部变量定义时使用 auto 说明符或没有指定存储类别，系统就认为所定义的变量具有自动类别。系统对自动变量是动态分配存储空间的，数据存储在动态存储区中。例如：

```
int fun(double x)                //定义 fun 函数
{
    /* m、n、x、y都是 auto 型变量,当第一次调用 fun 时,为 m 分配存储单元(初始化为 6),并修改
    为 18;当第二次调用 fun 时,为 m 重新分配存储单元(初始化为 6),并修改为 18 * /
    auto int m=6,n;
    {
        double y;
        ⋮
    }
    m+=12;
    ⋮
}
```

自动变量的作用域是从定义的位置起，到函数体或复合体结束为止。它的存储单元在进入这些局部变量所在的函数体（或复合体）时生成，退出其所在函数体（或复合体）时消失，这就是自动变量的生存期。当再次进入函数体（或复合体）时，系统将为它们另行分配存储单元，因此，变量的值不可能被保留。

2. register 型变量

寄存器变量也是自动变量，它与自动变量的区别仅在于：用 register 说明的变量建议编译程序将变量的值保留在 CPU 的寄存器中，而不像一般变量那样，占内存单元。

说明：在程序中定义寄存器变量对编译系统只是建议性（而不是强制性）的。当今的优化编译系统能够识别使用频繁的变量，自动地将这些变量放在寄存器中。

3. static 型变量

在函数体内部用 static 说明的变量,称静态局部变量。静态局部变量的作用域和自动变量、寄存器变量一样,但其生存期与它们有本质的区别,要一直延长到程序运行结束。

静态局部变量在静态存储区占据永久性的存储单元,函数退出后下次再进入该函数,静态局部变量仍使用原来的存储单元。

说明:

① 静态局部变量在静态存储区内分配存储单元。在程序整个运行期间都不释放。

② 为静态局部变量赋初值是在编译时进行的,即只赋初值一次,在程序运行时它已有初值。以后每次调用函数时不再重新赋初值而只是保留上次函数调用结束时的值。

③ 如果在定义局部变量时不赋初值的话,对静态局部变量来说,编译时自动赋初值 0(对数值型变量)或空字符(对字符型变量)。而对自动变量来说,如果不赋初值,则它的值是一个不确定的值。

④ 虽然静态局部变量在函数调用结束后仍然存在,但其他函数是不能引用它的,即在其他函数中它是"不可见"的。也就是说,局部 static 变量具有全局寿命和局部可见性。

⑤ 局部 static 变量具有可继承性。

【实例 5-17】　编写一个程序,求 $1!+2!+3!+\cdots+n!$。

(1) 编程思路

利用 $f(n)=n!=n\times(n-1)!=n\times f(n-1)$ 的特点,将每次计算出的阶乘值 $f(n-1)$ 保留,则 $f(n)=n\times f(n-1)$。这样,可以避免重复,从而提高效率。基于这种思路,可以用静态局部变量实现。

(2) 程序代码

```
#include<iostream.h>
int fact(int);                         //函数原型声明
int main()
{
    int i,n;
    long sum=0;
    cout<<"please input n=";
    cin>>n;
    for(i=1;i<=n;i++)
        sum+=fact(i);
    cout<<"1!+2!+…+"<<n<<"!="<<sum<<endl;
    return 0;
}

int fact(int n)                        //定义求 n!函数
{
```

```
    static int f=1;                    //f 为静态局部变量,具有可继承性
    f=f*n;
    return f;
}
```

（3）运行结果

```
please input n=6<回车>
1!+2!+…+6!=873
```

（4）归纳分析

① 本实例中,f 是静态局部变量,它只初始化一次,其占用的内存空间在函数调用结束时不释放,直至程序结束后才释放。

② f=f*n;是在 f 原值基础上乘以 n。

4. extern 型外部变量

在函数之外,任意位置定义的变量称全局变量或外部变量。它的作用域为从定义变量的位置开始到本源文件结束。编译时将全局变量分配在静态存储区。

全局变量在下列两种情况下需要用 extern 声明:

（1）在同一个文件中,若全局变量定义在后、引用在前时,则需要在引用之前用 extern 对该变量作外部变量声明。

（2）若多个文件的程序中要引用同一个全局变量,正确的做法是:在任一个文件中定义外部变量,而在非定义的文件中用 extern 对该变量作外部变量声明。

当全局变量仅限制在本文件中使用时,可以用 static 说明。

【**实例 5-18**】 编写一个函数,交换两个数据的值。

（1）编程思路

在前面的实例 5-5 中,读者已经知道,通过传值调用是不能交换两个数据的。因为局部变量只在本函数中可见。若要通过函数实现两个数据的交换,这两个数据必须是在调用函数和被调用函数中均可见,那么用全局变量即可。

（2）程序代码

```
#include<iostream.h>
void main()
{
    extern int a,b;                    //声明全局变量
    cout<<"please input a,b=";
    cin>>a>>b;
    cout<<"before swap:\na="<<a<<",b="<<b<<endl;
    void swap();
    swap();
    cout<<"after swap:\na="<<a<<",b="<<b<<endl;
}
```

```
int a,b;                              //定义全局变量

void swap()
{
    int temp;
    temp=a;a=b;b=temp;
}
```

（3）运行结果

```
please input a,b=23  36<回车>
before swap:
a=23,b=36
after swap:
a=36,b=23
```

（4）归纳分析

① 在 main()函数中要引用全局变量 a、b,但是 a、b 在其后才定义,所以在 main()函数中要用 extern 对 a、b 变量作外部变量声明。

② 在 swap()函数中也要引用全局变量 a、b,但是不需要做声明(定义在前、引用在后)。

【实例 5-19】 在两个文件中用相同变量实例。

（1）程序代码

```
//eg5_19_1.cpp
#include<iostream.h>
int a=5,b=3;                          //定义外部变量
extern int c;                         //外部变量声明(在文件 eg5_19_2.cpp 中定义变量)
void xk();                            //函数原型声明
void main()
{
    cout<<"mainfile1:\na="<<a<<",b="<<b<<",c="<<c<<endl;
                                      //引用文件 eg5_19_2.cpp 中的外部变量
    cout<<"attachfilefile:\n";
    xk();
    cout<<"mainfile2:\na="<<a<<",b="<<b<<",c="<<c<<endl;
}

//eg5_19_2.cpp
#include<iostream.h>
extern int a,b;                       //外部变量声明
int c=8;                              //定义外部变量
void xk()
{
    a+=10;b+=10;                       //用文件 eg5_19_1.cpp 中定义的外部变量 a、b
```

```
    c+=10;
    cout<<"a="<<a<<",b="<<b<<",c="<<c<<endl;
}
```

（2）运行结果

```
mainfile1:
a=5,b=3 ,c=8
attachfilefile:
a=15,b=13 ,c=18
mainfile2:
a=15,b=13 ,c=18
```

（3）归纳分析

① 先建立程序主文件 eg5_19_1.cpp，并编译通过；再建立程序辅文件 eg5_19_2.cpp，并编译通过；连接上述两个文件并生成 eg5_19.exe，即可得到上述结果。

② 在文件 eg5_19_1.cpp 中引用了文件 eg5_19_2.cpp 中的外部变量 c，因此，在文件 eg5_19_1.cpp 中要用 extern 声明。

【讨论题 5-5】 若在文件 eg5_19_1.cpp 中添加外部变量 static f=68；然后在 eg5_19_2.cpp 中添加外部变量声明 extern int f；则连接时会怎样？

5.8.3 变量的存储属性

变量的存储属性包括：

（1）存储类别：C++ 允许使用 auto、static、register 和 extern 4 种存储类别。

（2）作用域：指程序中可以引用该变量的区域。

（3）生存期：指变量在内存中的存储期限。

存储类别、作用域和生存期三者之间是有联系的，在程序中只能声明变量的存储类别，通过存储类别可以确定变量的作用域和存储期。

auto、static 和 register 这 3 种存储类别只能用于变量的定义语句中，而 extern 只能用来声明已定义的外部变量，而不能用于变量的定义。只要看到 extern，就可以判定这是变量声明，而不是定义变量的语句。

表 5-1 从不同角度分析它们之间的联系。

表 5-1 变量存储属性

	局部变量			外部变量	
存储类别	auto	register	局部 static	外部 static	外部
存储方式	动态		静态		
存储区	动态区	寄存器	静态存储区		
生存期	函数调用开始至结束		程序整个运行期间		

	局部变量			外部变量	
作用域	定义变量的函数或复合语句内			本文件	其他文件
赋初值	每次函数调用时		只赋初值一次		
未赋初值	不确定		自动赋初值 0 或空字符		

5.9 本章总结

1. 函数的定义、调用、函数原型

(1) 函数是语句序列的封装体。函数定义的格式为：

函数类型　函数名(参数表)
{
　　函数体
}

每个函数只能通过 return 语句返回一个值。

(2) 函数调用的格式如下：

函数名();
函数名(实参表);

(3) 函数原型

C++ 要求函数在被调用之前,应当让编译器知道该函数的原型,以便编译器利用函数原型提供的信息去检查调用的合法性,保证参数的正确传递。函数原型声明的格式如下：

函数类型　函数名(参数表);

参数表中可以不包含参数的名称,而只包含参数的类型。编译器只验证参数个数、参数类型和参数顺序。

2. 函数调用的参数传递

传值调用时,将实参的值按位置赋给对应的形式参数,即对形参进行初始化,然后执行函数体。

在函数体执行过程中形式参数的变化不会影响对应实参的值。传值方式可以有效地防止被调用函数改变实际参数的原始值。

3. 函数的嵌套调用与递归调用

函数不可以嵌套定义,但是可以嵌套调用。函数的嵌套调用是指一个函数调用另一个函数,而被调用的函数又可调用其他函数。

函数的递归调用就是一个函数直接或间接地调用该函数本身。递归调用过程可以分为两个阶段:

(1)回推阶段,从原问题出发,按递归公式回推,最终达到递归终止条件。

(2)递推阶段,按递归终止条件求出结果,逆向逐步代入递归公式,递推到原问题。

4. 内联函数、函数重载、函数模板

(1)C++允许在编译时将被调用函数的代码直接嵌入到调用函数中,而不是将流程转出去。这种嵌入到调用函数中的函数称为内联函数,也称内置函数。

内联函数的定义形式如下:

inline 函数类型 函数名(形参表);

(2)函数重载是指同名函数对应多个不同的函数实现。函数重载要求同名函数具有相同的功能,而只是参数的个数或参数的类型不同。系统将根据同名函数的这些不同之处来选择其对应的实现。

(3)函数模板是指一个通用函数,其函数类型和形参类型用一个虚拟的类型来表示,而不是具体指定。凡是函数体相同的函数都可以用这个模板来代替,不必定义多个函数,只需在模板中定义一次即可。在调用函数时系统会根据实参的类型来取代模板中的虚拟类型,从而实现了不同函数的功能。

函数模板的定义格式如下:

template<class 类型参数表>
通用函数定义

5. 变量的存储属性

变量的存储属性包括:

(1)存储类别:C++允许使用 auto、static、register 和 extern 4 种存储类别。

(2)作用域:指程序中可以引用该变量的区域。

(3)生存期:指变量在内存的存储期限。

5.10 思考与练习

5.10.1 思考题

(1)函数调用时,形参名和实参名是否必须相同?

(2)内联函数和带参数的宏有何异同?

（3）auto、static 型局部变量有何异同？

（4）全局变量和局部变量有何异同？

5.10.2　上机练习

（1）编写程序，试用递归函数将输入的 6 个字符按相反顺序排列输出。

（2）编程求 e^x 的近似解。要求最后一项不小于 10^{-6}。

$$e^x = 1 + \frac{x}{1!} + \frac{x^2}{2!} + \frac{x^3}{3!} + \cdots + \frac{x^n}{n!}$$

第6章 指针与引用

学习目标

(1) 指针变量的概念及其应用；

(2) 使用指针访问数组元素；

(3) 使用指针访问函数；

(4) 使用指针实现传址调用；

(5) 使用引用作为函数的参数实现引用调用。

6.1 指针的概念

指针是 C++ 中非常重要的一种数据类型，利用指针可以对各种类型的数据进行快速访问。指针的使用非常灵活，有些数据结构通过指针可以很自然地实现，而用其他类型却很难实现。

为了更好地理解指针，首先要搞清楚一个内存单元的地址与内存单元的内容的关系。例如，在程序中定义了下列变量，在编译时系统会根据其数据类型给这些变量分配大小不同的内存空间，如图 6-1 所示。

```
int n=26;
double x=3.69;
```

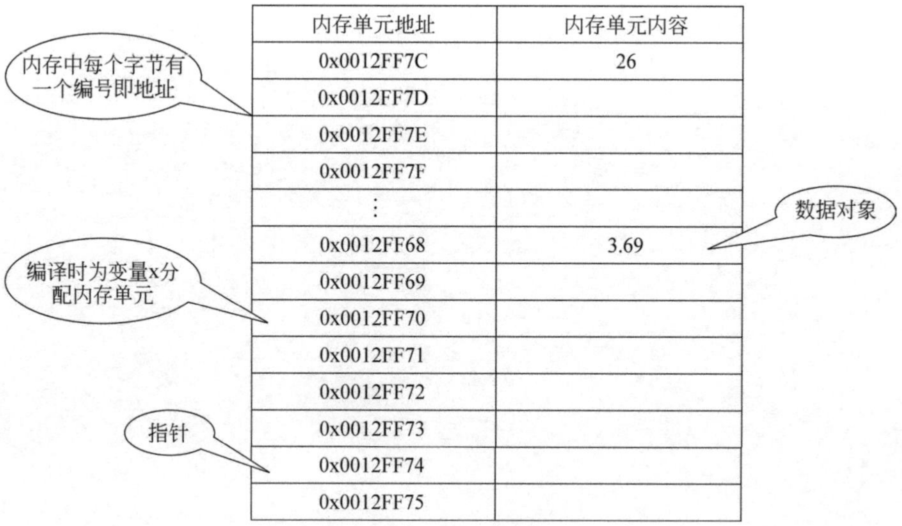

内存单元地址	内存单元内容
0x0012FF7C	26
0x0012FF7D	
0x0012FF7E	
0x0012FF7F	
⋮	
0x0012FF68	3.69
0x0012FF69	
0x0012FF70	
0x0012FF71	
0x0012FF72	
0x0012FF73	
0x0012FF74	
0x0012FF75	

内存中每个字节有一个编号即地址

编译时为变量x分配内存单元

指针

数据对象

图 6-1 指针与地址

计算机的内存空间被分成若干个存储单元,每个存储单元的长度为 1 字节。每个存储单元都有一个固定的编号——地址。存放某个数据的第一个存储单元的地址称为该数据的首地址。

变量是对程序中数据存储空间的抽象。在 32 位机器上,一个 char 型变量分配 1 个字节的存储空间,一个 int 型变量分配 4 个字节的存储空间,一个 float 型变量分配 4 个字节的存储空间,一个 double 型变量分配 8 个字节的存储空间。

对变量值的存取都是通过地址进行的。这种按变量地址存取变量值的方式称为直接存取方式,或直接访问方式。还可以采用另一种称为间接存取(间接访问)的方式。可以在程序中定义这样一种特殊的变量,它是专门用来存放地址的。

例如,在图 6-1 中,通过地址 0x0012FF7C 就能找到变量 n 在内存中的存储单元,从而对变量 n 进行访问。0x0012FF7C 就是变量 n 的指针。

指针是一个存储单元的地址值,数据即存储单元中的对象。

用户定义的对象必须由系统为其分配存储单元,而不允许用户直接用地址常数为其分配存储单元。因此除指针常数 0(指针常数 0 不指向内存中任何单元,而表示空指针)之外,所有指针常数都不允许用户使用。

6.2　指针变量

指针是一个存储单元的地址值,因此将存放地址的变量叫做指针变量。在上下文意义明确的情况下,常常将指针变量简称指针。

指针变量和普通变量一样占有一定的存储空间,但它与普通变量的区别在于指针变量的存储空间中存放的不是普通的数据,而是一个地址值——指针。存储每个指针需要 4 个字节的存储空间,它与整型 int、浮点型 float 和枚举型 enum 具有相同大小的长度。

图 6-2 给出了变量 n 与指针变量 pn 之间的关系。

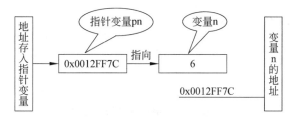

图 6-2　变量 n 与指针变量 pn 之间的关系

6.2.1　指针变量的定义及其初始化

1. 指针变量的定义

指针变量如同其他变量一样,在使用之前必须先定义。指针变量定义的格式如下:

　　数据类型 * 指针变量名;

　　说明:

　　① 数据类型是指针变量所指向变量的数据类型,并不是指针变量本身的数据类型,任一指针变量本身数据值的类型都是 unsigned long int(占 4 字节)。

　　② 变量名应是合法的标识符。

　　③ * 表示定义的是指针变量,是指针指示符,而不是运算符。

　　例如:

```
int * pi1, * pi2;
float * pf;
double * pd
```

　　(1) 指针变量名是 pi1,不是 * pi1。

　　(2) 指针变量 pi1 所指向变量的数据类型为 int 型,指针变量 pf 所指向变量的类型为 float 型,指针变量 pd 所指向变量的类型为 double 型。指针变量在使用时只能指向定义所规定类型的变量。

　　(3) 指针变量定义后,其值不确定,使用前必须先赋值。

　　下面几种定义指针变量的写法都是合法的。

```
int   * p;              //* 与类型名之间有空格,与变量名 p 之间没有空格
int*   p;              //* 与类型名之间没有空格,与变量名 p 之间有空格
int * p;              //* 与类型名和变量名 p 之间都没有空格
int   *  p;              //* 与类型名和变量名 p 之间都有空格
```

2. 指针变量的初始化

　　指针变量在定义时可以用任何合法的指针(地址)值进行初始化。初始化的格式如下:

　　数据类型 * 指针变量名=初始地址值;

　　例如:

```
int i;
float f;
int * pi=&i;              //将变量 i 的地址赋给指针变量 pi
float * pf=&f;
float * q=pf;              //已初始化的指针变量 pf 作指针 q 的初值
```

　　注意:引用不确定的指针变量是危险的。

　　【实例 6-1】 指针变量初始化的应用实例。

　　(1) 程序代码

```
//eg6_1.cpp
# include<iostream.h>
```

```
void main()
{
    int m=28;
    int * pm=&m, * p;
    cout<< * pm<<endl;
    cout<< * p<<endl;
}
```

危险！指针 p 没有确定的指向

（2）运行结果

28

程序会弹出一个对话框,告诉用户"eg6_1.exe 遇到问题需要关闭"。

（3）归纳分析

这是由于引用不确定的指针变量 p 所引发的。因此,指针变量必须先赋值后使用。

3. 零指针

零指针是一个特殊的指针,它的值为 0,C++ 中用符号常量 NULL(在 ios. h 中定义)表示这个零值,并保证这个值不会是任何变量的地址。零指针对任何指针类型赋值都是合法的。一个指针变量具有零指针值表示当前它没有指向任何有意义的对象。

零指针可以表示为：

int * p=0;

或

int * p=NULL;

说明：

① p=NULL 与未对 p 赋值不同。前者表示 p 指向地址为 0 的内存单元,后者不指向任何内存单元。

② 使用零指针可以避免指针变量的非法引用,在程序中常作为一种状态进行比较。

4. void 指针

void 类型的指针叫做通用指针,可以指向任何类型的变量,C++ 允许直接把任何变量的地址作为指针赋给通用指针。但是当需要使用通用指针所指的数据参加运算时,需要进行类型强制转换。例如：

```
int m=28;
int * pm=&m;
void * p;
p=pm;
cout<< (int * ) (p)<<endl;                 //对 p 进行类型强制转换,转换为 int 型
```

6.2.2 指针变量的运算符

1. 取地址运算符

& 是取地址运算符，表示对 & 后面的变量进行取地址运算。该运算符是单目运算符，优先级别为 2，结合性是从右向左结合。

指针变量是用来存放变量地址的变量，因此可以通过取地址运算符 &，将某一变量的地址赋值给指针变量。例如：

```
float x=3.65,* p;
p=&x;
```

通过取地址运算符 &，使指针变量 p 指向变量 x，即将变量 x 的地址存放到指针变量 p 中。

2. 指针运算符

* 为指针运算符或取内容运算符，它后面必须是一个指针变量，表示访问该指针变量所指向的变量，即访问指针所指向的存储单元的内容。

* 运算符是单目运算符，优先级别为 2，结合性是从右向左结合。

例如：

```
float x=3.65,* p;
p=&x;                           //使 p 指向 x
cout<< * p;                     //输出 p 所指向变量的内容 3.65
```

注意：不要将取内容运算符"＊"与定义指针时的"＊"混为一谈。指针定义时的"＊"是指针变量说明的标志，可以称为"指针指示符"，而间接访问运算符"＊"是用来访问指针所指向的变量。

【**实例 6-2**】 指针的各种表示形式及其含义的应用实例。

（1）程序代码

```
#include<iostream.h>
void main()
{
    float x=3.65,* p;
    p=&x;                           //指针 p 指向 x
    cout<<"x="<<x<<endl;
    cout<<" * p="<< * p<<endl;
    cout<<"p="<<p<<endl;
    cout<<"&x="<<&x<<endl;
    cout<<" * (&x)="<< * (&x)<<endl;
    cout<<"&( * p)="<<&( * p)<<endl;
    cout<<"&p="<<&p<<endl;
}
```

（2）运行结果

x=3.65

＊p=3.65

p=0x0012FF7C

&x=0x0012FF7C

＊(&x)=3.65

&(＊p)=0x0012FF7C

&p=0x0012FF78

（3）归纳分析

① ＊运算和 & 运算互为逆运算。＊(&x)表示先访问 x 的地址,然后访问该地址中的内容,即 x 的值。&(＊p)表示先访问 p 所指向单元的内容(x 的值),然后访问该内容的地址,即 x 的地址。

② 指针变量 p 中存放的是变量 x 的地址;＊p 表示访问 p 所指向单元的内容;&p 表示指针变量 p 的地址。

③ p 是指针变量,系统同样会为其分配存储空间。图 6-3 给出了 x 与 p 之间的关系。

图 6-3 变量 x 与指针 p 之间的关系

6.2.3　指针的运算

指针的运算实际上就是地址的运算。由于指针的特殊性,使指针所能进行的运算受到一定的限制。指针只能进行下列几种运算：赋值运算、算术运算、指针相减和指针比较运算。

1. 赋值运算

指针的赋值运算可以通过指针的初始化实现,也可以在程序中通过赋值语句来实现。例如,下面都是合法的指针赋值运算：

```
int a=8,＊pa=&a,＊p1,＊p2;              //pa 通过初始化赋值
void＊p3;
p1=pa;                                //p1 通过赋值语句实现赋值
p2=NULL;
p3=pa;
```

2. 算术运算

指针只能进行下列算术运算：与整数的加减运算和自增、自减运算。由于指针的特殊性，这些算术运算也称为移动指针运算。

指针变量存储的是变量的内存地址，因此可以将指针视为类似整型的变量。指针加上或减去一个整数其结果是一个新的地址值。

例如，图 6-4 给出了指针在数组中移动的示意图。

```
int a[6]={2,5,6,8,9,3}, * pa=a, * p1, * p2;
p1=pa+4;              //p1 指向 a[4]
p2=p1-2;              //p2 指向 a[2]
pa++;                 //pa 指向 a[1]
```

		地址	内容	
pa	→	0x0012FF68	2	a[0]
pa++	→	0x0012FF6C	5	a[1]
p2	→	0x0012FF70	6	a[2]
			8	a[3]
p1	→	0x0012FF78	9	a[4]
			3	a[5]

图 6-4 指针移动示意图

说明：

① 指针的加减运算与普遍变量的加减运算不同。指针加上或减去一个整数 n，表示指针从当前位置向后或向前移动 n 个 sizeof(数据类型)长度的存储单元。利用指针的这一特性，对数组元素进行访问是非常方便和快捷的。

② 指针的自增、自减运算是指针加减运算的特例。指针的自增或自减表示指针从当前位置向后或向前移动 sizeof(数据类型)长度的存储单元。

请注意下列表达式的计算顺序及含义：

```
int a[6]={12,15,26,18,29,13}, * p=a;
p++;                //指针 p 后移 4 字节,指向 a[1]
* p++;              //先读取 p 指向变量 a[1]的值 15,然后使指针 p 后移 4 字节,指向 a[2]
( * p)++;           //使 p 指向变量 a[2]自增 1,即 a[2]=27
* ++p;              //先使指针 p 后移 4 字节指向 a[3],然后读取 p 指向对象 a[3]的值 18;
++ * p;             //使 p 指向变量 a[3]自增 1,即 a[3]=19
```

3. 指针相减

当两个指针指向同一数组时，两个指针的相减才有意义。两个指针相减结果为一整数，表示两个指针之间数组元素的个数。例如：

```
int a[6]={12,15,26,18,29,13}, * p1=a+2, * p2;
p2=a+5;
cout<<p2-p1<<endl;                              //结果为 3
```

4. 指针比较运算

可以在关系表达式中对两个指针进行比较,判断指针的位置关系,两个指针变量的值相等,表示它们指向同一个存储单元。还可进行是否为空指针的判断。例如:

```
int a[6]={12,15,26,18,29,13}, * pa=a, * p1=a+2, * p2;
p2=a+5;
if(p1==p2)
    cout<< "p2 equal p1"<<endl;
else
    cout<< "p2 do not equal p1"<<endl;
```

【实例 6-3】 指针运算的应用实例。

(1)程序代码

```
# include<iostream.h>
void main()
{
    int a[10]={23,36,0,- 6,56,12,- 98,50,32,66};
    int * pa=a, * p1, * p2;
    p1=a;p2=a+9;
    while(pa<=p2)
        cout<< * pa++<<" ";
    cout<<endl;
    pa=a;                               //pa 指向数组 a 的首地址
    cout<<"pa++="<<pa++<<endl;          //指针 pa 后移 4 字节,指向 a[1]
    cout<<" * pa++="<< * pa++<<endl;
                    //先读取 pa 指向变量 a[1]的值,然后使指针 pa 后移 4 字节,指向 a[2]
    cout<<"( * pa)++="<< ( * pa)++<<endl;
                    //读取 pa 指向变量 a[2]的值,然后使 pa 指向变量 a[2]自增 1
    cout<<" * ++pa="<< * ++pa<<endl;
                    //先使指针 pa 后移 4 字节指向 a[3],然后读取 pa 指向对象的值
    cout<<"++ * pa="<<++ * pa<<endl;     //将 pa 指向变量 a[3]自增 1
}
```

(2)运行结果

```
23  36  0  - 6  56  12  - 98  50  32  66
pa++=0x0012FF58
* pa++=36
( * pa)++=0
```

```
* ++pa=-6
++ * pa=-5
```

（3）归纳分析

只有当指针指向同一数组中的一片连续的存储单元时，指针移动才有意义。

6.3 指针与数组

在 C++ 中，指针与数组有着十分密切的关系。数组是由若干个数据类型相同的元素组成，在内存中占据一片连续的存储单元。对数组元素的访问除了第 4 章介绍的下标形式以外，还可以通过指针形式进行访问。

6.3.1 指针与一维数组

1. 指针与数组名的关系

在 C++ 中，数组名不仅仅表示数组的名称，还表示数组所占连续存储单元的起始地址。数组名是由系统分配的地址常量，不允许用户修改。

例如，数组 int a[6]＝{22,36,18,23,66，58}；中：

- a 表示数组 a 的首地址，即第 1 个元素的地址，a ⇔ &a[0]；
- a+1 表示第 2 个元素的地址，a+1 ⇔ &a[1]；

  ⋮

- a+i 表示第 i+1 个元素的地址(0<=i<=5)，a+i 或 &a[i]；

因此，可以用表 6-1 所示的两种形式访问数组元素。

表 6-1　数组名访问数组元素的两种形式

地址	指针访问形式	内容	下标访问形式	地址	指针访问形式	内容	下标访问形式
a	* a	22	a[0]	a+3	* (a+3)	23	a[3]
a+1	* (a+1)	36	a[1]	a+4	* (a+4)	66	a[4]
a+2	* (a+2)	18	a[2]	a+5	* (a+5)	58	a[5]

说明：

对于一维数组：

① 数组名 a 表示数组的首地址，即 a[0] 的地址。

② 数组名 a 是地址常量；a+i 是元素 a[i] 的地址。

③ 由于 a+i 与 &a[i] 等价，实际上数组元素的下标访问方式也是按地址进行的。

④ a[i] 与 * (a+i) 是等价的。

【实例 6-4】　通过数组首地址访问一维数组元素。

（1）编程思路

数组名 a 表示数组的首地址，则 a+i 表示第 i+1 个元素的地址，因此可以用 *(a+i) 访问其数组元素。

（2）程序代码

```
#include<iostream.h>
void main()
{
    int a[6]={22,36,18,23,66, 58};
    for(int i=0;i<6;i++)
        cout<< * (a+i)<<"  ";                //通过数组的首地址访问数组元素
    cout<<endl;
}
```

（3）运行结果

22 36 18 23 66 58

（4）归纳分析

① 对数组元素的访问既可以用下标形式，也可以用指针形式进行，即 *(a+i)⟺a[i]。

② 数组名是地址常量，不允许修改。

2. 使用指针访问数组元素

通过指针引用一维数组元素需要一个指向数组元素的指针变量，它的基类型与数组元素的类型相同。使用指针访问数组元素是 C++ 提供的一种高效数组访问机制。

例如，对于数组 int a[6]={22,36,18,23,66, 58};：

int * p=a;   //指针变量 p 指向数组 a 的首地址

指针变量 p 可以指向 a 数组的任何一个元素的地址，从而使用指针变量可以访问数组的元素。因此，可以用表 6-2 所示的两种形式访问数组元素。

使用指针变量访问数组元素比使用数组名访问数组元素更加灵活。指针变量 p 可以指向数组的任意一个元素，例如，p＝&a[2]。另外，指针变量可以移动（即可修改指针变量），利用指针的移动可以快捷地访问到数组的每个元素，如表 6-3 所示。

表 6-2 指针变量访问数组元素的两种形式

地址	指针访问形式	内容	下标访问形式
p	* p	22	p[0]
p+1	* (p+1)	36	p[1]
p+2	* (p+2)	18	p[2]
p+3	* (p+3)	23	p[3]
p+4	* (p+4)	66	p[4]
p+5	* (p+5)	58	p[5]

表 6-3 利用指针变量访问数组元素

地址	指针访问形式	内容	数组访问形式
p＝a	* p	22	a[0]
p++	* p	36	a[1]
p++	* p	18	a[2]
p++	* p	23	a[3]
p++	* p	66	a[4]
p++	* p	58	a[5]

说明：

① 使用指针常量（数组名）可以访问数组元素，但数组名不能修改。使用指针变量访问数组元素就显得更加灵活方便。

② 指针有效范围必须满足数组空间的限制，避免越界访问。这个问题与数组下标越界问题的控制同样重要。

③ p[i]和 * (p+i)这两种形式是等价的，都表示访问数组的第i+1个元素。所以：

a[i]⟺p[i]⟺ * (p+i)⟺ * (a+i)

【实例 6-5】 使用指针变量访问一维数组元素。

（1）编程思路

使指针变量 p 指向数组 a 首地址，则 * p 表示 a 数组的第 1 个元素值；p++，指向 a 数组的下一个元素，则 * p 表示 a 数组的下一个元素值……直至访问完数组的所有元素。

（2）程序代码

```
#include<iostream.h>
void main()
{
    int a[6]={22,36,18,23,66, 58};
    int * p=a;
    cout<<" * (p+i) show:\n";
    for(int i=0;i<6;i++)                  //第 1 种访问方式
        cout<< * (p+i)<<"  ";
    cout<<"\n * p++ show:\n";
    while(p<a+6)                          //第 2 种访问方式
        cout<< * p++<<"  ";               //用指针变量访问数组元素
    cout<<"\np[i] show:\n";
    p=a;                                  //指针重新指向数组 a 的首地址
    for(i=0;i<6;i++)                      //第 3 种访问方式
        cout<<p[i]<<" ";                  //指针变量的下标访问形式
    cout<<endl;
}
```

（3）运行结果

```
* (p+i) show:
22  36  18  23  66  58
* p++ show:
22  36  18  23  66  58
p[i] show:
22  36  18  23  66  58
```

（4）归纳分析

① 本实例采用了 * (p+i)、* p 和 p[i]访问数组元素，第1、3种方式指针变量没有移

动,即 p 始终指向数组 a 的首地址;但是,第 2 种方式指针变量移动了,即 p 从数组 a 的首地址开始不断地移动,直至访问完所有的元素。

② 指针变量可以指到数组后的内存单元,但其内容的含义是不确定的。

③ 使用指针变量对数组进行访问时,要注意指针的指向。

④ 讨论:程序中的语句 p=a;起什么作用? 去掉该语句会怎样?

6.3.2 指针与二维数组

1. 二维数组的地址

对于二维数组 int a[3][4]={6,9,0,12,5,8,21,36,3,19,66,32};,a 由 3 个元素组成,分别是 a[0]、a[1]、a[2],而 a[0]、a[1]、a[2] 又是分别由 4 个元素组成的一维数组。a[0] 的 4 个元素为 a[0][0]、a[0][1]、a[0][2]、a[0][3],依此类推。

二维数组名同样也是一个地址常量,其值为二维数组第一个元素的地址。按照一维数组地址的概念:

- a 表示数组元素 a[0] 的地址,即第 1 行的首地址,称为行指针。
- a+1 表示数组元素 a[1] 的地址,即第 2 行的首地址,称为行指针。
- a+2 表示数组元素 a[2] 的地址,即第 3 行的首地址,称为行指针。

同时,a[0]、a[1]、a[2] 也是三个一维数组的名字,同理:

- a[0] 表示数组 a[0][4] 的首地址,即第 1 行第 1 个元素的地址,a[0]⇔&a[0][0],称为列指针。
- a[1] 表示数组 a[1][4] 的首地址,即第 2 行第 1 个元素的地址,a[1]⇔&a[1][0],称为列指针。
- a[2] 表示数组 a[2][4] 的首地址,即第 3 行第 1 个元素的地址,a[2]⇔&a[2][0],称为列指针。

从值上来看,a=a[0]、a+1=a[1]、a+2=a[2],但 a+i 表示 a 数组中第 i 行的首地址,a[i] 表示 a 数组第 i 行首列的地址。

由一维数组可知,a[i] 与 *(a+i) 等价,在二维数组中同样适用。但是,a[i] 表示二维数组第 i 行首列的地址,因此, *(a+i) 也表示二维数组第 i 行首列的地址。

- a[0]+0 表示第 1 行第 1 列元素的地址,a[0]⇔&a[0][0]⇔*(a+0),列指针。
- a[0]+1 表示第 1 行第 2 列元素的地址,a[0]+1⇔&a[0][1]⇔*(a+0)+1,列指针。
- a[0]+2 表示第 1 行第 3 列元素的地址,a[0]+2⇔&a[0][2]⇔*(a+0)+2,列指针。
- a[0]+3 表示第 1 行第 4 列元素的地址,a[0]+3⇔&a[0][3]⇔*(a+0)+3,列指针。

对于二维数组 int a[3][4]={6,9,0,12,5,8,21,36,3,19,66,32},其行列地址可以

参见表 6-4。

表 6-4　二维数组 a[3][4] 的行列地址

行地址	列地址	地　址	内　容
a	a[0]	0x0012FF50	6
	a[0]+1	0x0012FF54	9
	a[0]+2	0x0012FF58	0
	a[0]+3	0x0012FF5C	12
a+1	a[1]	0x0012FF60	5
	a[1]+1	0x0012FF64	8
	a[1]+2	0x0012FF68	21
	a[1]+3	0x0012FF6C	36
a+2	a[2]	0x0012FF70	3
	a[2]+1	0x0012FF74	19
	a[2]+2	0x0012FF78	66
	a[2]+3	0x0012FF7C	32

说明：对于二维数组需注意以下两点：

① a+i=&a[i]=a[i]=*(a+i)=&a[i][0]值相等，含义不同。

② a+i⇔&a[i]是行地址；a[i]⇔*(a+i)⇔&a[i][0]是列地址。

2. 使用二维数组的地址访问数组元素

与一维数组类似，可以用二维数组的地址访问数组元素，二维数组 a[n][m] 的元素 a[i][j] 的引用可以用下面五种方法：

```
a[i][j]    *(a[i]+j)    *(*(a+i)+j)    (*(a+i))[j]    *(&a[0][0]+m*i+j)
```

【实例 6-6】 通过数组首地址，采用不同的形式访问二维数组元素。

（1）编程思路

可以用 a[i][j]、*(a[i]+j)、*(*(a+i)+j)、(*(a+i))[j] 和 *(&a[0][0]+m*i+j) 五种方法访问二维数组 a[n][m] 中的 a[i][j] 元素。

（2）程序代码

```
#include<iostream.h>
void main()
{
    int a[3][4]={6,9,0,12,5,8,21,36,3,19,66,32};
    int i,j;
    cout<< "a[i][j]) show\n";
```

```
for(i=0;i<3;i++)
    for(j=0;j<4;j++)
        cout<<a[i][j]<<"  ";                //用 a[i][j]形式访问数组元素

cout<<"\n* (a[i]+j) show\n";
for(i=0;i<3;i++)
    for(j=0;j<4;j++)
        cout<< * (a[i]+j)<<"  ";            //用 * (a[i]+j)形式访问数组元素

cout<<"\n* (* (a+i)+j) show\n";
for(i=0;i<3;i++)
    for(j=0;j<4;j++)
        cout<< * (* (a+i)+j)<<"  ";         //用 * (* (a+i)+j)形式访问数组元素

cout<<"\n(* (a+i))[j] show\n";
for(i=0;i<3;i++)
    for(j=0;j<4;j++)
        cout<< (* (a+i))[j]<<"  ";          //用 (* (a+i))[j]形式访问数组元素

cout<<"\n* (&a[0][0]+m* i +j) show\n";
for(i=0;i<3;i++)
    for(j=0;j<4;j++)
        cout<< * (&a[0][0]+4* i +j)<<"  ";
                                            //用 * (&a[0][0]+4* i +j)形式访问数组元素
cout<<endl;
}
```

（3）运行结果

```
a[i][j]) show
6  9  0  12  5  8  21  36  3  19  66  32
* (a[i]+j) show
6  9  0  12  5  8  21  36  3  19  66  32
* (* (a+i)+j) show
6  9  0  12  5  8  21  36  3  19  66  32
(* (a+i))[j] show
6  9  0  12  5  8  21  36  3  19  66  32
* (&a[0][0]+m* i +j) show
6  9  0  12  5  8  21  36  3  19  66  32
```

（4）归纳分析

① 将指针运算符"＊"作用在行地址上，使其转换为列地址。

② 将指针运算符"＊"作用在列地址上，访问二维数组中的数组元素。

3. 使用指向二维数组元素的指针变量访问数组元素

可以使用一个以数组元素类型为基类型的指针，依次访问二维数组的所有元素，因为这些元素在内存中按顺序连续存放的。

【实例 6-7】 使用指向二维数组元素的指针变量访问二维数组元素。

（1）编程思路

使指针变量 p 指向数组 a 的第 1 行第 1 列的地址，则 * p 表示 a 数组的第 1 个元素值；p++，指向 a 数组的下一个元素，则 * p 表示 a 数组的下一个元素值……直至访问完数组的所有元素。

（2）程序代码

```
#include<iostream.h>
void main()
{
    int a[3][4]={6,9,0,12,5,8,21,36,3,19,66,32};
    int i,j, * p;                    //指针 p 的基类型与元素 a[i][j]的类型必须相同
    for(p=a[0];p<a[0]+12;p++)
    {
        if((p-a[0])%4==0)
            cout<<endl;
        cout<< * p<<"   ";
    }
}
```

（3）运行结果

```
6   9   0   12
5   8   21  36
3   19  66  32
```

（4）归纳分析

p＝a；是不合法的，因为 p 和 a 的基类型不同。a 的基类型为 int（ * ）[4]，p 的基类型为 int（ * ）。

【讨论题 6-1】 下列对指向二维数组元素的指针变量的赋值哪几种方法是正确的？
A. p＝ * a；　　　B. p=&a[0][0]；　　　C. p＝ * (a+0)；　　　D. p＝a；

4. 使用指向一维数组的指针变量访问二维数组元素

可以使用一个以一维数组为基类型的指针变量，依次访问二维数组的所有元素。指向一维数组的指针变量定义格式如下：

数据类型 (* 指针名)[m];

例如：

int a[3][4],(* p)[4]=a;　　　//p 的值是一维数组的首地址，p 是行指针，一维数组指针变量维
　　　　　　　　　　　　　　//数和二维数组列数必须相同

说明：

① 圆括号优先级最高，* 首先与 p 结合，说明 p 是一个指针变量，再与说明符[4]结

合,说明指针变量 p 的基类型是一个包含 4 个 int 型元素的数组。

② p 的基类型与 a 的相同,可让 p 指向二维数组某一行,如 p＝a＋1;是合法赋值,
p＋1⇔a＋1⇔a[1]。

当 p 指向 a 数组的首地址时,可以通过下面的方法引用 a[i][j]:

　　＊(p[i]+j)　　＊(＊(p+i)+j)　　(＊(p+i))[j]　　　p[i][j]

【实例 6-8】 使用指向一维数组的指针变量访问二维数组元素。

(1) 编程思路

使指针变量 p 指向数组 a 的首地址,则 ＊(＊p+j)表示 a 数组第 1 行第 j 个元素的
值;执行 p++语句后,p 指向 a 数组的下一行,则 ＊(＊p+j)表示 a 数组第 2 行第 j 个元
素的值。

(2) 程序代码

```
#include<iostream.h>
void main()
{
    int a[3][4]={6,9,0,12,5,8,21,36,3,19,66,32};
    int i,j,(＊p)[4];
    cout<<"＊(＊p+j) show\n";
    for(p=a,i=0;i<3;i++,p++)
        for(j=0;j<4;j++)
            cout<<＊(＊p+j)<<" ";              //用＊(＊p+j)形式访问二维数组元素

    p=a;
    cout<<"\n＊(＊(p+i)+j) show\n";
    for(i=0;i<3;i++)
        for(j=0;j<4;j++)
            cout<<＊(＊(p+i)+j)<<" ";      //用＊(＊(p+i)+j)形式访问二维数组元素

    cout<<"\n(＊(p+i)[j] show\n";
    for(i=0;i<3;i++)
        for(j=0;j<4;j++)
            cout<<(＊(p+i))[j]<<" ";      //用(＊(p+i))[j]形式访问数组元素

    cout<<"\np[i][j] show\n";
    for(i=0;i<3;i++)
        for(j=0;j<4;j++)
            cout<<p[i][j]<<" ";              //用 p[i][j]形式访问数组元素
}
```

(3) 运行结果

＊(＊p+j) show

```
6  9  0  12  5  8  21  36  3  19  66  32
* (* (p+i)+j) show
6  9  0  12  5  8  21  36  3  19  66  32
(* (p+i) [j] show
6  9  0  12  5  8  21  36  3  19  66  32
p[i] [j] show
6  9  0  12  5  8  21  36  3  19  66  32
```

（4）归纳分析

当 p 是行指针时，执行 p＋＋语句后，表示 p 移到 a 数组的下一行。

【讨论题 6-2】 下列对指向一维数组的指针变量的赋值哪几种方法是正确的？

A. p＝a[0]；　　　　B. p＝*a；　　　C. p＝&a[0][0]；　　　D. p＝&a[0]；

【讨论题 6-3】 阅读下列程序，给出运行结果。

```cpp
# include<iostream.h>
void main()
{
    int a[3][4]={6,29,22,12,5,18,21,36,33,19,66,32};
    int i,j,(*p)[4]=a,*q=a[0];
    for(i=0;i<3;i++)
    {
        if(i==1)
            (*p)[i+i/2]= *q+1;
        else
            p++,++q;
    }
    cout<<"a[i][i]:\n";
    for(i=0;i<3;i++)
        cout<<a[i][i]<<"  ";
    cout<<endl;
    cout<<"*((int*)p)="<< *((int*)p)<<"  *q="<< *q<<endl;
}
```

6.3.3　指针与字符串

字符型指针变量可以指向字符型常量、字符型变量、字符串常量以及字符数组。可以使用指针常量或指针变量处理字符串。使用指针变量处理字符串时，一定要使指针变量有确定的指向，否则系统不知道指针变量应指向哪一个存储单元，执行时就会出现意想不到的错误，甚至对系统造成严重危害。

1. 字符指针的定义及初始化

字符指针定义的格式如下：

char * 变量名；

例如：

```
char * pstr;
```

字符指针的初始化可以有下列 3 种方式：

（1）用字符数组名初始化

```
char   ch[]="Computer is a tool!";
char * pstr=ch;
```

（2）用字符串初始化

```
char    * pstr="Computer is a tool!";
```

用字符串"Computer is a tool!"的首地址初始化 pstr 指针变量，即 pstr 指向字符串 "Computer is a tool!"的首地址。

（3）用赋值运算使指针指向一个字符串

```
char    * pstr;
pstr="Computer is a tool!";
```

这种方法与用字符串初始化指针完全等价。

2. 使用字符指针处理字符串和字符数组

【实例 6-9】 使用字符指针变量访问字符数组和字符串。

（1）程序代码

```
# include<iostream.h>
# include<iomanip.h>
void main()
{
    char   ch[]="flaming autumn leaves!";
    char * pstr1="leaves";              //用字符串初始化字符指针 pstr1,pstr2
    char * pstr2,* pstr3=ch;
    pstr2="autumn";
    cout<< setw(25)<< "ch"<< setw(10)<< "pstr1"<< setw(15)<< "pstr2"<< setw(25)<< "pstr3\n";
    cout<< setw(25)<< ch<< setw(10)<< pstr1<< setw(15)<< pstr2<< setw(25)<< pstr3<<endl;
    pstr1++;pstr2+=2;pstr3+=3; //移动指针
    cout<< setw(25)<< ch+4<< setw(10)<< pstr1<< setw(15)<< pstr2<< setw(25)<< pstr3<<endl;
    cout<< setw(25)<< * ch<< setw(10)<< * pstr1<< setw(15)<< * pstr2<< setw(25)<< * pstr3<<endl;
    pstr1=ch;
    while(* pstr1)                   //等价于 pstr1!=0
        cout<< * pstr1++;
}
```

（2）运行结果

ch	pstr1	pstr2		pstr3
flaming autumn leaves!	leaves	autumn	flaming autumn leaves!	
ing autumn leaves!	eaves	tumn	ming autumn leaves!	
	f	e	t	m
flaming autumn leaves!				

（3）归纳分析

① 对指针 pstr1 的初始化，实际上是使 pstr1 指向字符串"leaves"的首地址；pstr2＝"autumn";是将字符串"autumn"的首地址赋给 pstr2，即 pstr2 指向字符串"autumn"的首地址。

② pstr1、pstr2 和 pstr3 是指针变量，可以移动；ch 是指针常量，不允许修改。pstr1＋＋，使 pstr1 指向字符串"leaves"的第 2 个字符 e;同理执行 pstr2＋＝2;pstr3＋＝3;后，使 pstr2 指向"autumn"的第 3 个字符 t,pstr3 指向"flaming autumn leaves!"的第 4 个字符 m。

③ 输出字符指针就是按地址输出字符串，输出指针的间接引用就是输出指针所指单元的字符。

④ 指向字符串中任一位置的指针都是一个指向字符串的指针，该字符串从所指位置开始，直到字符串'\0'为止。

⑤ 执行 pstr1=ch;之后，pstr1 指向 ch 数组的首地址，字符串常量"leaves"仍然存在于内存中，但是没有指针指向该字符串，因此也就无法访问了。

3. 字符指针变量与字符数组的区别

字符指针变量与字符数组的区别如图 6-5 所示。
例如，有如下定义：

```
char   * p="flaming autumn leaves!";
char str[]="flaming autumn leaves!";
```

（1）str 由若干字符元素组成，每个 str[i]存放一个字符；而 p 中存放的是字符串首地址。

（2）语句 str[]＝"flaming autumn leaves!";是错误的，但是，语句 p ＝ " flaming autumn leaves!";却是正确的。因为，str 中存放的是地址常量，且 str 的大小固定，预先分配存储单元；p 中存放的是地址变量，且可以多次赋值。

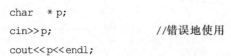

图 6-5 字符指针变量与字符数组的区别

（3）p 接收输入字符串时，必须先开辟存储空间。
例如：

```
char   * p;
cin>>p;                    //错误地使用
cout<<p<<endl;
```

修改为：

```
char  * p, str[30];
p=str;                        //正确地使用
cin>>p;
cout<<p<<endl;
```

6.4 指针与函数

6.4.1 指针作为函数参数

指针作为函数参数的传值方式称为地址传递。指针既可以作为函数的形参,也可以作为函数的实参。当需要通过函数改变变量值时,可以使用指针作为函数参数。

1. 指针作为函数的参数

【实例6-10】 利用指针作为函数参数交换两个变量的值。

（1）编程思路

使指针变量 px 和 py 分别指向变量 x 和 y,将 px 和 py 的值作为实参传递给形参 a 和 b,那么,a 和 b 也分别指向变量 x 和 y,在 swap() 函数中交换指针变量 a 和 b 所指向变量的内容,实际上交换的就是变量 x 和 y 的值。参数的传递方式可由表 6-5 所示。

表6-5 调用 swap 函数时,内存单元分配情况

地　　址	内　　容	调用前	调用后
	⋮		
	main()		
0x0012FF70	0x0012FF78	py	py
0x0012FF74	0x0012FF7C	px	px
0x0012FF78	62	y	35
0x0012FF7C	35	x	62
	swap()		
0x0012FF10		temp	
0x0012FF1C	0x0012FF7C	a	
0x0012FF20	0x0012FF78	b	

（2）程序代码

```
#include<iostream.h>
void swap(int * ,int * );
```

```
void main()
{
    int x,y;
    int * px= &x, * py= &y;
    cout<< "please input x,y=";
    cin>> x>> y;
    cout<< "before swap():"<< endl;
    cout<< "x="<< x<< ",y="<< y<< endl;
    swap(px,py);                              //传址调用
    cout<< "after swap():"<< endl;
    cout<< "x="<< x<< ",y="<< y<< endl;
}

void swap(int * a,int * b)                    //用指针作为函数的参数
{
    int temp;
    temp= * a;
    * a= * b;
    * b= temp;
}
```

（3）运行结果

```
please input x,y=35    62<回车>
before swap():
x=35,y=62
after swap():
x=62,y=35
```

（4）归纳分析

① 若函数的形参为指针类型,调用该函数时,对应实参必须是基类型相同的地址值或已指向某个存储单元的指针变量。

② 实际上实参和形参之间还是值传递方式,但由于传递的是地址值,所以形参和实参指向了同一个存储单元。因此,在函数中,通过形参操作的存储单元,与实参所指是同一单元,一旦形参的值发生了变化,实参的值就会发生改变。

③ 指针变量 px 和 a 的地址是不一样的,但 px 和 a 所指向的内容是一样的。

【讨论题6-4】 若在 swap() 函数中,将语句 int temp;修改为 int * temp;会怎样?

2. 数组作为函数的参数

数组元素可以作为函数的参数,数组名也可以作为函数的参数;前者进行的是传值调用,后者进行的是传地址调用(简称传址调用)。如果希望通过函数参数传递所有数组元素时,采用指针作为参数是非常方便的。关于传值调用可参见第4章,本节重点介绍传址调用。

【实例 6-11】 编写一个函数,将一整数序列{K1,K2,…,K9}重新排列成一个新的序列。新序列中,比 K1 小的数都在 K1 的左面(后续的再向左存放),比 K1 大的数都在 K1 的右面(后续的再向右存放),从 K1 向右扫描,直至所有的数据都扫描完毕。

例如,序列{23,12,−56,48,16,−12,22,0,−9,66}中,K1=23。经重排后的序列为 {−9,0,22,−12,16,−56,12,23,48,66}。

(1) 编程思路

编写一个函数 fd(),将数组中的元素按照题意重新排列。具体做法是:用 num 存放数组的第 1 个元素 K1,依次找出比 K1 小的数组元素,分别用变量 t、k 记录该元素的值和位置,然后将所有 k 位置开始的数据依次右移,再把 t 存放到数组的排头。重复进行,直至所有的元素都判断完毕。

(2) 程序代码

```cpp
#include<iostream.h>
void fd(int * q, int m);
void main()
{
    int a[10]={23,12,-56,48,16,-12,22,0,-9,66};
    int n=10, * p=a;
    cout<< "before reorganization:\n";
    for(int i=0;i<n;i++)
        cout<< * p++<<"  ";
    p=a;                           //指针变量被修改后,重新指向数组 a 的首地址
    fd(p,10);
    cout<< "\nafter reorganization:\n";
    for(i=0;i<n;i++)
        cout<< * p++<<"  ";
}

void fd(int a[],int m)
{
    int i,j,k,num,t;
    num=a[0];
    for(i=1;i<m;i++)
    {
        if (a[i]<num)
        {
            t=a[i];                //记录 a 数组中小于 num 的元素
            for(k=i;k>0;k--)
                a[k]=a[k-1];
            a[0]=t;
        }
```

```
        }
    }
```

（3）运行结果

```
before reorganization:
23  12  -56  48  16  -12  22  0  -9  66
after reorganization:
-9  0  22  -12  16  -56  12  23  48  66
```

（4）归纳分析

① 对于一维数组，数组名作函数参数，实参与形参的对应关系如表 6-6 所示。

表 6-6　数组名作函数参数，实参与形参的对应关系

实　参	形　参	实　参	形　参
数组名	数组名	指针变量	数组名
数组名	指针变量	指针变量	指针变量

② 本实例中实参用的是指针变量，形参用的是数组名。

【讨论题 6-5】　试将本实例的形参改用指针变量。

【实例 6-12】　已知 3 个学生 4 门课的成绩，编写函数计算每个学生的平均成绩，并可以输出第 n 个学生成绩。

（1）编程思路

本实例要用到二维数组 score[3][4]，必须将所有元素的值传递到函数中，所以采用传址的方式。

（2）程序代码

```cpp
#include<iostream.h>
void avg1(int (*q)[4],int n,float avg[],int m);
void print(int (*q)[4],int n);
void main()
{
    int score[3][4]={{83,62,76,88},{76,82,56,73},{90,86,78,48}};
    float avg[3]={0};
    int (*ps)[4]=score,i;               //指向一维数组的指针 ps
    avg1(ps,4,avg,3);
    cout<<"avg[i]:\n";
    for(i=0;i<3;i++)
        cout<<avg[i]<<"  ";
    cout<<"\nnumber 1:\n";
    print(ps,1);
}
```

```
void avg1(int (*q)[4],int n,float avg[],int m)
                                  //指向二维数组,m得到行的大小,n得到列的大小
{
    int i,j;
    for(i=0;i<m;i++,q++)
    {
        for(j=0;j<n;j++)
            avg[i]+=*(*q+j);
        avg[i]/=4;                 //计算出每个学生的成绩
    }
}

void print(int (*q)[4],int n)
{
    for(int i=0;i<4;i++)
        cout<<*(*(q+n)+i)<<"  ";
}
```

（3）运行结果

avg[i]:

77.25 71.75 75.5

number 1:

76 82 56 73

（4）归纳分析

① 对于二维数组,若有定义：int a[3][4]; int (*p1)[4]=a; int *p2=a[0];,则数组名作函数参数,实参与形参的对应关系如表 6-7 所示。

表 6-7 数组名作函数参数,实参与形参的对应关系

实　参	形　参	实　参	形　参
数组名 a	数组名 int x[][4]	指针变量 p1	指针变量 int (*q)[4]
数组名 a	指针变量 int (*q)[4]	指针变量 p2	指针变量 int *q
指针变量 p1	数组名 int x[][4]		

② 本实例中实参和形参都用的是指针变量的形式。

【讨论题 6-6】 试将本实例的实参与形参按照表 6-7 的对应关系修改,并观察结果。

6.4.2 返回指针的函数

指针是变量,可以由函数返回。返回指针的函数定义格式如下：

数据类型 * 函数名 (形参表)

{函数体}

说明：

① 函数名前的 * 表示函数的返回值是指针。

② 函数体内，return 语句的表达式的值必须是地址。

【实例 6-13】 编写一个函数，在给定的数组元素中找出所有的素数。

（1）编程思路

使用一个指针变量 p 存放"素数数组"的首地址，并作为一个值返回。这样，在 main 函数中就可以通过该指针访问"素数数组"中的元素。

（2）程序代码

```cpp
#include<iostream.h>
#include<math.h>
int * prime(int * p,int m,int * q);
int k;                                    //记录素数的个数
void main()
{
    int a[10]={23,12,59,48,16,31,27,19,9,87},b[10];
    int n=10, * p=b;
    cout<< "a[10]:\n";
    for(int i=0;i<n;i++)
        cout<<a[i]<<"   ";
    p=prime(a,10,p);
    cout<<"\nprime b[n]:\n";
    for(i=0;i<k;i++)
        cout<< * p++<<"   ";
}


int * prime(int * p,int m,int * q)        //返回指针的函数
{
    int * w,i,j,flag, * q1=q;
    for(i=0;i<m;i++)
    {
        flag=1;w=p+i;
        for(j=2;j<=sqrt( * (p+i));j++)
            if ( * w%j==0) flag=0;
        if(flag)
        {
            * q++ = * w;
            k++;
        }
    }
    return q1;                            //返回指针变量 q1
}
```

（3）运行结果

a[10]:

```
23  12  59  48  16  31  27  19  9  87
prime b[n]:
23  59  31  19
```

（4）归纳分析

形参或局部变量的地址不要作函数的返回值。因为,函数调用完毕,形参或局部变量就不存在了,因此也就无法访问其内容了。

【讨论题 6-7】 本实例返回指针变量 q 会有什么结果?

6.4.3 函数指针

与数组名类似,函数名也是一个指针常量。函数在编译时被分配的入口地址用函数名表示,它指向该函数代码的首地址。因此,可以用一个指针变量存放函数的入口地址,即函数指针。函数指针变量的定义格式如下:

函数类型 （*指针变量名)(参数类型表);

说明:

① 函数类型为函数返回值的类型。

② （*指针变量名)的圆括号()是必须的,不能省略。如果去掉圆括号,将被解释为函数的返回值为指针。

③ (参数类型表)说明指针变量所指向函数的参数类型。

④ 对函数指针变量作 p±n, p++, p−− 运算是无意义的。

例如:

```
int (* fp1)(int,int );
int (* fp2)(int[],int);
void (* fp3)(char * );
```

（1）fp1 是指向函数的指针,该函数有两个整型参数,其返回值为整型。

（2）fp2 是指向函数的指针,该函数有两个整型参数,其中一个是数组,其返回值为整型。

（3）fp3 是指向函数的指针,该函数有一个指向字符型的指针参数,没有返回值。

当把函数的地址赋给与函数具有相同类型的函数指针变量后,则这个函数指针就可以与函数名一样,出现在函数名能够出现的地方。

例如,在程序中有下列定义:

```
int sum(int,int );
int (* fp)(int,int )=sum;
```

则下列三种函数调用方式是等价的:

```
k= sum(3,5);⟺ k= (* fp) (3,5);⟺ k=fp(3,5);
```

【实例 6-14】 编写程序,其中函数 max_min()求 10 个数中的最大值和最小值,函数

sort()对10个数按由小到大的顺序排列，并使用函数指针变量调用函数。

（1）编程思路

根据题意，定义两个函数指针变量 pf 和 ps，使其分别取得函数 max_min()和 sort()的入口地址，用 pf 和 ps 调用函数。

（2）程序代码

```cpp
#include<iostream.h>
void max_min(int * p,int m,int * max,int * min);
void sort(int * q,int m);
void main()
{
    int a[10]={23,12,-56,48,16,-12,22,0,-9,66};
    int n=10;
    void(* fp)(int * ,int ,int * ,int * );
    void(* fs)(int * ,int)=sort;
    int max,min,* pmax= &max,* pmin= &min;
    fp=max_min;
    (* fp)(a,n,pmax,pmin);                        //用函数指针 fp 调用函数
    cout<<"max="<<max<<endl;
    cout<<"min="<<min<<endl;
    fs(a,n);
    cout<<"after sorted a[10]:\n";
    for(int i=0;i<n;i++)
        cout<<a[i]<<"   ";
}

void max_min(int * q,int m,int * pmax,int * pmin)    //最大值和最小值函数
{
    * pmax= * pmin= * q;
    for(int i=0;i<m;i++)
    {
        if(* pmax< * q)
            * pmax= * q;
        if(* pmin> * q) * pmin= * q;
            q++;
    }
}

void sort(int * q,int m)                           //排序函数
{
    int temp,* q1,* q2;
    for(int i=0;i<m-1;i++)
```

```
        {
            q1=q+i;
            for(int j=i+1;j<m;j++)
            {
                q2=q+j;
                if(* q1> * q2)
                {
                    temp= * q1; * q1= * q2; * q2=temp;
                }
            }
        }
    }
```

（3）运行结果

```
max=66
min=-56
after sorted a[10]:
-56  -12  -9  0  12  16  22  23  48  66
```

（4）归纳分析

① 在函数指针变量赋值中：如 fs＝sort;只需给出函数名,不必给出参数。

② 函数指针变量的类型和参数类型必须与其调用的函数相匹配。

6.5 指针数组与二级指针

6.5.1 指针数组

在一个数组中,如果所有元素均为指针类型数据,则称这个数组为指针数组。指针数组中每一个元素都相当于一个指针变量。

一维指针数组的定义格式如下：

类型名 ＊数组名[数组长度];

例如：

int * p[5];

定义了一个一维指针数组。该数组包含 5 个元素,每个元素都是指向 int 型的指针。

【实例 6-15】 编写程序,在函数 sort()中对 a 数组中的 10 个数按由小到大的顺序排列,但是不能改变 a 数组中的数据。

（1）编程思路

题目要求对 a 数组中的 10 个数按由小到大的顺序排列,但又不能改变 a 数组中的数据,考虑使用指针数组 p,使其指向 a 数组,从而将对 a 数组的排序变为调整 p 数组中元素的指向。表 6-8 给出了指针数组 p 在排序前后的指向。

表 6-8　指针数组 p 在排序前后的指向

排序前指针数组 p	a 数组	排序后指针数组 p	a 数组
p[0]	23	p[0]	23
p[1]	12	p[1]	12
p[2]	−56	p[2]	−56
p[3]	48	p[3]	48
p[4]	16	p[4]	16
p[5]	−12	p[5]	−12
p[6]	22	p[6]	22
p[7]	0	p[7]	0
p[8]	−9	p[8]	−9
p[9]	66	p[9]	66

（2）程序代码

```
# include<iostream.h>
void sort(int * q[],int m);
void main()
{
    int a[10]={23,12,-56,48,16,-12,22,0,-9,66};
    int n=10,i;
    int * p[10];
    for(i=0;i<n;i++)                    //初始化指针数组
        p[i]=a+i;
    cout<<"before sorted p[i]:\n";
    for(i=0;i<n;i++)
    {
        cout<<p[i]<<"   ";              //输出排序前指针数组 p 的指向
        if((i+1)% 5==0) cout<<endl;
    }
    cout<<"before sorted * p[i]:\n";
    for(i=0;i<n;i++)
        cout<< * p[i]<<"   ";           //输出排序前指针数组 p 指向的内容,即 a 数组的值
    cout<<endl;
    sort(p,n);
    cout<<"after sorted p[i]:\n";
    for(i=0;i<n;i++)
    {
        cout<<p[i]<<"   ";              //输出排序后指针数组 p 的指向
        if((i+1)% 5==0) cout<<endl;
```

```
    }
    cout<< "after sorted * p[i]:\n";
    for(i=0;i<n;i++)
        cout<< * p[i]<<"   ";                //输出排序后指针数组 p 指向的内容,即 a 数组的值
    cout<<endl;
}


void sort(int * q[],int m)
{
    int * temp;
    for(int i=0;i<m-1;i++)                    //通过交换指针实现排序
        for(int j=i+1;j<m;j++)
            if( * q[i]> * q[j])
            {
                temp=q[i];q[i]=q[j];q[j]=temp;
            }
}
```

（3）运行结果

```
before sorted p[i]:
0x0012FF58   0x0012FF5C   0x0012FF60   0x0012FF64   0x0012FF68
0x0012FF6C   0x0012FF70   0x0012FF74   0x0012FF78   0x0012FF7C
before sorted * p[i]:
23  12  -56  48  16  -12  22  0  -9  66
after sorted p[i]:
0x0012FF60   0x0012FF6C   0x0012FF78   0x0012FF74   0x0012FF5C
0x0012FF68   0x0012FF70   0x0012FF58   0x0012FF64   0x0012FF7C
after sorted * p[i]:
-56  -12  -9  0  12  16  22  23  48  66
```

（4）归纳分析

可以通过修改指针数组 p[i]的指向,实现对 a 数组的排序(a 数组中的元素保持不变)。

使用指针数组处理多个字符串比用二维字符数组处理字符串更为灵活。

例如:

```
char * pspecialty[6]={"Maths","English","Chemistry","Physics","Athletics","Art"};
                            //表示将字符串的首地址存放到指针数组中对应的单元中
char specialty[6][10]={ "Maths","English","Chemistry","Physics","Athletics","Art"};
                            //表示将字符串中各个字符分别存放到数组对应的单元中
```

说明:

① 对于二维数组,每个字符串所占内存的大小是一致的,所以取最长字符串的长度作为二维数组列的大小。从表 6-9 中可以看出,有些存储单元是空的。特别是当所处理的多个字符串长度相差比较大时,就更显得浪费内存空间。

表 6-9　使用字符数组 specialty 存储字符串

specialty[0]	→	M	a	t	h	s	\0				
specialty[1]	→	E	n	g	l	i	s	h	\0		
specialty[2]	→	C	h	e	m	i	s	t	r	y	\0
specialty[3]	→	P	h	y	s	i	c	s	\0		
specialty[4]	→	A	t	h	l	e	t	i	c	s	\0
specialty[5]	→	A	r	t	\0						

② 用指针数组存储字符串可以节省存储空间，每个字符串所占的存储单元可以不等长，如表 6-10 所示。

表 6-10　使用指针数组 pspecialty 存储字符串

pspecialty [0]	→	M	a	t	h	s	\0				
pspecialty [1]	→	E	n	g	l	i	s	h	\0		
pspecialty [2]	→	C	h	e	m	i	s	t	r	y	\0
pspecialty [3]	→	P	h	y	s	i	c	s	\0		
pspecialty [4]	→	A	t	h	l	e	t	i	c	s	\0
pspecialty [5]	→	A	r	t	\0						

【实例 6-16】　使用指针数组，将下列字符串按字典顺序排列输出。

```
Maths,English,Chemistry,Physics,Athletics,Art
```

（1）编程思路

使用字符串对字符指针数组 pspecialty 初始化，调整指针数组 pspecialty 中元素的指向，从而将字符串按首字母顺序排列。表 6-11 给出了指针数组 pspecialty 在排序前后的指向。

表 6-11　指针数组 pspecialty 在排序前后的指向

排序前指针数组 p	字符串	排序后指针数组 p	字符串
p[0] →	Maths	pspecialty[0]	Maths
p[1] →	English	pspecialty[1]	English
p[2] →	Chemistry	pspecialty[2]	Chemistry
p[3] →	Physics	pspecialty[3]	Physics
p[4] →	Athletics	pspecialty[4]	Athletics
p[5] →	Art	pspecialty[5]	Art

（2）程序代码

```
# include<iostream.h>
```

```
# include< string.h>
void sort(char * q[],int m);
void main()
{
    char * pspecialty[6]={"Maths","English","Chemistry","Physics","Athletics","Art"};
    int n=6,i;
    cout<< "before sorted p[i]:\n";
    for(i=0;i<n;i++)
        cout<<pspecialty[i]<<"  ";
    sort(pspecialty,n);
    cout<< "\nafter sorted p[i]:\n";
    for(i=0;i<n;i++)
        cout<<pspecialty[i]<<"  ";
}
void sort(char * q[],int m)
{
    char * temp;
    int i,j,k;
    for(i=0;i<m-1;i++)
    {
        k=i;
        for(j=i+1;j<m;j++)                      //通过交换指针实现排序
            if(strcmp(q[k],q[j])>0)
                k=j;
        if(k!=i)
        {
            temp=q[i];   q[i]=q[k]; q[k]=temp;
        }
    }
}
```

（3）运行结果

```
before sorted p[i]:
Maths  English  Chemistry  Physics  Athletics  Art
after sorted p[i]:
Art  Athletics  Chemistry  English  Maths  Physics
```

（4）归纳分析

使用指针处理多个字符串比用二维字符数组处理字符串更加灵活、方便。

6.5.2 二级指针

如果指针变量中存放的是另一个指针的地址就称该指针变量为二级指针，或指向指针的指针变量。定义二级指针变量的格式如下：

数据类型 ＊＊变量名

例如：

int x=128;

int＊p=&x;

int＊＊pp=&p;

则 x、p 和 pp 三者之间的关系如图 6-6 所示。

图 6-6　二级指针示意图

说明：

① 指针变量 p 是一级指针，它指向 x；指针变量 pp 是二级指针，它指向 p。

② 通过 p 和 pp 都可以访问 x。＊pp 表示它所指向变量 p 的值，即 x 的地址；＊＊pp 表示它所指向的变量 p 所指向变量的值，即 x 的值。

③ 二级指针变量多用于访问二维数组。

【实例 6-17】　使用二级指针访问字符串应用实例。

（1）程序代码

```
# include<iostream.h>
# include<string.h>
void sort(char＊q[],int m);
void main()
{
    char＊pspecialty[6]={ "Maths","English","Chemistry","Physics","Athletics","Art"};
    int n=6,i;
    char**p=pspecialty;                 //用二级指针访问字符串
    for(i=0;i<n;i++)
        cout<<＊p++<<"  ";
    cout<<endl;
    p=pspecialty;
    for(i=0;i<n;i++)
        cout<<＊＊p++<<"  ";
    cout<<endl;
}
```

（2）运行结果

```
Maths  English  Chemistry  Physics  Athletics  Art
M  E  C  P  A  A
```

（3）归纳分析

① 二级指针 p 与指针数组 pspecialty 之间的关系如表 6-12 所示。

表 6-12　二级指针 p 与指针数组 pspecialty 之间的关系

二级指针 p	指针数组 pspecialty	字 符 串
p ——————→	pspecialty [0] ——————→	Maths
	pspecialty [1] ——————→	English
	pspecialty [2] ——————→	Chemistry
	pspecialty [3] ——————→	Physics
	pspecialty [4] ——————→	Athletics
	pspecialty [5] ——————→	Art

② 指针数组名 pspecialty 是二级指针常量，p 是二级指针变量。

③ p＝pspecialty；p＋i 是 pspecialty[i]的地址。

④ 指针数组作形参，int ＊ pspecialty[]与 int＊＊p 完全等价；但作为变量定义两者不同，系统只给 p 分配能保存一个指针值的内存区；而给 pspecialty 分配 10 块连续的内存区，每块可保存一个指针值。

6.6　动态分配/释放内存

new 和 delete 两个运算符分别用于堆内存的分配和释放。

6.6.1　动态分配内存

new 和 delete 都是单目运算符，new 的操作数是一个数据类型，返回为该类型的变量分配的内存空间的指针。

new 运算符用于动态申请所需的内存。其使用的格式如下：

指针变量 new 数据类型；

new 有 3 种使用形式。

（1）给单个对象申请分配内存

```
int * ip;
ip=new int;                        //ip指向一个未初始化的 int 型对象
```

该段代码首先定义了一个指向整型对象的指针，然后为该对象申请内存空间，如果申请成功，则 ip 指向一个 int 型对象的首地址。

（2）给单个对象申请分配内存的同时初始化该对象

```
int * ip;
```

```
ip=new int(68);                      //ip指向一个表示为 68 的 int 型对象
```

该段代码首先定义了一个指向整型对象的指针，然后为该对象申请内存空间，如果申请成功，则 ip 指向一个 int 型对象的首地址，并将该地址的内容初始化为 68。

（3）同时给多个对象申请分配内存

```
int * ip;
ip=new int[5];                       //ip指向 5 个未初始化的 int 型对象的首地址
for(int i=0;i<5;i++)
  ip[i]=5 * i+1;                      //给 ip 指向的 5 个对象赋值
```

该段代码首先定义了一个指向整型对象的指针，然后为 5 个 int 型对象申请内存空间，如果申请成功，则 ip 指向第一个 int 型对象的首地址。

说明：

① "数据类型"可以是基本数据类型，也可以是由基本类型构造出来的类型。

② 如果分配成功，则返回一个指向该分配空间的指针，如果此空间不可用或者分配空间失败或者检测到某些错误，则返回零或空指针。因此，在实际编程时，对于动态内存分配，应在分配操作结束后，首先检查返回的地址值是否为零，以确认内存申请是否成功。

6.6.2　动态释放内存

当程序不再需要由 new 分配的内存空间时，可以用 delete 释放这些空间。使用 delete 的格式如下：

delete 指针变量；或 delete[] 指针变量；

说明：

① "指针变量"保存着用 new 申请分配的内存地址。

② 方括号[]表示用 delete 释放为多个对象分配的地址，[]中不需要加对象的个数。

【实例 6-18】　动态分配、释放内存的应用实例。

（1）程序代码

```
#include<iostream.h>
#include<stdlib.h>
void main()
{
    int * ip;float * fp;char * cp;
    fp=new float(32.6f);                 //fp指向一个表示为 32.6 的 float 型对象
    if(fp==0)
    {
        cout<<"failed,exit!";
        exit(1);                         //如果分配不成功，退出系统
    }
    else
```

```
            cout<<"* fp="<<* fp<<endl;
        cp=new char;                    //cp指向一个未初始化的char型对象
        if(cp==0)
        {
            cout<<"failed,exit!";
            exit(1);
        }
        else
        {
            * cp='A';
            cout<<"* cp="<<* cp<<endl;
        }
        ip=new int[10];                 //ip指向10个int型对象
        if(ip==0)
        {
            cout<<"failed,exit!";
            exit(1);
        }
        else
        {
            for(int i=0;i<10;i++)
                ip[i]=2 * i+1;          //为10个int型对象赋值
            cout<<* fp<<"  "<<* cp<<"  "<<endl;
            for(i=0;i<10;i++)
                cout<<ip[i]<<"  ";
            cout<<endl;
        }
        delete cp;                      //释放cp所指向的内存空间
        delete fp;                      //释放fp所指向的内存空间
        delete[]ip;                     //释放ip所指向的内存空间
}
```

（2）运行结果

```
* fp=32.6
* cp=A
32.6  A
1  3  5  7  9  11  13  15  17  19
```

（3）归纳分析

① 用new运算符申请分配的内存空间,必须用delete释放。

② 对于一个已分配内存的指针,只能用delete释放一次。

③ delete作用的指针对象必须是由new分配内存空间的首地址。

④ 用new运算符为多个对象申请分配内存空间时,不能提供初始化。

6.7 引用

6.7.1 引用类型变量的定义及使用

在 C++ 中，提供了一种为变量起一个别名的机制，这个别名就是引用。因此，对引用型变量的操作实际上就是对被引用变量的操作。当定义一个引用型变量时，必须用另一个变量对其初始化。定义一个引用型变量的格式如下：

数据类型 & 引用名=变量名；

例如：

int a;
int &refa=a;

refa 是一个引用型变量，它是整型变量 a 的别名。refa 就称为对 a 的引用，a 称为 refa 的引用对象。在定义引用型变量 refa 之前变量 a 必须先定义。

refa 与被引用变量 a 具有相同的地址，即 refa 与 a 使用的是同一内存空间。

【实例 6-19】 引用的应用实例。

（1）程序代码

```
#include<iostream.h>
void main()
{
    int a=23;
    int &ra=a;                    //ra 是变量 a 的引用
    cout<<"a-"<<a<<endl;
    cout<<"ra="<<ra<<endl;
    ra=68;                        //ra 的操作等价于对 a 的操作
    cout<<"a="<<a<<endl;
    cout<<"ra="<<ra<<endl;
    cout<<"&a="<<&a<<endl;
    cout<<"&ra="<<&ra<<endl;
}
```

（2）运行结果

```
a=23
ra=23
a=68
ra=68
&a=0x0012FF7C
&ra=0x0012FF7C
```

（3）归纳分析

① 引用既不是对被引用变量的简单复制，也不是指向被引用变量的指针，而是被引用变量的别名机制。

② 引用一旦初始化后，它就与初始化它的变量绑定在一起了。即使在程序中修改了它，也不会绑定到另一个变量上。

③ 引用与指针不同。指针变量可以不进行初始化，并且在程序中可以指向不同的变量。引用必须在定义的同时用一个已经定义的变量初始化，并且一旦初始化后就不会再绑定到其他变量上了。

6.7.2 引用与函数

1. 引用作为函数的参数

引用可以作为函数的参数，建立函数参数的引用传递方式。引用传递实际上传递的是变量的地址，而不是变量本身。这种传递方式避免了传递大量数据带来的额外空间开销，从而节省大量存储空间，减少了程序运行的时间。

【实例 6-20】 利用引用作为函数参数实现两个数据的交换。

（1）编程思路

编写交换数据函数 swap(int &refx, int &refy)，函数中的参数是引用型变量，即在函数调用时接收的是实参(x, y)的地址，即 refx 和 refy 是变量 x 和 y 的别名。交换变量 refx 和 refy 的值就是交换变量 x 和 y 的值。

（2）程序代码

```
#include<iostream.h>
void swap(int &,int &);
void main()
{
    int x=12,y=23;
    cout<< "before swap:\nx="<<x<<"   y="<<y<<endl;
    swap(x,y);
    cout<< "after swap:\nx="<<x<<"   y="<<y<<endl;
    }

void swap(int &refx,int &refy)                    //引用作为函数的参数
{
    int temp;
    temp=refx;
    refx=refy;
    refy=temp;
}
```

（3）运行结果

```
before swap:
x=12   y=23
after swap:
x=23   y=12
```

（4）归纳分析

① 实参前不能加引用运算符 &。

② 引用作为函数参数具有两个优点：

- 引用传递方式类似于指针，但可读性却比指针传递强。
- 调用函数语法简单，与简单传值调用一样，但其功能却比传值方式强。

2. 返回引用的函数

引用既可以作为函数的参数，也可以作为函数的值返回。当函数的类型为引用时，就相当于返回一个变量。

【实例 6-21】 返回引用的函数应用实例。

（1）程序代码

```
#include<iostream.h>
int z;
int &max(int x,int y)                    //返回引用的函数
{
    if(x>y)
            z=x;
    else   z=y;
    return z;
}

void main()
{
    int c=max(12,8);
    cout<<"c="<<c<<",z="<<z<<endl;
    max(1,2)=32;
    cout<<"z="<<z<<endl;
}
```

（2）运行结果

```
c=12,z=12
z=32
```

（3）归纳分析

max()函数返回值的类型为引用，即返回变量 z 的值。因此，可以在调用函数中给max()函数赋值，这种赋值实际上是给变量 z 赋值。

6.8 本章总结

1. 熟练掌握指针与指针变量的概念

指针是指一个存储单元的地址值;指针变量是指专门存放变量地址的变量。指针变量定义的格式如下:

数据类型 * 指针变量名;

2. 指针的操作

由于指针的特殊性(指针的操作实际上就是地址的操作),使指针所能进行的操作受到了一定的限制。指针只能进行的几种运算是:赋值运算、间接引用运算、算术运算、两个指针的相减运算和两个指针的比较运算。

(1) 指针的加减运算与普通变量的加减运算不同。指针加上或减去一个整数 n,表示指针从当前位置向后或向前移动 n 个 sizeof(数据类型)长度的存储单元。利用指针的这一特性,对数组元素进行访问是非常方便和快捷的。

(2) 当两个指针指向同一数组时,两个指针的相减才有意义。两个指针相减,结果为一整数,表示两个指针之间数组元素的个数。

3. 指针与数组之间的关系

对于一维数组 a[m](0≤i<m):

(1) 数组名 a 表示数组的首地址,即 a[0]的地址。

(2) 数组名 a 是地址常量;a+i 是元素 a[i]的地址。

(3) 由于 a+i 与 &a[i]等价,实际上数组元素的下标访问方式也是按地址进行的。

(4) a[i]与 * (a+i)是等价的。

(5) 指针变量 p 可以指向 a 数组的任何一个元素的地址,从而使用指针变量可以访问数组的元素。

(6) 使用指针常量(数组名)可以访问数组元素,但数组名不能修改。使用指针变量访问数组元素就显得更加灵活方便。

(7) 指针有效范围必须满足数组空间的限制,避免越界访问。这个问题与数组下标越界问题的控制同样重要。

(8) p[i]和 * (p+i)这两种形式是等价的,都表示访问数组的第 i+1 个元素。所以:

a[i]⟺p[i]⟺ * (p+i)⟺ * (a+i)

对于二维数组 a[m][n] (0≤i<m ,0≤j<n):

(1) a+i=&a[i]=a[i]= * (a+i)=&a[i][0]值相等,含义不同。

(2) a+i⟺&a[i]是行地址;a[i]⟺ * (a+i)⟺&a[i][0]是列地址。

(3) 与一维数组类似,可以用二维数组的地址访问数组元素,二维数组 a[n][m]的元素 a[i][j]的引用可以用下面五种方法:

a[i][j] *(a[i]+j) *(*(a+i)+j) (*(a+i))[j] *(&a[0][0]+m*i+j)

(4)将指针运算符*作用在列地址上,才可以访问二维数组中的数组元素;将指针运算符*作用在行地址上,只能使其转换为列地址。

(5)可以使用一个以一维数组为基类型的指针变量,依次引用二维数组的所有元素。指向一维数组的指针变量定义格式为:

数据类型 (*指针名)[m];

(6)使用指向一维数组的指针变量访问数组元素(当p指向a数组的首地址时),可以通过下面的方法引用a[i][j]:

*(p[i]+j) *(*(p+i)+j) (*(p+i))[j]   p[i][j]

4. 指针与字符串之间的关系

(1)字符型指针变量可以指向字符型常量、字符型变量、字符串常量以及字符数组。

(2)字符指针变量与字符数组的区别如图6-7所示。

例如,有如下定义:

```
char  *p="flaming autumn leaves!";
char str[]="flaming autumn leaves!";
```

① str 由若干字符元素组成,每个 str[i] 存放一个字符;而 p 中存放的是字符串首地址。

图6-7 字符指针变量与字符数组的区别

② 语句 str [ ] = " flaming autumn leaves!";是错误的,但是,语句 p="flaming autumn leaves!";却是正确的。因为,str 中存放的是地址常量,且 str 的大小固定,预先分配存储单元;p 中存放的是地址变量,且可以多次赋值。

③ p 接收输入字符串时,必须先开辟存储空间。

5. 指针与函数的关系

(1)指针作函数参数的传值方式称为地址传递。指针既可以作函数的形参,也可以作函数的实参。当需要通过函数改变变量值时,可以使用指针作函数参数。

(2)函数的返回值可以是指针。

(3)可以使用函数指针访问函数。因此,下列三种函数调用方式是等价的:

函数名(实参表);⟺(*函数指针)(实参表);⟺函数指针(实参表);

6. 指针数组与二级指针

(1)指针数组

若一个数组中,所有元素均为指针类型数据,则称这个数组为指针数组。指针数组中每一个元素都相当于一个指针变量。

一维指针数组的定义格式如下：

类型名　＊数组名[数组长度]；

使用指针数组处理多个字符串比用二维字符数组处理字符串更加灵活。

（2）二级指针

如果指针变量中存放的是另一个指针的地址就称该指针变量为二级指针，或指向指针的指针变量。定义二级指针变量的格式如下：

数据类型＊＊变量名

二级指针多用于访问二维数组。

7．new 与 delete 运算符

（1）用 new 运算符申请分配的内存空间，必须用 delete 释放。

（2）对于一个已分配内存的指针，只能用 delete 释放一次。

（3）delete 作用的指针对象必须是由 new 分配内存空间的首地址。

（4）用 new 运算符为多个对象申请分配内存空间时，不能提供初始化。

8．引用

（1）引用既不是对被引用变量的简单复制，也不是指向被引用变量的指针，而是被引用变量的别名。

（2）引用一旦初始化后，它就与初始化它的变量绑定在一起了。即使在程序中修改了它，也不会绑定到另一个变量上。

（3）引用与指针不同。指针变量可以不进行初始化，并且在程序中可以指向不同的变量。引用必须在定义的同时用一个已经定义的变量初始化，并且一旦初始化后就不会再绑定到其他变量上了。

（4）引用作为函数参数具有两个优点：

① 参数传递方式类似于指针，但可读性却比指针传递强。

② 调用函数语法简单，与简单传值调用一样，但其功能却比传值方式强。

6.9　思考与练习

6.9.1　思考题

（1）使用数组名访问数组元素和使用指针变量访问数组元素有何不同？

（2）字符指针变量与字符数组有何区别？

（3）函数指针与返回指针的函数有何不同？

（4）函数调用有几种方式，各有什么不同？

（5）分别指出下面语句中的 p 的含义。

```
int * p;
int * p[n];
int (* p)[n];
int * p();
int (* p) ();
int * * p;
```

6.9.2 上机练习

（1）编写一个程序，输入 5 个字符串，从中找出最大的字符串并输出。要求使用字符指针变量实现。

（2）编写一个函数 huiwen()，其功能是检查一个字符串是否是回文，当字符串是回文时，函数返回"yes!"，否则函数返回"no!"，并在主函数中输出。所谓回文即正向与反向的拼写都一样，例如，adgda 即为回文。

第二篇
面向对象程序设计

第 7 章　类 与 对 象

学习目标

(1) 定义类的实例;

(2) 控制对数据成员和成员函数的访问属性;

(3) 使用构造函数在创建对象时对其进行初始化;

(4) 使用析构函数在释放对象时清理现场;

(5) 使用友元访问类中的成员。

7.1　类

类是具有相同属性和行为的一组对象的集合,它为属于该类的所有对象提供了统一的抽象描述,其内部包括属性和行为两部分。数据描述类的属性,用数据成员表示;行为描述类的服务,用成员函数表示。

利用类可以实现数据的封装、隐藏、继承与派生。利用类易于编写大型复杂程序,其模块化程度比 C 中采用函数更高。

7.1.1　类定义

C++ 通过类将数据结构和与之相关的操作封装在一起,形成一个整体。目的是增强安全性和简化编程,使用者不必了解具体的实现细节,只需通过外部接口,以特定的访问权限,来使用类的成员即可。

类是一种用户自定义类型,定义的格式如下:

```
class 类名称
{
    public:
        公有数据成员;
        公有成员函数的声明;
    private:
        私有数据成员;
        私有成员函数的声明;
    protected:
        保护数据成员;
        保护成员函数的声明;
};
各个成员函数的实现;
```

说明：

① class 是定义类的关键字，类名是符合 C++ 规定的标识符。

② 类的成员包含数据成员和成员函数两部分。

③ 从访问权限上来分，类的成员又分为：公有的（public）、私有的（private）和保护的（protected）三类。

④ 公有的成员用 public 来说明，公有部分往往是一些操作（即成员函数），它是提供给用户的接口。这部分成员可以通过对象从外部访问。私有的成员用 private 来说明，私有部分通常是一些数据成员，这些成员用来描述该类中对象的属性，用户是无法访问它们的，只有成员函数或经特殊说明的函数才可以引用它们，它们是被用来隐藏的部分。

⑤ 在一个类体中，关键字 public 和 private 出现的次序可以是任意的。但是为了强调外部能调用的成员，习惯上 public 在先 private 在后。

⑥ 在一个类体中，关键字 public 和 private 出现的次数可以是任意的。即在一个类中，关键字 public 和 private 可以出现多次。每个部分的有效范围到出现另一个访问限定符或类体结束符（右大括号）为止。但是，为了使程序清晰、可读性好，建议每一种访问限定符只出现一次。

⑦ 在一个类体中，若关键字 public 和 private 都不写。默认为 private。

⑧ "各个成员函数的实现"是类定义中成员函数具体功能的实现部分，这部分包含所有在类体内说明函数的具体功能。

例如，下面定义了一个描述学生的类，该类是对学生的抽象，该类的对象将是一个具体的学生。

```
class TStudent {
    public:                                              //指定访问权限
        void SetStudent (char * sn,char * name,int age,int cn); //成员函数
        void ShowStudent ();                             //成员函数
    private:
        char sno[5];                                     //数据成员
        char sname[10];                                  //数据成员
        int sage;                                        //数据成员
        int cno;                                         //数据成员
};
```

说明：

① TStudent 是类名，习惯上首字符要大写，以区别于对象名。

② 数据成员描述类的属性。数据成员的定义与一般的变量定义相同，但需要将它放在类的定义体中。但是在类中说明的任何成员不能使用 extern、auto 和 register 关键字进行修饰。

③ 类中的数据成员的类型可以是任意的，包括基本类型、数组、指针和引用等，也可以是类类型。

④ 在类体中不允许对所定义的数据成员进行初始化。

⑤ 习惯上将类定义的说明部分或者整个定义部分(包含实现部分)放到一个头文件中。

⑥ 在关键字 public 后面声明的部分,它们是类与外部的接口,任何外部函数都可以访问公有类型数据和函数。

⑦ 在关键字 private 后面声明的部分,只允许本类中的函数访问,而类外部的任何函数都不能访问。

⑧ protected 与 private 类似,其差别表现在继承与派生时对派生类的影响不同。

7.1.2 成员函数的实现

在类中说明成员函数的原型,在类外定义函数体实现,并在函数名前使用类名加以限定,类名和函数头之间必须加上域运算符"::",以表明该函数所属类的标识。也可以直接在类中定义函数体,形成内联成员函数。

1. 在类外定义函数体

(1) 以普通函数的形式定义

返回类型 类名::成员函数名(参数表)
{
    //函数体
}

(2) 以内联函数的形式定义

inline 返回类型 类名::成员函数名(参数表)
{
    //函数体
}

2. 在类内直接定义函数体

C++ 可以直接将成员函数定义在类内部。

例如,下面是学生类的成员函数的实现。

(1) 在类外部定义成员函数

```
void TStudent::SetStudent (char * sn,char * name,int age,int cn)
{
    strcpy(sno,sn);
    strcpy(sname,name);
    sage=age;
    cno=cn;
}
void TStudent::ShowStudent()
```

```
{
    cout<<setw(6)<<"sno"<<setw(12)<<"sname"<<setw(6)<<"sage"<<setw(6)<<"cno\n";
    cout<<setw(6)<<sno<<setw(12)<<sname<<setw(6)<<sage<<setw(6)<<cno<<endl;
}
```

以内联函数的形式定义成员函数：

```
inline void TStudent::SetStudent(char * sn,char * name,int age,int cn) //在外部
                                                         //定义的内联函数
{
    strcpy(sno,sn);
    strcpy(sname,name);
    sage=age;
    cno=cn;
}
inline void TStudent::ShowStudent()
{
    cout<<setw(6)<<"sno"<<setw(12)<<"sname"<<setw(6)<<"sage"<<setw(6)<<"cno\n";
    cout<<setw(6)<<sno<<setw(12)<<sname<<setw(6)<<sage<<setw(6)<<cno<<endl;
}
```

（2）在类内部直接定义成员函数

```
class TStudent {
    public:
    void SetStudent(char * sn,char * name,int age,int cn)
    {
        strcpy(sno,sn);
        strcpy(sname,name);
        sage=age;
        cno=cn;
    };
    void ShowStudent() //在内部定义的内联函数
    {
        cout<<setw(6)<<"sno"<<setw(12)<<"sname"<<setw(6)<<"sage"<<setw(6)
        <<"cno\n";
        cout<<setw(6)<<sno<<setw(12)<<sname<<setw(6)<<sage<<setw(6)<<cno
        <<endl;
    };
    private:
        char sno[5];
        char sname[10];
        int sage;
        int cno;
};
```

说明：

① 函数名 SetStudent 前面加了 TStudent∷来说明该函数属于 TStudent 类。

② 成员函数可以直接访问类的私有数据成员 sno、sname、sage 和 cno,而类的外部不能直接访问私有数据成员 sno、sname、sage 和 cno,只能通过公有函数 SetStudent()和 ShowStudent()访问私有数据成员。

③ 在类内的成员函数,如果函数体直接写在类内部,不必写 inline,自动为内联函数。

④ 使用内联函数,要注意权衡效率、安全等各种因素。内联函数使用不当,会使代码增大的同时效率下降。

7.2 对象

在 C++ 中对象的类型称为类(class)。类代表了某一批对象的共性和特征。类是对象的抽象,而对象是类的具体实例(instance)。

在 C++ 中先定义一个类类型,然后用它去定义若干个同类型的对象。对象是类类型的一个变量。可以说类是对象的模板,是用来定义对象的一种抽象类型。类是抽象的、不占用内存空间,而对象是具体的,占用存储空间。

7.2.1 对象的定义

创建对象有两种方法:一种方法是在定义类的同时创建对象;另一种方法是使用类名定义对象。

1. 在定义类的同时创建对象

```
class TStudent {
    public:
        void SetStudent (char * sn,char * name,int age,int cn);
        void ShowStudent ();
    private:
        char sno[5];
        char sname[10];
        int sage;
        int cno;
}s2,s3;    //在定义 TStudent 类的同时定义对象 s2 和 s3
```

2. 使用类名定义对象

例如,直接用类名定义对象。

```
TStudent s1 ,s5[6];
```

定义了一个类对象 s1 和一个对象数组 s5[6]。

在程序运行时，通过为对象 s1 分配内存来创建对象；在创建对象时 s1，TStudent 类被用作模板，对象 s1 被称为类 TStudent 的一个实例。

7.2.2 访问对象中的成员

对象中的成员包括数据成员和成员函数，在类的外部可以通过类的对象进行成员的访问，访问对象中的成员可以有两种方法：通过对象名和成员运算符访问对象中的成员，通过指向对象的指针访问对象中的成员。

1. 通过对象名和成员运算符访问对象中的成员

访问对象中的成员的一般格式如下：

对象名.数据成员名

或

对象名.成员函数名(参数表)

例如：

```
TStudent s1,s5[6];                 //定义对象 s1,s5
s1.SetStudent ("001","aaa",18,12);  //用对象名 s1 访问成员函数 SetStudent
s1.ShowStudent();                   //用对象名 s1 访问成员函数 ShowStudent
```

2. 通过指向对象的指针访问对象中的成员

访问对象中的成员的一般格式如下：

指向对象的指针->数据成员名

或

指向对象的指针->成员函数名(参数表)

例如：

```
TStudent s1,s5[6],* p=&s1;          //定义指向对象 s1 的指针变量 p
p->SetStudent ("001","aaa",18,12);  //用指向对象名 s1 的指针变量 p 访问成员函数
                                    //SetStudent
p->ShowStudent();                   //用指向对象名 s1 的指针变量 p 访问成员函数
                                    //ShowStudent
```

7.2.3 类成员的访问属性

类成员有三种访问属性：公有（public）、私有（private）和保护（protected）。
（1）public 成员不但可以被类中成员函数访问，还可以在类的外部通过类的对象进

行访问。

（2）private 成员只能被类中成员函数访问，不能在类的外部通过类的对象进行访问。

（3）protected 成员除了类本身的成员函数可以访问外，其差别表现在继承与派生时对派生类的影响不同。关于这点，将在后面章节中介绍。

【实例 7-1】　定义一个描述学生的类及该类的对象，并用对象访问其成员。

（1）编程思路

先定义一个学生类 TStudent 及该类的对象 s1，通过 s1 访问其成员。

（2）程序代码

```cpp
#include<iostream.h>
#include<string.h>
#include<iomanip.h>
class TStudent { //定义 TStudent 类
     public:
        void SetStudent (char * sn,char * name,int age,int cn);
        void ShowStudent();
     private: //定义私有成员
        char sno[5];
        char sname[10];
        int sage;
        int cno;
};
void TStudent::SetStudent (char * sn,char * name,int age,int cn) //在类的外部定义
                                                               //成员函数
{
    strcpy(sno,sn);
    strcpy(sname,name);
    sage=age;
    cno=cn;
}
void TStudent::ShowStudent()
{
    cout<<setw(6)<<sno<<setw(12)<<sname<<setw(6)<<sage<<setw(6)<<cno<<endl;
}

void main()
{
    TStudent s1;
    cout<<"访问类成员 \n";
    cout<<setw(6)<<"sno"<<setw(12)<<"sname"<<setw(6)<<"sage"<<setw(6)<<"cno\n";
    s1.SetStudent ("001","aaa",18,1);//在类的外部通过类的对象 s1 访问其 public 成员
    s1.ShowStudent();
}
```

（3）运行结果

访问类成员：

sno	sname	sage	cno
001	aaa	18	1

（4）归纳分析

① 在类中直接使用成员名访问其成员；在类的外部访问成员，使用"对象名.成员名"方式访问 public 属性的成员。

② 在程序运行时，通过为对象 s1 分配内存来创建对象；在创建对象时，TStudent 类被用作模板，对象 s1 被称为 TStudent 类的实例。

7.2.4 类的封装性和信息隐蔽

C++ 通过类来实现封装性，把数据和与这些数据有关的操作封装在一个类中，或者，类的作用是把数据和算法封装在用户定义的抽象数据类型中。

在定义了一个类以后，用户通过调用公有的成员函数来实现类提供的功能（例如对数据成员设置值，显示数据成员的值，对数据进行加工等）。因此，公有成员函数是类的公有接口（public interface），或者是类的对外接口。

通过成员函数对数据成员进行操作称为类的实现，为了防止用户任意修改公有成员函数，改变对数据进行的操作，往往不让用户看到公有成员函数的源代码，显然更不能修改它，用户只能接触到公有成员函数的目标代码。

在类中可以操作私有据成员，实现的细节对用户是隐蔽的，这种实现称为私有实现。这种"类的公有接口与私有实现的分离"形成了信息隐蔽。

接口与实现方法的分离后，可以更容易维护程序。

【实例 7-2】 使用接口与实现方法的分离定义一个描述学生的类（包括学号、姓名、出生日期和班级号）及该类的对象，并用对象访问其成员。

（1）编程思路

定义两个类，学生类 TStudent 及日期类 TDate。学生类的数据成员"出生日期"是TDate 类型。

（2）程序代码

```
//st.h 文件
class TDate{ //在头文件中定义 TDate 类
    public:
        void SetDate(int y,int m,int d);
        void ShowDate();
    private:
        int year;
        int month;
        int day;
```

```
};
class TStudent {
    public:
      void SetStudent (char * sn,char * name,TDate bd,int cn);
      void ShowStudent ();
    private:
      char sno[5];
      char sname[10];
      TDate birthday;      //数据成员是 TDate 类类型
      int cno;
};
//st.cpp 文件
#include<string.h>
#include<iomanip.h>
#include "st.h"
void TDate::SetDate(int y,int m,int d)
{
    year=y;
    month=m;
    day=d;
};

void TDate::ShowDate()      //在 st.cpp 文件中定义成员函数
{
    cout<<year<<"."<<month<<"."<<day;
}

void TStudent::SetStudent (char * sn,char * name,TDate bd,int cn)
{
    strcpy(sno,sn);
    strcpy(sname,name);
    birthday=bd;              //同类对象之间的赋值
    birthday.SetDate(2006,12,16);
    cno=cn;
}

void TStudent::ShowStudent()
{
    cout<<setw(6)<<sno<<setw(12)<<sname<<setw(8);
    birthday.ShowDate();
    cout<<setw(5)<<cno<<endl;
}
//eg7_2.cpp 文件
#include<iostream.h>
```

```
#include "st.h"
void main()
{
    TDate b;
    TStudent s1;
    cout<<"访问类成员:\n";
    cout<<setw(6)<<"sno"<<setw(12)<<"sname"<<setw(14)<<"birthday"<<setw(6)
    <<"cno\n";
    s1.SetStudent ("001","aaa",b,2);
    s1.ShowStudent();
}
```

（3）运行结果

访问类成员:

sno	sname	birthday	cno
001	aaa	2006.12.16	2

（4）归纳分析

① 同类对象之间可以赋值。

② 一个类类型可以用作另一个类成员的类型。

③ 接口与实现方法的分离：

- 类的定义放在一个头文件中；
- 类成员函数的定义放在与头文件同名的源程序文件中；
- 主函数放在一个文件中。

7.3 构造函数和析构函数

当建立一个对象时，对象的状态（数据成员的取值）是不确定的。可以使用初始化列表进行初始化。另外，C++中有一个称为构造函数的特殊成员函数，可自动进行对象的初始化。相对于构造函数，一个称为析构函数的成员函数在对象撤销时自动执行清理任务。

构造函数和析构函数都是类的成员函数，但它们都是特殊的成员函数，执行特殊的功能，不用调用便自动执行，而且这些函数的名字与类的名字有关。

7.3.1 构造函数

构造函数是一种特殊的成员函数，它的作用是在对象被创建时使用特定的值构造对象，或者将对象初始化为一个特定的状态，给各成员数据赋初值。构造函数在对象创建时由系统自动调用。

构造函数除具有一般成员函数的特性之外，还具有一些特殊的性质：

（1）构造函数的名字必须与类名相同。

（2）构造函数可以有任意类型的参数，但不能指定返回类型。它有隐含的返回值，该值由系统内部使用。

（3）构造函数允许是内联函数、函数重载、带默认形参值的函数。

（4）构造函数被声明为公有函数，但它不能像其他成员函数那样被显式地调用，它是在定义对象的同时被系统调用的。

在类定义时没有定义任何构造函数时，编译器会自动为这个类生成一个不带参数的默认构造函数，其格式如下：

```
<类名>::<默认构造函数名>()
{…}
```

在程序中定义一个对象而没有进行初始化时，则编译器便按默认构造函数来初始化该对象。只是这个构造函数的函数体是空的，也没有参数，不执行任何具体操作。

【实例 7-3】 定义一个描述学生的类（包括学号、姓名、出生日期和班级号）及该类的对象，使用构造函数初始化数据成员。

（1）编程思路

定义一个学生类 TStudent，并用构造函数 TStudent() 初始化数据成员。

（2）程序代码

```cpp
//st.h 文件
#include<iostream.h>
#include<string.h>
#include<iomanip.h>
class TStudent {
    public:
        TStudent(char * sn,char * name,int age,int cn);   //说明构造函数
        void ShowStudent();
    private:
        char sno[5];
        char sname[10];
        int sage;
        int cno;
};
TStudent::TStudent(char * sn,char * name,int age,int cn) //构造函数的定义
{
    strcpy(sno,sn);
    strcpy(sname,name);
    sage=age;
    cno=cn;
}
void TStudent::ShowStudent()
{
    cout<<setw(6)<<sno<<setw(12)<<sname<<setw(6)<<sage<<setw(5)<<cno<<endl;
```

```
}

//eg7_3.cpp 文件
#include "st.h"
void main()
{
    TStudent s1("001","张红",18,2);   //建立对象 s1,并自动调用构造函数 TStudent,初
                                      //始化对象 s1
    cout<<"访问类成员 \n";
    cout<<setw(6)<<"sno"<<setw(12)<<"sname"<<setw(6)<<"sage"<<setw(6)<<"cno\n";
    s1.ShowStudent();
}
```

（3）运行结果

```
访问类成员
    sno      sname   sage   cno
    001       张红      18    2
```

（4）归纳分析

① 构造函数的名字 TStudent 与类名 TStudent 相同。

② 在建立对象 s1 时自动调用构造函数,给该对象中的成员赋初值（"001","张红",18,2）。

③ 由于构造函数不能显示调用,因此,实参是在定义对象时给出的。

【实例 7-4】 定义一个描述学生的类(包括学号、姓名、出生日期和班级号)及该类的对象,使用重载、带默认形参值的构造函数初始化数据成员。

（1）编程思路

定义一个学生类 TStudent,使用重载、带默认形参值的构造函数 TStudent()初始化数据成员。

（2）程序代码

```
//st.h 文件
#include<iostream.h>
#include<string.h>
#include<iomanip.h>
class TStudent {
    public:
        TStudent(char * sn,char * name,int age,int cn);
        TStudent(int cn=3);   //指定默认参数的值
        void ShowStudent();
    private:
        char sno[5];
        char sname[10];
        int sage;
```

```
        int cno;
};

TStudent::TStudent(char * sn,char * name,int age,int cn)   //构造函数定义
{
    strcpy(sno,sn);
    strcpy(sname,name);
    sage=age;
    cno=cn;
}

TStudent::TStudent(int cn)     //重载、带默认形参值构造函数的定义
{
    strcpy(sno,"002");
    strcpy(sname,"李力");
    sage=20;
    cno=cn;
}

void TStudent::ShowStudent()
{
    cout<<setw(6)<<sno<<setw(12)<<sname<<setw(6)<<sage<<setw(5)<<cno<<endl;
}

//eg7_4.cpp 文件
#include "st.h"
void main()
{
    TStudent s1("001","张红",18,2),s2,s3(1);
    cout<<"访问类成员\n";
    cout<<setw(6)<<"sno"<<setw(12)<<"sname"<<setw(6)<<"sage"<<setw(6)<<"cno\n";
    s1.ShowStudent();
    s2.ShowStudent();
    s3.ShowStudent();
}
```

（3）运行结果

访问类成员

sno	sname	sage	cno
001	张红	18	2
002	李力	20	3
002	李力	20	1

（4）归纳分析

① 在执行语句 TStudent s1("001","张红",18,2)时建立对象 s1,并自动调用具有 3 个参数的构造函数 TStudent(char * sn,char * name,int age,int cn),给该对象中的成员赋初值 ("001","张红",18,2)。

② 在执行语句 TStudent s2;时建立对象 s2,并自动调用重载、并带默认形参值的构造函数 TStudent(3)。

③ 在执行语句 TStudent s3(1);时建立对象 s3,并自动调用重载构造函数 TStudent(1)。

7.3.2 带有成员初始化表的构造函数

在构造函数中初始化数据成员时,有两种形式:一种形式是在函数体内用赋值语句实现(前面介绍的均如此),另一种形式是在形参表后用初始化表实现。

带有成员初始化表的构造函数的一般形式如下:

类名::构造函数名([参数表])[:(成员初始化表)]
{
    // 构造函数体
}

成员初始化表的一般形式如下:

数据成员名 1(初始值 1),数据成员名 2(初始值 2),…

【实例 7-5】 定义一个描述学生的类(包括学号、姓名、出生日期和班级号),及该类的对象,使用成员初始化表初始化数据成员。

(1)编程思路

定义一个学生类 TStudent,使用成员初始化表初始化数据成员。

(2)程序代码

```
//st.h 文件
#include<iostream.h>
#include<string.h>
#include<iomanip.h>
class TStudent {
    public:
        TStudent(char * sn,char * name,int age,int cn);  //说明构造函数
        void ShowStudent();
    private:
        char sno[5];
        char sname[10];
        int sage;
        int cno;
};

//使用成员初始化表初始化数据成员
```

```
TStudent::TStudent(char * sn,char * name,int age,int cn):sage(age),cno(cn)
                                                          //初始化数据成员
{
    strcpy(sno,sn);
    strcpy(sname,name);
}


void TStudent::ShowStudent()
{
    cout<<setw(6)<<sno<<setw(12)<<sname<<setw(6)<<sage<<setw(5)<<cno<<endl;
}


//eg7_5.cpp 文件
#include "st.h"
void main()
{
    TStudent s1("001","张红",20,2);
    cout<<"访问类成员 \n";
    cout<<setw(6)<<"sno"<<setw(12)<<"sname"<<setw(6)<<"sage"<<setw(6)<<"cno\n";
    s1.ShowStudent();
}
```

（3）运行结果

```
访问类成员
    sno     sname   sage  cno
    001      张红     20    2
```

（4）归纳分析

在执行语句 TStudent s1("001","张红",20,2);时建立对象 s1,并自动调用构造函数 TStudent(char * sn,char * name,int age,int cn):sage(age),cno(cn),给该对象中的成员赋初值("001","张红",20,2)。

7.3.3 析构函数

析构函数也是一种特殊的成员函数。其功能与构造函数的功能正好相反,是在释放一个对象前,用它来做一些清理工作。

析构函数具有以下一些特点:

（1）析构函数名与构造函数名相同,但它前面必须加一个波浪号(～),以区别于构造函数。

（2）在定义析构函数时,不能指定任何返回类型,也没有参数,而且不能重载。因此在一个类中只能有一个析构函数。

（3）析构函数可以被显式调用,也可以被系统自动调用。在下面两种情况下,析构函数会被系统自动调用。

① 如果一个对象被定义在一个函数体内，则当这个函数结束时，该对象的析构函数被自动调用。

② 当一个对象是使用 new 运算符动态创建的，在使用 delete 运算符释放它时，delete 将会自动调用析构函数。

每个类必须有一个析构函数。若没有显式地为一个类定义析构函数，编译系统会自动生成一个默认的析构函数，其格式如下：

```
<类名>::~<默认析构函数名>
{}
```

默认析构函数是一个空函数。实际上什么操作都不进行。

【实例 7-6】 在学生类（包括学号、姓名、出生日期和班级号）中使用构造函数和析构函数。

（1）编程思路

定义一个学生类 TStudent，并定义构造函数 TStudent() 和析构函数～TStudent()。

（2）程序代码

```cpp
//st.h 文件
#include<iostream.h>
#include<string.h>
#include<iomanip.h>
class TStudent {
    public:
        TStudent(char * sn,char * name,int age,int cn);
        ~TStudent();                                        //说明析构函数
        void ShowStudent();
    private:
        char sno[5];
        char sname[10];
        int sage;
        int cno;
};

TStudent::TStudent(char * sn,char * name,int age,int cn)    //定义构造函数
{
    cout<<"构造函数被调用！\n";
    strcpy(sno,sn);
    strcpy(sname,name);
    sage=age;
    cno=cn;
}

void TStudent::ShowStudent()
```

```
    {
        cout<<setw(6)<<sno<<setw(12)<<sname<<setw(6)<<sage<<setw(5)<<cno<<endl;
    }

    TStudent::~TStudent()                                      //定义析构函数
    {
        cout<<"析构函数被调用！\n";
    }

//eg7_6.cpp 文件
#include "st.h"
void main()
{
    TStudent s1("001","张红",18,1),* s2;
    s2=new TStudent("002","李力",20,2);                        //动态创建 s2 对象
    cout<<"访问类成员\n";
    cout<<setw(6)<<"sno"<<setw(12)<<"sname"<<setw(6)<<"sage"<<setw(6)<<"cno\n";
    s1.ShowStudent();
    s2->ShowStudent();
    delete s2;
}
```

（3）运行结果

构造函数被调用！ //创建 s1 对象时被调用构造函数 TStudent(char * sn,char * name,int
                 //age,int cn)
构造函数被调用！ //用 new 创建 s2 对象时被调用构造函数 TStudent(char * sn,char * name,
                 //int age,int cn)
访问类成员

sno	sname	sage	cno
001	张红	18	1
002	李力	20	2

析构函数被调用！ //执行 delete 释放 s2 时,系统自动调用析构函数~TStudent()
析构函数被调用！ //结束 main()函数前,释放 s1 对象时调用析构函数~TStudent()

（4）归纳分析

① 本实例定义了两个对象 s1 和 s2,因此,无论是构造函数还是析构函数都被调用了两次。

② 每个对象都有一个析构函数,在对象的生存期结束的时刻系统自动调用它,然后再释放此对象所属的空间。

7.4 静态成员

由于系统只为变量分配存储空间,不为类型分配存储空间,因此,不能用关键词 register、auto、extern 来修饰类中的成员。但可以用 static 来修饰成员,被修饰的成员称

为静态成员。静态成员有别于其他存储类型的成员,它不是某个对象的成员,而是所有该类对象都共享的成员。可以利用静态成员的这一特性,存储共享信息或进行数据传递。

静态成员包括静态数据成员和静态成员函数。

7.4.1 静态数据成员

静态数据成员在生成每一个类的对象时并不分配存储空间,而是该类的每个对象共享一个公共的存储空间,并且该类的所有对象都可以直接访问该存储空间。该类的所有对象维护该成员的同一个拷贝,从而实现了同一个类的不同对象之间的数据共享。

必须在创建该类的对象之前为静态成员分配存储空间并设置初值,分配存储空间并设置初值的格式如下:

静态成员数据类型 类名::静态数据成员=初值;

若静态数据成员没有进行初始化,则自动被初始化为 0。

【实例 7-7】 在学生类(包括学号、姓名、成绩)中,计算学生的总成绩、平均成绩和学生人数。

(1) 编程思路

学生的总成绩、平均成绩和学生人数应该是每个学生共享的数据,因此,将其定义为静态数据成员。

(2) 程序代码

```
//st.h 文件
#include<iostream.h>
#include<string.h>
#include<iomanip.h>
class TStudent {
    public:
        TStudent(char * name,char * st_no,float score1);
        ~TStudent();
        void show_st();              // 输出姓名、学号和成绩
        void show_count_sum_avg();   // 输出学生人数、总成绩和平均成绩

    private:
        char * sno;
        char * sname;
        float score;
        static int count;            //静态数据成员
        static float sum;
        static float avg;
};

TStudent::TStudent(char * name,char * st_no,float score1 )
```

```
{
    sname=new char[strlen(name)+1];
    strcpy(sname,name);
    sno=new char[strlen(st_no)+1];
    strcpy(sno,st_no);
    score=score1;
    ++count;                          //累加学生人数
    sum=sum+score;                    //累加总成绩
    avg=sum/count;                    //计算平均成绩
}
TStudent::~TStudent()
{
    delete []sname;
    delete []sno;
}
void TStudent::show_st()               //输出学生信息
{
    cout<<setw(7)<<sno;
    cout<<setw(8)<<sname;
    cout<<setw(8)<<score;
}

void TStudent::show_count_sum_avg()  //输出静态数据成员
{
    cout<<setw(8)<<sum;
    cout<<setw(10)<<avg;
    cout<<setw(8)<<count<<endl;
}

int TStudent::count=0;                 //初始化静态数据成员
float TStudent::sum=0.0;
float TStudent::avg=0.0;

//eg7_7.cpp 文件
#include "st.h"
void main()
{
    cout<<"sno"<<"sname"<<"score"<<"sum"<<"avg"<<"count\n";
    TStudent st1("李力","001",92);
    st1.show_st();
    st1.show_count_sum_avg();
    TStudent st2("张红","002",86);
    st2.show_st();
    st2.show_count_sum_avg();
```

```
    TStudent st3("杨阳","003",73);
    st3.show_st();
    st3.show_count_sum_avg();
}
```

（3）运行结果

sno	sname	score	sum	avg	count
001	李力	92	92	92	1
002	张红	86	178	89	2
003	杨阳	73	251	83.6667	3

（4）归纳分析

① 静态数据成员能在类说明符中声明，但不能在其中定义。

② 对于静态数据成员的初始化不能在构造函数中进行。

③ 所有的 TStudent 对象 st1、st2 和 st3 共享静态数据成员 count、sum 和 avg。

7.4.2 静态成员函数

静态成员函数和静态数据成员一样，它们都属于类的静态成员，它们都不是对象成员。因此，引用静态成员不需要对象名。静态成员函数只能直接访问类中的静态数据成员，而不能直接访问类中的非静态数据成员，若要访问类中的非静态数据成员，可通过对象来引用。

【实例 7-8】 在学生类（包括学号、姓名、成绩）中，计算学生的总成绩、平均成绩和学生人数。利用静态成员函数输出学生的信息。

（1）编程思路

学生的总成绩、平均成绩和学生人数应该是每个学生共享的数据，因此，将其定义为静态数据成员。

（2）程序代码

```
//st.h 文件
#include<iostream.h>
#include<string.h>
#include<iomanip.h>
class TStudent {
    public:
        TStudent(char * name,char * st_no,float score1);
        static void show_st(TStudent x);   //静态成员函数
    private:
        char * sno;
        char * sname;
        float score;
        static int count;
```

```
        static float sum;
        static float avg;
};

TStudent::TStudent(char * name,char * st_no,float score1 )
{
    sname=new char[strlen(name)+1];
    strcpy(sname,name);
    sno=new char[strlen(st_no)+1];
    strcpy(sno,st_no);
    score=score1;
    ++count;                        //累加学生人数
    sum=sum+score;                  //累加总成绩
    avg=sum/count;                  //计算平均成绩
}

void TStudent::show_st(TStudent x) //在静态成员函数中访问静态数据成员和非静态数据
                                   //成员
{
    cout<<setw(7)<<x.sno;
    cout<<setw(8)<<x.sname;
    cout<<setw(8)<<x.score;
    cout<<setw(8)<<sum;
    cout<<setw(10)<<avg;
    cout<<setw(8)<<count<<endl;
}

int TStudent::count=0;
float TStudent::sum=0.0;
float TStudent::avg=0.0;

//eg7_8.cpp 文件
#include "st.h"
void main()
{
    cout<<"sno"<<"sname"<<"score"<<"sum"<<"avg"<<"count\n";
    TStudent st1("李力","001",92);
    TStudent::show_st(st1);         //访问静态成员函数
    TStudent st2("张红","002",86);
    TStudent::show_st(st2);
    TStudent st3("杨阳","003",73);
    TStudent::show_st(st3);
}
```

（3）运行结果

sno	sname	score	sum	avg	count
001	李力	92	92	92	1
002	张红	86	178	89	2
003	杨阳	73	251	83.6667	3

（4）归纳分析

在静态成员函数中可以直接访问静态数据成员，而访问非静态数据成员要指明其对象，如 x. sno。

7.5 友元

友元提供了不同类或对象的成员函数之间、类的成员函数与一般函数之间进行数据共享的机制。对于一个类，可以利用关键字 friend 将一般函数、其他类的成员函数或者其他类声明为该类的友元，使得这个类中本来隐藏的信息（包括私有成员和保护成员）可以被友元所访问。

7.5.1 友元函数

友元函数是一种定义在类外面的普通函数，而不是类的成员函数。为区别友元函数与类的成员函数，在声明友元函数时前面加关键字 friend。尽管友元函数不是类的成员函数，但它可以访问类的所有成员，包括私有成员、保护成员和公有成员。

友元函数要在类定义时声明，声明时要在其函数名前加上关键字 friend。该声明可以放在公有部分，也可以放在私有部分。友元函数的定义既可以在类内部进行，也可以在类外进行。

【实例 7-9】 定义一个点（Tpoint）类，计算两点之间的距离。

（1）编程思路

本实例利用友元函数访问 Tpoint 类中的数据成员，从而计算两点之间的距离。

（2）程序代码

```
//pt.h 文件
#include<math.h>
class TPoint{
    public:
        TPoint(int x,int y);
        int getX(){ return xVal;};
        int getY(){ return yVal;};
    private:
        int xVal;
        int yVal;
        friend void Distance( TPoint a, TPoint b);//声明友元函数
};
```

```
TPoint::TPoint(int x,int y )
{
        if(x>=0 && x<640 && y>=0 && y<480)
            xVal=x;
            yVal=y;
}

void Distance( TPoint a, TPoint b)                    //友元函数的实现
{
    double d;
    int dx=a.xVal-b.xVal;                             //利用友元函数访问对象的成员
    int dy=a.yVal-b.yVal;
    d=sqrt(dx * dx+dy * dy);
    cout<<"The distance between   ";
    cout<< "p1("<<a.getX()<<","<<a.getY()<<")  and ";
    cout<< "p2("<<b.getX()<<","<<b.getY()<<")";
    cout<<"  is "<<d<<endl;
}

//eg7_9.cpp 文件
#include <iostream.h>
#include "pt.h"
void main()
{
    TPoint p1(10,20),p2(12,6);
    double d;
    Distance(p1, p2);
}
```

（3）运行结果

```
The distance between   p1(10,20)   and p2(12,6) is 14.1421
```

（4）归纳分析

① 友元的声明可以放在类中的任意位置。

② 为了确保数据的完整性，及数据封装与隐藏的原则，建议尽量不使用或少使用友元。

7.5.2　友元类

一个类作为另一个类的友元时，该类称为友元类。友元类的所有成员函数都是另一个类的友元函数，都可以访问另一个类中的隐藏信息（包括私有成员和保护成员）。

友元的声明可以放在类中的任意位置。声明方法如下：

```
friend  类名；            //友元类类名
```

说明：

① 友元关系不能被继承。

② 友元关系是单向的，不具有交换性。若类 X 是类 Y 的友元，但类 Y 不一定是类 X 的友元。

③ 友元关系不具有传递性。若类 X 是类 Y 的友元，类 Y 是 Z 的友元，则类 X 不一定是类 Z 的友元。

【实例 7-10】 给定两个点，计算这两点之间的距离，及由这两个点构成的矩形面积。

（1）编程思路

本实例可以定义两个类，点 TPoint 类和矩形 TBox 类，将 TBox 类声明为 TPoint 类的友元类，这样就可以访问 TPoint 类中的成员。

（2）程序代码

```cpp
//pt.h 文件
#include<math.h>
class TBox;
class TPoint{
    public:
      TPoint(){};
      TPoint(int x,int y);
      int getX(){ return xVal;};
      int getY(){ return yVal;};
      friend void Distance( TPoint a, TPoint b);
    private:
      int xVal;
      int yVal;
      friend class TBox;   //声明 TBox 为 TPoint 的友元类
};


TPoint::TPoint(int x,int y)
{
    xVal=x;
    yVal=y;
}


void Distance( TPoint a, TPoint b)
{
    double d;
    int dx=a.xVal-b.xVal;
    int dy=a.yVal-b.yVal;
    d=sqrt(dx * dx+dy * dy);
    cout<<"The distance between";
```

```
        cout<<"p1("<<a.getX()<<","<<a.getY()<<")and ";
         cout<<"p2("<<b.getX()<<","<<b.getY()<<")";
        cout<<"is "<<d<<endl;
    }

class TBox{
    public:
        void area(TPoint a, TPoint b);
        void ShowPoint(TPoint x);
};

void TBox::area(TPoint a, TPoint b)
{
    int s;
    int dx=fabs(a.xVal-b.xVal);
    int dy=fabs(a.yVal-b.yVal);
    s=dx * dy;
    cout<<"The area of box is "<<s<<endl;
}

void TBox::ShowPoint(TPoint x)
{
    cout<<"p("<<x.xVal<<","<<x.yVal<<") ";    //在 TBox 类中访问 TPoint 类中的成员
}

//eg7_10.cpp 文件
#include<iostream.h>
#include "pt.h"
void main()
{
    TPoint p1(10,20),p2(15,6);
    TBox pxy;
    double d,s=0;
    Distance(p1, p2);
    pxy.area(p1,p2);
}
```

（3）运行结果

```
The distance between   p1(10,20)   and p2(15,6)   is 14.8661
p(10,20) p(15,6) The area of box is 70
```

（4）归纳分析

① TBox 声明为 TPoint 的友元类，因此，TBox 类中的所有成员函数可以访问 TPoint 类中的成员。

② 友元类不同于友元函数，友元类中的所有成员函数都是另一个类的友元函数。

7.6 本章总结

1. 类和对象

类是具有相同属性和行为的一组对象的集合，它为属于该类的全部对象提供了统一的抽象描述，其内部包括属性和行为两个主要部分。数据描述类的属性，用数据成员表示；行为描述类的服务，用成员函数表示。

（1）类

类是一种用户自定义类型，用之前必须先定义。其定义的格式如下：

```
class 类名称
{
  public:
      公有数据成员;
      公有成员函数的声明;
  private:
      私有数据成员;
      私有成员函数的声明;
  protected:
      保护数据成员;
      保护成员函数的声明;
};
各个成员函数的实现;
```

习惯上，在类中定义成员函数的原型，在类外定义函数体实现，并在函数名前使用类名加以限定，类名和函数头之间必须加上域运算符::，以表明该函数所属类的标识。也可以直接在类中定义函数体，形成内联成员函数。

（2）对象

在 C++ 中先声明一个类类型，然后用它去定义若干个同类型的对象。对象是类类型的一个变量。可以说类是对象的模板，是用来定义对象的一种抽象类型。类是抽象的、不占用内存空间；而对象是具体的、占用存储空间。

创建对象有两种方法：一种方法是在定义类的同时创建对象；另一种方法是在使用时定义对象。

（3）访问对象中的成员

对象成员有数据成员和成员函数，在类的外部可以通过类的对象进行成员的访问，访问对象中的成员可以有两种方法：通过对象名和成员运算符访问对象中的成员，通过指向对象的指针访问对象中的成员。

① 通过对象名访问对象中的成员的一般格式如下：

对象名.数据成员名

或

对象名.成员函数名(参数表)

② 通过指向对象的指针访问对象中的成员的一般格式如下:

指向对象的指针–>数据成员名

或

指向对象的指针–>成员函数名(参数表)

(4) 类成员的访问属性

类成员有三种访问属性:公有(public)、私有(private)和保护(protected)。

① public 成员不但可以被类中成员函数访问,还可以在类的外部通过类的对象进行访问。

② private 成员只能被类中成员函数访问,不能在类的外部通过类的对象进行访问。

③ protected 成员除了类本身的成员函数可以访问外,该类的派生类的成员也可以访问,但不能在类的外部通过类的对象进行访问。

2. 构造函数和析构函数

(1) 构造函数

构造函数是一种特殊的成员函数,它的作用是在对象被创建时使用特定的值构造对象,或者说将对象初始化为一个特定的状态,给各成员数据赋初值。构造函数在对象创建时由系统自动调用。

构造函数的性质:

① 构造函数的名字必须与类名相同。

② 构造函数可以有任意类型的参数,但不能指定返回类型。它有隐含的返回值,该值由系统内部使用。

③ 构造函数允许为内联函数、函数重载、带默认形参值的函数。

④ 构造函数被声明为公有函数,但它不能像其他成员函数那样被显式地调用,它是在定义对象的同时被系统调用的。

(2) 析构函数

析构函数也是一种特殊的成员函数。其功能与构造函数的功能正好相反,在释放一个对象前,用它来做一些清理工作。

析构函数具有以下一些特点:

① 析构函数名与构造函数名相同,但它前面必须加一个波浪号(~),以区别于构造函数。

② 在定义析构函数时,不能指定任何返回类型,也没有参数,而且不能重载。因此在一个类中只能有一个析构函数。

③ 析构函数可以被显式调用,也可以被系统调用。

3．静态成员

（1）静态数据成员

静态数据成员在生成每一个类的对象时并不分配存储空间，而是该类的每个对象共享一个公共的存储空间，并且该类的所有对象都可以直接访问该存储空间。该类的所有对象维护该成员的同一个拷贝，从而实现了同一个类的不同对象之间的数据共享。

必须在创建该类的对象之前为静态成员分配存储空间并设置初值，分配存储空间并设置初值的格式如下：

静态成员数据类型 类名::静态数据成员=初值；

（2）静态成员函数

静态成员函数和静态数据成员一样，它们都属于类的静态成员，它们都不是对象成员。因此，引用静态成员不需要对象名。静态成员函数只能直接访问类中的静态数据成员，而不能直接访问类中的非静态数据成员，若要访问类中的非静态数据成员，可通过对象来引用。

4．友元

（1）友元函数

友元函数是一种定义在类外面的普通函数，而不是当前类的成员函数，为区别友元函数与类成员函数，在说明友元函数时前面加关键字 friend。尽管友元函数不是类的成员函数，但它可以访问该类的所有对象的成员，包括私有成员、保护成员和公有成员。

友元函数要在类定义时声明，声明时要在其函数名前加上关键字 friend。该声明可以放在公有部分，也可以放在私有部分。友元函数的定义既可以在类内部进行，也可以在类外部进行。

（2）友元类

一个类作为另一个类的友元时，该类称为友元类。友元类的所有成员函数都是另一个类的友元函数，都可以访问另一个类中的隐藏信息（包括私有成员和保护成员）。

友员的声明可以放在类中的任意位置。声明方法如下：

friend 类名；

7.7 思考与练习

7.7.1 思考题

（1）类与对象之间的关系如何？

（2）数据成员可以是 public 吗？成员函数可以是 private 吗？

（3）类成员有哪几种访问属性？它们之间有何区别？

（4）在类中如果不使用构造函数,能否对数据成员进行赋值?

（5）构造函数和析构函数能否由用户显式调用?

7.7.2 上机练习

（1）设计一个钟表类,包括时、分、秒。使用构造函数初始化数据成员。

（2）设计一个产品类,包括产品名称、单价、库存量等信息。利用静态数据成员存放产品的销售总额和销售量,并利用成员函数计算产品的销售总额和销售量。

第8章 继承与派生类

学习目标
(1) 基类和派生类的概念;
(2) 能通过继承现有的类建立新类;
(3) 利用继承提高软件的可复用性;
(4) 能用多重继承从多个基类派生出新类;
(5) 可以用虚基类解决二义性问题。

8.1 类的继承与派生

面向对象技术强调软件的可重用性(software reusability)。C++ 提供了类的继承机制,解决了软件重用问题。

继承性是面向对象程序设计的一种重要功能,是实现代码复用的一种形式。继承可以使程序设计人员在一个已存在类的基础上很快建立一个新的类,而不必从零开始设计新类。新设计的类除具有原来类的属性和方法外,还可以为新类添加新的属性和方法。

8.1.1 基类与派生类

在 C++ 中,所谓"继承"就是在一个已存在类的基础上建立一个新的类,即保持已有类的特性而构造新类的过程称为继承。在已有类的基础上新增自己的特性,而产生新类的过程称为派生。当一个类被其他的类继承时,被继承的类称为基类,又称为父类、超类。继承其他类属性和方法的类称为派生类,又称为子类、继承类。

派生用从派生类到基类的箭头图形表示,箭头指向基类表示派生类引用基类中的函数和数据,而基类则不能访问派生类,如图 8-1 所示。

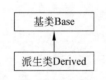

图 8-1 单继承中基类和派生类的关系

任何一个类均可作为基类。仅从一个基类派生出来的类称为单继承。这种继承关系所形成的层次是一个树形结构。图 8-2 和图 8-3 给出了两个单继承的实例。

说明:

① 派生的目的是当新的问题出现,原有程序无法解决(或不能完全解决)时,需要对原有程序进行改造。

② 继承的目的是实现代码重用。

一个派生类不仅可以从一个基类派生,也可以从多个基类派生。一个派生类有两个或多个基类的称为多重继承。图 8-4 给出了多继承的实例。

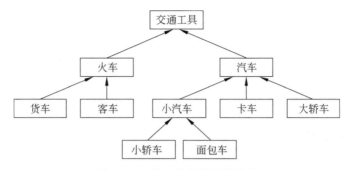

图 8-2 交通工具类的继承关系

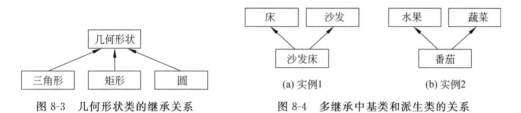

图 8-3 几何形状类的继承关系　　　图 8-4 多继承中基类和派生类的关系

　　关于基类和派生类的关系,可以表述为:派生类是基类的具体化,而基类则是派生类的抽象。

8.1.2 派生类的定义

```
class 派生类名:继承方式  基类名
{
      派生类新增的数据成员和成员函数;
};
```

例如,先定义人类,然后定义人类的派生类——学生类。

```
class  TPerson {  //定义基类 TPerson
        char  name[10];
        int   age;
        char  sex;
    public:
        void  print();
};


class  TStudent : public TPerson {  //定义派生类
        int  class_no;  //派生类 TStudent 的新成员
        int  score;
    public:
        void show_count_sum_avg();
};
```

说明：从已有类派生出新类时，可以在派生类内完成以下 4 种功能：

① 增加新的数据成员；

② 增加新的成员函数；

③ 重新定义基类中已有的成员函数；

④ 改变现有成员的属性。

8.1.3 派生类的成员构成

派生类中的成员分为两大部分：一部分是从基类继承来的成员；另一部分是在定义派生类时增加的新成员。每一部分均分别包括数据成员和成员函数。图 8-5 给出了派生类 TStudent 的成员构成。

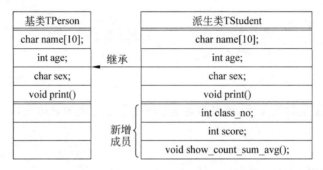

图 8-5 派生类 TStudent 的成员构成

8.2 继承方式与成员访问规则

既然派生类中包含基类成员和派生类自己增加的成员，就产生了这两部分成员的关系和访问属性的问题。派生类对基类成员的访问形式主要有以下两种：

（1）内部访问：由派生类中新增成员对基类继承来的成员的访问。

（2）对象访问：在派生类外部，通过派生类的对象对从基类继承来的成员的访问。

派生类对基类的继承方式有 3 种：公有继承方式（public）、私有继承方式（private）和保护继承方式（protected）。

不同继承方式的影响主要体现如下：

（1）派生类成员对基类成员的访问控制。

（2）派生类对象对基类成员的访问控制。

8.2.1 公有继承方式

当类的继承方式为 public（公有）继承时，基类的 public 成员和 protected 成员被继承到派生类中仍作为派生类的 public 成员和 protected 成员，派生类的其他成员可以直接访问它们。但是,类的外部使用者只能通过派生类的对象访问继承来的 public 成员。

基类的 private 成员在派生类中仍然是 private 成员,所以无论是派生类成员还是通过派生类的对象,都无法直接访问从基类继承来的 private 成员,但是可以通过基类提供的 public 成员函数间接访问它们。

【实例 8-1】 公有继承中派生类成员及其派生类对象对基类成员访问控制权限的应用实例。阅读下列程序,指出其中的错误。

(1) 程序代码

```
class TA                      //定义基类 TA
{
    private:
        int private_x;
    protected:
        int protected_y;
    public:
        int public_z;
};
class TB : public TA          //定义派生类 TB,公有继承
{
    void f1();
    public:
        void fun()
        {
            int x,y,z;
            x=private_x;      //错误:派生类成员 x 不可以直接访问 A 类的私有成员
                              //private_x
            y=protected_y;    //有效:派生类成员 y 可以直接访问 A 类的保护成员
                              //protected_y
            z=public_z;       //有效:派生类成员 z 可以直接访问 A 类的公有成员 public_z
        }
};
void main()
{
    TA a;                     //基类对象 a
    a.private_x=1;            //错误:基类对象 a 不可以直接访问 TA 类的私有成员
                              //private_x
    a.protected_y=1;         //错误:基类对象 a 不可以直接访问 TA 类的保护成员
                              //protected_y
    a.public_z=1;            //有效:基类对象 a 可以直接访问 TA 类的公有成员 public_z
    TB b;                     //定义派生类对象 b
    b.private_x=1;           //错误:派生类对象 b 不可以直接访问基类 TA 的私有成员
                              //private_x
    b.protected_y=1;         //错误:派生类对象 b 不可以直接访问基类 TA 的保护成员
                              //protected_y
```

```
        b.public_z=1;                    //有效：派生类对象 b 可以直接访问基类 TA 的公有成员
                                         //public_z
}
```

（2）归纳分析

① 实例 8-1 中 public 继承下的成员访问权限控制如图 8-6 所示。

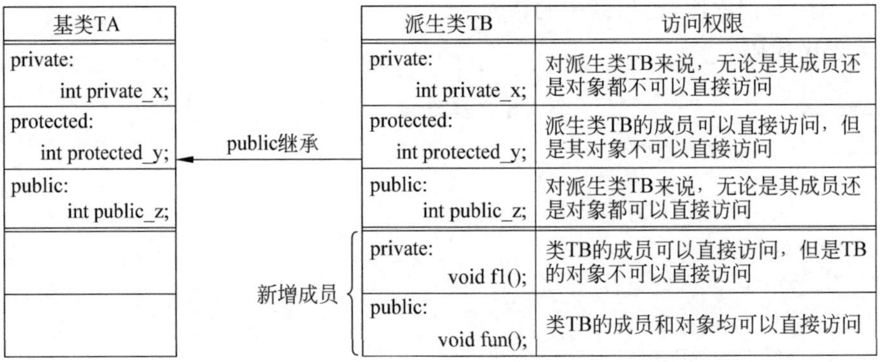

基类TA	派生类TB	访问权限
private: 　　int private_x;	private: 　　int private_x;	对派生类TB来说，无论是其成员还是对象都不可以直接访问
protected: 　　int protected_y;	protected: 　　int protected_y;	派生类TB的成员可以直接访问，但是其对象不可以直接访问
public: 　　int public_z;	public: 　　int public_z;	对派生类TB来说，无论是其成员还是对象都可以直接访问
	private: 　　void f1();	类TB的成员可以直接访问，但是TB的对象不可以直接访问
	public: 　　void fun();	类TB的成员和对象均可以直接访问

（中间标注：public继承、新增成员）

图 8-6　实例 8-1 中 public 继承下的访问权限控制

② 从图 8-6 中可以看出，在公有继承的派生类中：

- 基类的 public 成员允许基类的成员函数、基类的对象、公有派生类的成员函数、公有派生类的对象直接访问。
- 基类的 private 成员只允许基类的公有成员函数直接访问。
- 基类的 protected 成员具有私有成员和公有成员的特征。基类的保护成员允许基类的成员函数、公有派生类的成员函数直接访问。基类的对象、公有派生类的对象不可以直接访问。

【实例 8-2】　公有继承的应用实例。

（1）程序代码

```
//person.h
class  TPerson {
    char  name[10];
    int  age;
    char sex;
  public:
    void Init_Person(char * str,int age1,char s);
    void  print();
};
void TPerson::Init_Person(char * str,int age1,char s)
{
    strcpy(name,str);
    age=age1;
    sex=s;
}
```

```
void  TPerson::print()
{     cout<<"\n"<<name<<"  "<<age<<"  "<<sex<<"  ";
}

class  TStudent : public TPerson {    //公有继承方式
    int  class_no;
    int  score;
  public:
    void Init_Student(char * str2,int age2,char s2,int c_no,int score1);
    void show_st();
};
void TStudent::Init_Student(char * str2,int age2,char s2,int c_no,int score1)
{
    Init_Person(str2,age2,s2);  //在派生类中直接访问基类 Person 的 Init_Person()
                                //成员函数
    class_no=c_no;
    score=score1;
}

void TStudent::show_st()
{
    print();
    cout<<class_no<<"  "<<score<<endl;
}
//eg8_2.cpp
#include<iostream.h>
#include<string.h>
#include "person.h"
void main()
{
    TStudent st;
    //通过派生类对象 st 直接访问基类 Person 的公有成员函数 Init_Person
    st.Init_Person("Li Ping",18,'F');
    st.print();
    st.Init_Student("Li Ping",18,'F',1,98);
    st.show_st();
}
```

(2) 运行结果

```
Li Ping  18  F
Li Ping  18  F  1  98
```

(3) 归纳分析

① 在本实例中,通过派生类 TStudent 的公有成员函数 Init_Student()直接访问了基

类 TPerson 的 Init_Person()成员。

② 通过派生类 TStudent 的对象 st 直接访问了基类 Person 的公有成员函数 Init_Person()。

8.2.2　私有继承方式

当类的继承方式为 private(私有)继承时,基类的 public 成员和 protected 成员被继承后作为派生类的 private 成员,派生类的其他成员可以直接访问它们,但是在类外部通过派生类的对象无法访问。

基类的 private 成员在私有派生类中是不可直接访问的,所以无论是派生类成员还是通过派生类的对象,都无法直接访问从基类继承来的 private 成员,但是可以通过基类提供的 public 成员函数间接访问。

【实例 8-3】　私有继承的应用实例。

（1）程序代码

```
//person.h
class  TPerson {
    char   name[10];
    int    age;
    char sex;
  public:
    void Init_Person(char * str,int age1,char s);
    void   print();
};
void TPerson::Init_Person(char * str,int age1,char s)
{
    strcpy(name,str);
    age=age1;
    sex=s;
}

void   TPerson::print()
{
    cout<<"\n"<<name<<"  "<<age<<"  "<<sex<<"  ";
}

class   TStudent : private   TPerson { //私有继承方式
    int   class_no;
    int   score;
  public:
    void Init_Student(char * str2,int age2,char s2,int c_no,int score1);
    void show_st();
```

```
    };

    void TStudent::Init_Student(char * str2,int age2,char s2,int c_no,int score1)
    {
        Init_Person(str2,age2,s2);
        class_no=c_no;
        score=score1;
    }

    void TStudent::show_st()
    {
        print();
        cout<<class_no<<"   "<<score<<endl;
    }
    //eg8_3.cpp
    #include<iostream.h>
    #include<string.h>
    #include"person.h"
    void main()
    {
        TPerson p;
        TStudent st;
        p.Init_Person("Li Ping",18,'F');
        p.print();
        st.Init_Student("Li Ping",18,'F',1,98);   //通过派生类对象只能访问本类成员函数
        st.show_st();
    }
```

（2）运行结果

```
Zhang Fang   28   M
Li Ping   18   F   1   98
```

（3）归纳分析

① 实例 8-3 中 private 继承下的成员访问权限控制如图 8-7 所示。

② 从图 8-7 中可以看出,在私有继承的派生类中:

- 基类的 public 成员允许基类的成员函数、派生类的成员函数、基类的对象直接访问。
- 基类的 private 成员只允许基类的公有成员函数直接访问。
- 基类的 protected 成员只允许基类的成员函数、派生类的成员函数直接访问。基类的对象、派生类的对象不可以直接访问。

【讨论题 8-1】　将实例 8-1 中派生类 TB 的继承方式改为 private,试分析私有继承中派生类成员及其派生类对象对基类成员的访问控制权限。

基类TPerson	派生类TStudent	访问权限
private: 　char name[10]; 　int age; 　char sex;	private: 　char name[10]; 　int age; 　char sex;	派生类TStudent的成员和 对象均不可以直接访问
public: 　void print() 　void Init_Person(char *str,int age1,char s);	private: 　void print() 　void Init_Person(char *str,int age1,char s);	派生类TStudent的成员可 以直接访问，但是其对象 不可以直接访问
	private: 　int class_no; 　int score;	派生类TStudent的成员可 以直接访问，但是其对象 不可以直接访问
	public: 　void Init_Student(char *str2,int age2,char s2,int c_no,int score1); 　void show_st();	派生类TStudent的成员和 对象均可以直接访问

图 8-7　实例 8-3 中 private 继承下的成员访问权限控制

8.2.3　保护继承方式

当类的继承方式为 protected(保护)继承时，基类的 public 成员和 protected 成员被继承到派生类中，都作为派生类的 protected 成员，派生类的其他成员可以直接访问它们，但是类的外部使用者不能通过派生类的对象来访问它们。

基类的 private 成员在私有派生类中是不可直接访问的，所以无论是派生类成员还是通过派生类的对象，都无法直接访问基类的 private 成员。

protected 继承下的成员访问权限控制如图 8.8 所示。

图 8-8　protected 继承下的成员访问权限控制

说明：

① protected 成员对建立其所在类对象的模块来说(水平访问时)，它与 private 成员的性质相同，即基类的对象不可以直接访问 protected 成员。

② protected 成员对于其派生类来说(垂直访问时)，它与 public 成员的性质相同，即派生类的成员可以直接访问 protected 成员，但是派生类的对象不可以直接访问 protected 成员。

③ protected 成员既可以实现数据隐藏，又方便继承，实现代码重用。

【讨论题 8-2】 将实例 8-1 中派生类 TB 的继承方式改为 protected,试分析保护继承中派生类成员及其派生类对象对基类成员的访问控制权限。

表 8-1 给出了 3 种继承方式下的成员访问规则。

表 8-1 继承方式与成员访问规则

在基类中的访问属性	继承方式	在派生类成员中的访问属性	在派生类对象中的访问属性
private	public	private 不可以直接访问	不可以直接访问
protected	public	protected 可以直接访问	不可以直接访问
public	public	public 可以直接访问	可以直接访问
private	private	private 不可以直接访问	不可以直接访问
protected	private	private 可以直接访问	不可以直接访问
public	private	private 可以直接访问	不可以直接访问
private	protected	private 不可以直接访问	不可以直接访问
protected	protected	protected 可以直接访问	不可以直接访问
public	protected	protected 可以直接访问	不可以直接访问

8.3 派生类的构造函数和析构函数

8.3.1 派生类的构造函数

1. 派生类的构造函数

派生类的成员是由基类中的成员和在派生类中新定义的成员组成。由于构造函数不能继承。因此,在定义派生类的构造函数时,除了对自己新定义的数据成员进行初始化外,还必须调用基类的构造函数使基类的数据成员得以初始化。如果派生类中还有子对象,还应包含对子对象初始化的构造函数。

派生类构造函数的格式如下:

派生类名 (派生类构造函数总参数表) :基类构造函数 (参数表 1),子对象名 (参数表 2)
{
      派生类中数据成员初始化语句;
};

派生类对象中由基类中定义的数据成员和操作构成的封装体称为基类子对象。

【实例 8-4】 派生类构造函数的应用实例。

(1) 程序代码

```
//person.h
class  TPerson {
    char  name[10];
    int  age;
    char sex;
```

```
    public:
        TPerson(char * str,int age1,char s);
        void  print();
};


TPerson::TPerson(char * str,int age1,char s)   //基类 TPerson 构造函数
{
        strcpy(name,str);
        age=age1;
        sex=s;
        cout<<"Tperson's constructor called! \n";
}
void  TPerson::print()
{
        cout<<"\n"<<name<<"  "<<age<<"  "<<sex<<"  ";
}


class  TStudent : public  TPerson {
        int  class_no;
        int  score;
        TPerson ps;                             //定义子对象
    public:
        TStudent(char * str2,int age2,char s2,int c_no,int score1);
        void show_st();
};


TStudent::TStudent(char * str2,int age2,char s2,int c_no,int score1):TPerson
(str2,age2,s2),ps(str2,age2,s2)
{
        class_no=c_no;
        score=score1;
        cout<<"Tstudent's constructor called! \n";
}


void TStudent::show_st()
{
        print();
        cout<<class_no<<"  "<<score<<endl;
}
//eg8_4.cpp
#include<iostream.h>
#include<string.h>
#include "person.h"
void main()
```

```
{
    TStudent st[2]={TStudent("Li Ping",18,'F',1,98),TStudent("Wang Tao",20,
                    'M',2,90)};
    for(int i=0;i<2;i++)
    {
        st[i].print();
        st[i].show_st();
    }
}
```

（2）运行结果

```
Tperson's constructor called!
Tperson's constructor called!
Tstudent's constructor called!
Tperson's constructor called!
Tperson's constructor called!
Tstudent's constructor called!

Li Ping   18   F
Li Ping   18   F   1   98

Wang Tao   20   M
Wang Tao   20   M   2   90
```

（3）归纳分析

① 派生类 TStudent 的构造函数如下：

```
TStudent::TStudent(char * str2,int age2,char s2,int c_no,int score1):TPerson
(str2,age2,s2), ps(str2,age2,s2)
{
    class_no=c_no;
    score=score1;
}
```

TStudent 函数有 5 个参数。其中 str2、age2 和 s2 用来初始化派生类 TStudent 中子对象 ps 的数据成员 name、age 和 sex；c_no 用来初始化派生类 TStudent 中的数据成员 class_no；score1 用来初始化派生类 TStudent 中的数据成员 score。

② 如果冒号后的初始化成员列表有多项，它们之间用逗号隔开。

③ 定义构造函数时，只需要对本类中新增成员进行初始化，对继承来的基类成员的初始化由基类完成。

④ 派生类构造函数的调用顺序如下：

- 首先，调用基类的构造函数（祖先）；
- 如果存在子对象，则调用子对象类的构造函数（客人）；
- 调用派生类构造函数（自己）。

⑤ 派生类构造函数的任务一般包括 3 个部分：

• 调用基类构造函数对基类数据成员初始化；

• 调用子对象构造函数对子对象数据成员初始化；

• 对派生类数据成员初始化。

2. 省略对基类默认构造函数的调用

若基类中有默认的构造函数，则在派生类构造函数的定义中，可以省略对基类构造函数的调用，而使用默认构造函数的值初始化基类中的数据成员。下面通过实例 8-5 来说明这一点。

【实例 8-5】 省略对基类构造函数调用的应用实例。

（1）程序代码

```
//person.h
class  TPerson {
    char name[10];
    int   age;
    char sex;
  public:
    TPerson();
    TPerson(char * str,int age1,char s);
    void   print();
};

TPerson::TPerson() //基类 TPerson 默认构造函数
{
    strcpy(name,"aaa");
    age=0;
    sex='M';
    cout<<"Tperson's default constructor called! \n";
}

TPerson::TPerson(char * str,int age1,char s)
{
    strcpy(name,str);
    age=age1;
    sex=s;
    cout<<"Tperson's constructor called! \n";
}

void   TPerson::print()
{
    cout<<"\n"<<name<<"  "<<age<<"  "<<sex<<"   ";
}
```

```
class  TStudent : public  TPerson {
    int  class_no;
    int  score;
  public:
    TStudent();
    TStudent(char * str2,int age2,char s2,int c_no,int score1);
    void show_st();
};
```

```
TStudent::TStudent() //隐式调用基类 TPerson 的默认构造函数
{
    class_no=0;
    score=0;
    cout<<"Tstudent's default constructor called! \n";
}
```

```
TStudent::TStudent(char * str2,int age2,char s2,int c_no,int score1):TPerson
(str2,age2,s2)
{
    class_no=c_no;
    score=score1;
    cout<<"Tstudent's constructor called! \n";
}
```

```
void TStudent::show_st()
{
    print();
    cout<<class_no<<"  "<<score<<endl;
}
//eg8_5.cpp
#include <iostream.h>
#include <string.h>
#include "person.h"
void main()
{
    TStudent st3;
    st3.show_st();
    TStudent st[2]={TStudent("Li Ping",18,'F',1,98),TStudent("Wang Tao",20,
                    'M',2,90)};
    for(int i=0;i<2;i++)
    {
        st[i].print();
        st[i].show_st();
```

```
        }
}
```

（2）运行结果

```
Tperson's default constructor called!        //隐式调用基类默认构造函数的结果
Tstudent's default constructor called!

aaa  0  M  0  0
Tperson's constructor called!
Tstudent's constructor called!
Tperson's constructor called!
Tstudent's constructor called!

Li Ping  18  F
Li Ping  18  F  1  98

Wang Tao  20  M
Wang Tao  20  M  2  90
```

（3）归纳分析

① 本实例中，为派生类 TStudent 定义了两个构造函数：

```
TStudent();
TStudent(char * str2,int age2,char s2,int c_no,int score1);
```

TStudent()没有显式地调用基类 Tperson 的构造函数，但它却隐式地调用了基类 Tperson 中的默认构造函数 Tperson()，由于不需要任何参数，所以可以在派生类的构造函数定义中省略对它的调用。

TStudent(char * str2,int age2,char s2,int c_no,int score1)函数显式地调用了基类 Tperson 中的构造函数 TPerson(char * str,int age1,char s)。

② 当基类构造函数有一个和多个参数时，派生类必须定义构造函数，提供将参数传递给基类构造函数的途径。

【讨论题 8-3】 试分析下列程序中派生类的构造函数的作用。

```
#include<iostream.h>
class TPoint{
    int x,y;
  public:
    TPoint(int x1,int y1) {x=x1;y=y1;}
    void print(){cout<<x<<"  "<<y<<endl;};
};
class TBox:public TPoint{
    int z;
  public:
```

```
        TBox(int x1,int y1):TPoint(x1,y1){};
};
void main()
{
    TBox tb(2,8);
    tb.print();
}
```

3. 派生类中的成员函数与基类中的成员函数可以有相同的名称

在 C++ 中,允许派生类中的成员函数与基类中的成员函数有相同的名称。如果在派生类中调用同名的基类成员函数,则要在函数前面加上类名。下面通过实例 8-6 来说明这一点。

【实例 8-6】 派生类中的成员函数与基类中的成员函数具有相同的名称的应用实例。

(1) 程序代码

```
#include<iostream.h>
class TBase{
        protected:
        int x;
    public:
        void SetTBase()     {x=2;}
        void print(){cout<<"TBase_print():"<<x<<endl;}
};
class TDerived: public TBase
{
        int y;
        public:
            void SetTDerived(){ y=6;}
            //在派生类 TDerived 的 print()函数中调用基类 TBase 的 print()函数
            void print(){TBase::print();cout<<"TDerived_print():"<<y<<endl;}
};
void main()
{
    TBase b;
    b.SetTBase();
    b.print();      //通过基类的对象 b 调用基类的 print()函数
    TDerived  d;
    d.SetTBase();
    d.SetTDerived();
    d.print();      //通过派生类的对象 d 调用派生类的 print()函数
}
```

（2）运行结果

```
TBase_print():2
TBase_print():2
TDerived_print():6
```

（3）归纳分析

① 派生类中的成员函数与基类中的成员函数可以有相同的名称。本实例中，基类 TBase 中有一个成员函数 print()，派生类中也有一个成员函数 print()。

② 当使用基类的对象 b 调用 print() 函数时，基类的 print() 函数被调用。当使用派生类对象 d 调用 print() 函数时，派生类的 print() 函数被调用。

③ 如果派生类的成员函数 print() 要调用相同名称的基类函数 print() 时，必须使用作用域运算符 TBase∷ print()，以指明调用的是基类的 print() 函数。

④ 基类中的函数既可以使用基类的对象，也可以使用派生类的对象调用。如果函数存在于派生类而不是基类中，那么它只能被派生类的对象调用。

8.3.2 派生类的析构函数

当对象被删除时，派生类的析构函数被调用。析构函数也不能被继承，由派生类自行定义，定义的方法与一般（无继承关系时）类的析构函数相同。执行派生类析构函数时，不需要显式地调用基类的析构函数，系统会自动隐式调用。

析构函数的调用顺序与构造函数正好相反。首先调用派生类析构函数，然后调用子对象类的析构函数，最后调用基类的析构函数。仅当派生类的构造函数通过动态内存管理分配内存时，才定义派生类的析构函数。如果派生类的构造函数不起任何作用或派生类中未添加任何附加数据成员，则派生类的析构函数可以是一个空函数。

【实例8-7】 派生类析构函数的应用实例。

（1）程序代码

```
//person.h
class  TPerson {
    char name[10];
    int   age;
    char sex;
  public:
    TPerson();
    TPerson(char * str,int age1,char s);
    void  print();
~TPerson(){cout<<"Tperson's destructor called! \n";};//基类 TPerson 的析构函数
};

TPerson∷TPerson()
{
```

```
    strcpy(name,"aaa");
    age=0;
    sex='M';
    cout<<"Tperson's default constructor called!\n";
}
TPerson::TPerson(char * str,int age1,char s)
{
    strcpy(name,str);
    age=age1;
    sex=s;
    cout<<"Tperson's constructor called! \n";
}


void  TPerson::print()
{
    cout<<"\n"<<name<<"   "<<age<<"   "<<sex<<"   ";
}


class  TStudent : public  TPerson {
    int  class_no;
    int  score;
  public:
        TStudent();
        TStudent(char * str2,int age2,char s2,int c_no,int score1);
        void show_st();
~TStudent(){cout<<"Tstudent's destructor called!\n";};//派生类 TStudent 的析构
                                                      //函数
};


TStudent::TStudent()
{
    class_no=0;
    score=0;
    cout<<"Tstudent's default constructor called! \n";
}


TStudent::TStudent(char * str2,int age2,char s2,int c_no,int score1):TPerson
(str2,age2,s2)
{
  class_no=c_no;
  score=score1;
  cout<<"Tstudent's constructor called! \n";
}
```

```
void TStudent::show_st()
{
    print();
    cout<<class_no<<"   "<<score<<endl;
}
//eg8_7.cpp
#include<iostream.h>
#include<string.h>
#include "person.h"
void main()
{
    TStudent st3;
    st3.show_st();
    TStudent st[2]={TStudent("Li Ping",18,'F',1,98),TStudent("Wang Tao",20,
                    'M',2,90)};
    for(int i=0;i<2;i++)
    {
        st[i].print();
        st[i].show_st();
    }
}
```

(2) 运行结果

```
Tperson's default constructor called!
Tstudent's default constructor called!

aaa  0  M  0  0
Tperson's constructor called!
Tstudent's constructor called!
Tperson's constructor called!
Tstudent's constructor called!

Li Ping  18  F
Li Ping  18  F  1  98

Wang Tao  20  M
Wang Tao  20  M  2  90
Tstudent's destructor called!
Tperson's destructor called!
Tstudent's destructor called!
Tperson's destructor called!
Tstudent's destructor called!
Tperson's destructor called!
```

（3）归纳分析

① 从该实例的运行结果可以看出，对于构造函数的调用顺序为：先调用基类 Tperson 的构造函数，后调用派生类 TStudent 的构造函数。

② 对于析构函数的调用顺序为：先调用派生类 TStudent 的析构函数，后调用基类 Tperson 的析构函数。其调用顺序刚好与构造函数相反。

8.4 多继承

多继承可以看作是单继承的扩展。所谓多继承是指派生类具有多个基类，派生类与每个基类之间的关系仍可看作是一个单继承。

8.4.1 基类与派生类的关系

1. 单继承

若派生类只有一个基类，这种派生方法称为单基派生或单继承。

2. 多继承

当一个派生类具有多个基类时，这种派生方法称为多基派生或多继承。

3. 多重派生

由一个基类派生出多个不同的派生类，这种派生方法称为多重派生。

4. 多层派生

派生类又作为基类，继续派生新的类，这种派生方法称为多层派生。

8.4.2 多继承的定义

多继承可以看作单继承的扩展，其定义的格式如下：

```
class 派生类名:继承方式 1  基类名 1,…,继承方式 n  基类名 n{
    //派生类新增的数据成员和成员函数
};
```

说明：

① "继承方式"是指 private、protected、public 之一。

② 每一个"继承方式"，只用于限制对紧随其后之基类的继承。

【实例 8-8】 多继承的应用实例。

（1）程序代码

```
//box.h
```

```
class TPoint{                                    //定义 TPoint 基类
    int x,y;
  public:
    void SetTPoint(int x1,int y1) {x=x1;y=y1;}
    void print(){cout<<"("<<x<<","<<y<<")";}
};

class TLine{                                     //定义 TLine 基类
    int x1,y1,x2,y2;
  public:
    void SetTLine(int a1,int b1,int a2,int b2)
    {
        x1=a1;y1=b1;
        x2=a2;y2=b2;
    }
    void print()
    {
        cout<<"("<<x1<<","<<y1<<")";
        cout<<"-("<<x2<<","<<y2<<")";
    }
};

class TBox:public TPoint,public TLine {  //派生类 TBox 有两个基类 TPoint 和 TLine
  public:
        void printP(){TPoint::print();}
        void printL(){TLine::print();}
};
//eg8_8.cpp
#include <iostream.h>
#include "box.h"
void main()
{
    TBox tb;
    tb.SetTPoint(2,8);
    cout<<"PointXY:";
    tb.printP();
    cout<<"\nPointLine:";
    tb.SetTLine(2,8,12,16);
    tb.printL();
}
```

（2）运行结果

```
PointXY:(2,8)
PointLine:(2,8)-(12,16)
```

（3）归纳分析

① 在该实例中，派生类 TBox 有两个基类 TPoint 和 TLine，因此，TBox 是多继承类。

② 派生类 TBox 的成员包含基类 TPoint 和 TLine 的成员以及该类本身的成员。

8.4.3 多继承的构造函数

多继承下派生类构造函数的格式如下：

派生类名∷派生类名(基类 1 形参,基类 2 形参,…,基类 n 形参,本类形参):基类名 1(参数),基类名 2(参数),…,基类名 n(参数),对象数据成员的初始化
{
      本类成员初始化语句；
};

多继承下派生类的构造函数与单继承下派生类的构造函数类似，需要完成如下 3 个方面的功能：

（1）对基类数据成员初始化。

（2）对子对象数据成员初始化。

（3）对派生类数据成员初始化。

当基类中定义有默认形式的构造函数或未定义构造函数时，在派生类构造函数的定义中可以省略对基类构造函数的调用。

当基类定义有带形参的构造函数时，派生类也应定义带形参的构造函数，且派生类的参数个数必须包含完成所有基类初始化所需要的参数个数，以便提供将参数传递给基类构造函数的途径。

【实例 8-9】 多继承的构造函数应用实例。

（1）程序代码

```
//box.h
class TPoint{
  protected:
     int x,y;
  public:
     TPoint(int x1,int y1) //定义 TPoint 基类构造函数
     {
         x=x1;y=y1;
         cout<<"TPoint's constructor called! \n";
     }
     void print(){cout<<"("<<x<<","<<y<<")";}
};

class TLine{
  protected:
```

```
        int x1,y1,x2,y2;
    public:
        TLine(int a1,int b1,int a2,int b2)// 定义 TLine 基类构造函数
        {
            x1=a1;y1=b1;
            x2=a2;y2=b2;
            cout<<"TLine's constructor called! \n";
        }
        void print()
        {
            cout<<"("<<x1<<","<<y1<<")";
            cout<<"- ("<<x2<<","<<y2<<")";
        }
};


class TBox:public TPoint,public TLine
{
    double x,y;
    public:
    //定义 TBox 派生类构造函数
    TBox(int a1,int b1,int a2,int b2):TPoint(a1,b1),TLine(a1, b1, a2, b2)
    {
        cout<<"TBox's constructor called! \n";
    }
    double area()
    {
        x=fabs(x2-x1);
        y=fabs(y2-y1);
        return x * y;
    }
};
//eg8_9.cpp
#include<iostream.h>
#include<math.h>
#include "box.h"
void main()
{
    TBox tb(2,8,12,16);
    cout<<"PointXY:";
    tb.TPoint::print();
    cout<<"\nPointLine:";
    tb.TLine::print();
    cout<<"\nBox_Area="<<tb.area();
}
```

（2）运行结果

```
TPoint's constructor called!
TLine's constructor called!
TBox's constructor called!
PointXY:(2,8)
PointLine:(2,8)-(12,16)
Box_Area=80
```

（3）归纳分析

① 在该实例中，派生类 TBox 的构造函数如下：

```
TBox(int a1,int b1,int a2,int b2):TPoint(a1,b1),TLine(a1, b1, a2, b2);
```

该构造函数有 4 个参数。TPoint(a1,b1)初始化了基类 TPoint 的数据成员 x 和 y；
TLine(a1, b1, a2, b2)初始化了基类 TLine 的数据成员 x1,y1,x2,y2。

② 派生类构造函数的执行顺序：

- 调用基类构造函数 TPoint(a1,b1)、TLine(a1, b1, a2, b2)，其调用顺序按照它们被继承时定义的顺序调用（从左向右）；
- 如果有成员对象，调用成员对象的构造函数，调用顺序按照它们在类中定义的顺序；
- 派生类 TBox 的构造函数。

多重继承的析构函数与单继承的析构函数类似，其执行顺序与多重继承的构造函数的执行顺序正好相反。

8.5 虚基类

8.5.1 为什么要引入虚基类——二义性问题

在多继承时，基类与派生类之间或基类之间出现同名成员时，可能造成对基类中同名成员的访问出现不唯一的情况，即二义性问题。

在实例 8-8 中派生类 TBox 的两个基类 TPoint 和 TLine 中都有一个成员函数 print()，如果在派生类 TBox 的成员中访问 print()函数，会出现二义性问题，即无法唯一确定是哪个基类的成员函数。在实例 8-8 中，采用了域运算符::进行限定。

```
void printP(){TPoint::print();}
void printL(){TLine::print();}
```

类似地，在实例 8-9 的派生类 TBox 中也存在着同样的二义性问题，如果在派生类 TBox 的对象中访问 print()函数，也无法唯一确定是哪个基类的成员函数。在实例 8-9 中，也采用了域运算符::进行限定。

```
tb.TPoint::print();
```

```
        tb.TLine::print();
```

说明：当派生类与基类中有相同成员时，需要注意以下两种情况。

① 若未强行指明，则通过派生类对象访问的是派生类中的同名成员，即派生类中的同名成员覆盖了其基类中的同名成员。

② 如要通过派生类成员或对象访问基类中的同名成员，应在域运算符::前面加基类名限定。

【实例 8-10】 多继承中访问同名成员的应用实例。

（1）程序代码

```cpp
//a.h
class TBase {
    public:
        TBase(int a){ x=a; cout<<"constructor TBase\n";   }
        void print(){ cout<<"x="<<x<<endl;   }                      //同名成员函数
        ~TBase(){ cout<<"destructor TBase\n";   }
    private:
        int x;
};
class  TBaseA:public TBase{
    public:
        TBaseA(int a,int b):TBase(a){ y=b; cout<<"constructor TBaseA\n";   }
        void print(){TBase::print(); cout<<"y="<<y<<endl;   }//同名成员函数
        ~TBaseA(){ cout<<"destructor TBaseA\n";   }
    private:
        int y;
};
class TBaseB:public TBase{
    public:
        TBaseB(int a,int b):TBase(a){ y=b; cout<<"constructor TBaseB\n";   }
        void print(){TBase::print(); cout<<"y="<<y<<endl;   }//同名成员函数
        ~TBaseB(){ cout<<"destructor TBaseB\n";   }
    private:
        int y;
};
class TDerived:public TBaseA,public TBaseB{
    public:
        TDerived(int a,int b,int c,int d,int e):TBaseA( a,b),TBaseB(c,d),z(e)
        {
            cout<<"destructor TDerived\n";
        }
        void print()                                            //同名成员函数
        {
            TBaseA::print();
```

```
            TBaseB::print();
            cout<<"z="<<z<<endl;
        }
        ~TDerived(){ cout<<"destructor TDerived\n";  }
    private:
            int z;
};
//eg8_10.cpp
#include<iostream.h>
#include "a.h"
void main()
{
    TDerived  td(2,5,6,8,12);
    td.print();
}
```

（2）运行结果

```
constructor TBase
constructor TBaseA
constructor TBase
constructor TBaseB
destructor TDerived
x=2
y=5
x=6
y=8
z=12
destructor TDerived
destructor TBaseB
destructor TBase
destructor TBaseA
destructor TBase
```

（3）归纳分析

① 图 8-9 给出了本实例中派生类的继承关系。

② 从图 8-9 中可以看出，派生类 TDerived 中有两个同名的数据成员 x，两个同名的成员函数 print()。在此派生类中访问同名成员函数 print()时，采用域::运算符解决了同名成员的二义性问题。

```
void print()
{
    TBaseA::print();
    TBaseB::print();
    cout<<"z="<<z<<endl;
}
```

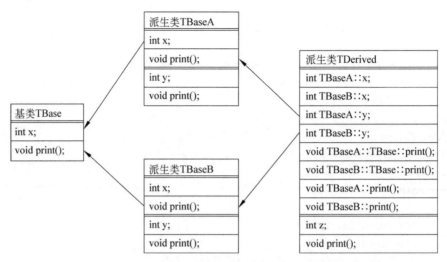

图 8-9　实例 8-10 中派生类与基类的继承关系

③ 在派生类 TDerived 的外部采用同名覆盖的方法解决了同名成员的二义性问题，即 td. print();调用的是 TDerived 类的成员函数 print()。

④ 当创建派生类 TDerived 的对象 td(2,5,6,8,12)时，基类 TBase 的构造函数被调用两次，一次是由 TBaseA 调用的，另一次是由 TBaseB 调用的，由此来初始化 td 对象中包含的两个类 TBase 的成员。

⑤ 由于二义性的原因，一个类不可以从同一个类直接继承一次以上。

在多继承中，为了清楚地表示各类之间的层次关系，常采用一种称为 DAG 的图形表示。实例 8-10 的 DAG 图如图 8-10 所示。

从图 8-10 中很容易看出，TBaseA 和 TBaseB 类继承自同一个基类 TBase；TDerived 类继承自 TBaseA 和 TBaseB 两个基类。

```
TBase{x,print()}        TBase{x,print()}

       ↑                       ↑

TBaseA{y,print()}       TBaseB{y,print()}

            TDerived{z,print()}
```

图 8-10　实例 8-10 中类的层次关系

怎样才能访问类 TDerived 中从基类 TBase 继承下来的成员呢？请看下列语句：

```
td.TBase::print(); //error: 'TDerived::TBase' is ambiguous
```

因为这样依然存在二义性问题，系统无法区别类 TDerived 是从 TBaseA 类的基类 TBase 继承下来的成员 print()，还是类 TBaseB 从基类 TBase 继承下来的成员 print()。应当通过类 TBase 的直接派生类名来指出要访问的是类 TBase 的哪一个派生类中的基类成员。正确的语句如下：

```
td.TBaseA::print();  //访问的是从 TBaseA 类的基类 TBase 继承下来的成员 print()
td.TBaseB::print();  //访问的是从 TBaseB 类的基类 TBase 继承下来的成员 print()
```

8.5.2 虚基类的引入

当派生类从多个基类派生,而这些基类又从同一个基类派生,则在最终的派生类中会保留该间接共同基类数据成员的多份同名成员。在引用这些同名的成员时,必须在派生类对象名后用直接基类名限定,以避免产生二义性,使其唯一地标识一个成员。但是,在一个类中保留间接共同基类的多份同名成员,这种现象是人们不希望出现的。在 C++ 中引入虚基类的方法,可以在继承间接共同基类时只保留一份成员。

虚基类声明的格式如下:

virtual　继承方式 基类名

例如:

```
class TBase{
    protected:
        int x;
    public:
        void print();
};
class TBaseA : virtual public TBase {//声明虚基类 TBase
    protected:
        int y;
    public:
        void printA();
};
class TBaseB : virtual public TBase {//声明虚基类 TBase
    protected:
        int z;
    public:
        void printB();
};
class TDerived : public TBaseA, public TBaseB{
        int t;
    public:
        void printD();
}
```

图 8-11 给出了引入虚基类后类的层次关系。

图 8-12 给出了基类和派生类之间的继承关系。从图 8-12 中可以看出,引入虚基类后,当基类通过多条派生路径被一个派生类继承时,该派生类只继承该基类一次,而不重复产生拷贝。这样,就解决了多继承时可能发生的对同一基类继

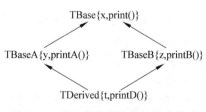

图 8-11　引入虚基类后类的层次关系

承多次而产生的二义性问题。

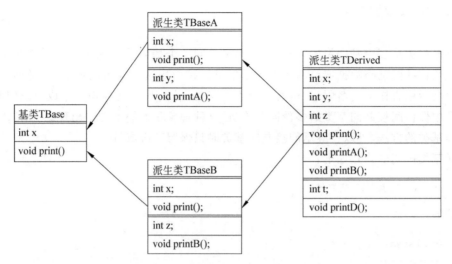

图 8-12　引入虚基类后派生类的继承关系

因此，下面的访问是正确的：

```
TDerived  td;
td.print();
void TDerived::printD ()
{
    print();   //对 print()引用是正确的
}
```

说明：虚基类并不是在定义基类时声明的，而是在定义派生类时，指定继承方式时声明的。因为一个基类可以在生成一个派生类时作为虚基类，而在生成另一个派生类时不作为虚基类。

8.5.3　虚基类及其派生类的构造函数

由于继承结构的层次可能比较深，将在建立对象时所指定的类称为最（远）派生类。虚基类的成员是由最派生类的构造函数，通过调用虚基类的构造函数进行初始化的。

在整个继承结构中，直接或间接继承虚基类的所有派生类，都必须在构造函数的成员初始化表中给出对虚基类的构造函数的调用。如果未列出，则表示调用该虚基类的默认构造函数。

在建立对象时，只有最派生类的构造函数调用虚基类的构造函数，该派生类的其他基类对虚基类构造函数的调用被忽略。如果存在多个虚基类，初始化顺序由它们在继承图中的位置决定，其顺序是从上到下、从左到右。调用析构函数遵守相同的规则，但是顺序正好相反。

【实例 8-11】　虚基类的应用实例。

（1）程序代码

```
//a.h
class TBase {
    public:
        TBase(int a){ x=a; cout<<"constructor TBase\n";  }
        void print(){ cout<<"  x="<<x;  }
        ~TBase(){ cout<<"destructor TBase\n";  }
    protected:
        int x;
};
class  TBaseA:virtual public TBase{//引入虚基类
    public:
        TBaseA(int a,int b):TBase(a){ y=b; cout<<"constructor TBaseA\n";  }
                        //对虚基类构造函数 TBase(a)的调用被忽略
        void print(){TBase::print(); cout<<"  y="<<y;  }
        ~TBaseA(){ cout<<"destructor TBaseA\n";  }
    protected:
        int y;
};
class TBaseB:virtual public TBase{//引入虚基类
    public:
        TBaseB(int a,int b):TBase(a){ y=b; cout<<"constructor TBaseB\n";  }
                        //对虚基类构造函数 TBase(a)的调用被忽略
        void print(){TBase::print();cout<<"  y="<<y;  }
        ~TBaseB(){ cout<<"destructor TBaseB\n";  }
    protected:
        int y;
};
class TDerived:public TBaseA,public TBaseB{
    public:
        TDerived(int a,int b,int c,int d,int e):TBaseA(a,b),TBaseB(c,d),
        TBase(a),z(e)            //初始化虚基类 TBase(a)
        {  cout<<"destructor TDerived\n"; }
        void print(){
            TBaseA::print();
            TBaseB::print();
           cout<<"  z="<<z<<endl;
        }
        ~TDerived(){ cout<<"destructor TDerived\n";  }
    protected:
        int z;
};
//eg8_11.cpp
#include<iostream.h>
#include "a.h"
```

```
void main()
{
    TDerived  td(9,15,16,18,12);
    cout<<"TBase::print():";
    td.TBase::print();           //调用虚基类的成员函数 print()
    cout<<"\nTBaseA::print():";
    td.TBaseA::print();
    cout<<"\nTBaseB::print():";
    td.TBaseB::print();
    cout<<"\nTDerived::print():";
    td.print();
}
```

（2）运行结果

```
constructor TBase
constructor TBaseA
constructor TBaseB
destructor TDerived
TBase::print():  x=9
TBaseA::print():  x=9  y=15
TBaseB::print():  x=9  y=18
TDerived::print():  x=9  y=15  x=9  y=18  z=12
destructor TDerived
destructor TBaseB
destructor TBaseA
destructor TBase
```

（3）归纳分析

① 虚基类中的数据成员 x 在最派生类 TDerived 中只保留一份成员。因此，在建立对象 td 时被初始化为 9。

② 派生类 TDerived 的其他基类 TbaseA 和 TbaseB 对虚基类 TBase 构造函数的调用被忽略。

③ 由于引入了虚基类解决了二义性问题，所以可以用 td. TBase::print();语句访问基类的成员函数。

④ 在整个继承结构中，直接（TbaseA 和 TbaseB）或间接继承（TDerived）虚基类的所有派生类，都必须在构造函数的成员初始化表中给出对虚基类 TBase(a)的构造函数的调用。

由于使用多继承时经常会出现二义性问题，因此，不提倡在程序中使用多继承，只有在比较简单和不易出现二义性的情况或实在必要时才使用多继承，能用单一继承解决的问题就不要使用多继承。也正是基于这个原因，有些面向对象的程序设计语言（如 Java）不支持多继承。

8.6 综合实例

【**实例8-12**】 编写一个程序,计算学生的平均成绩和职工的平均工资。

(1) 编程思路

学生与职工有一些共同的属性:姓名、性别、出生日期,另外还有一些自己的特性,学生:学号、成绩;职工:职工号、工资。因此,为了代码的重用,设计一个人类,包含学生与职工的共同属性,其中,出生日期是日期类(包含3个成员:年、月、日)类型。学生类和职工类继承人类的特性,再添加自己的成员。为了计算学生的平均成绩和职工的平均工资在类中使用静态成员。

(2) 程序代码

```
//ps.h
class TDate //定义日期类
{
        int year,month,day;
  public:
        TDate(int y,int m,int d)
        {
            year=y;
            month=m;
            day=d;
        }
        void show_date() { cout<<setw(5)<<year<<"."<<month<<"."<<day; }
};

class TPerson //定义基类 TPerson
{
  public:
        TPerson(char * nam,char s,int y,int m,int d):birthday(y,m,d)
        {
            strcpy(name,nam);
            sex=s;
        }
        void show_person()
        {
            cout<<setw(15)<<name<<setw(5)<<sex;
            birthday.show_date();
        }
  protected:
        char name[15];
        char sex;
        TDate birthday;   //定义对象 birthday
```

```
    };

class TStudent:public TPerson //定义派生类 TStudent
{
  public:
    TStudent(char * nam,char s,int y,int m,int d,int cn,float sco):TPerson(nam,
    s,y,m,d),cno(cn),score(sco)
  {
        ++count;
        sum+=score;
        avg=sum/count;
  };
  void show_student()
  {
        show_person();
        cout<< setw(5)<< cno<< setw(6)<< score<<endl;
  }
  void show_count_avg()
  {
        cout<< setw(5)<< count;
        cout<< setw(6)<< avg<<endl;
  }
  private:
      int cno;                     //新增数据成员
      float score;                 //新增数据成员
      static int count;
      static float sum;
      static float avg;            //声明静态成员,计算平均成绩
};

class TEmployee:public TPerson //定义派生类 TEmployee
{
  public:
    TEmployee(char * nam,char s,int y,int m,int d,int cn,float sy):TPerson(nam,
    s,y,m,d),emyno(cn),salary(sy)
    {
        ++count;
        sum+=salary;
        avg=sum/count;
    };
    void show_employee()
    {
        show_person();
        cout<< setw(8)<< emyno<< setw(10)<< salary<<endl;
```

```
    }
    void show_count_avg()
    {
        cout<<setw(5)<<count;
        cout<<setw(12)<<avg<<endl;
    }
    private:
      int emyno;          //新增数据成员
      float salary;       //新增数据成员
      static int count;
      static float sum;
      static float avg;  //声明静态成员,计算平均工资
};
int TStudent::count=0;
float TStudent::sum=0.0;
float TStudent::avg=0.0;

int TEmployee::count=0;
float TEmployee::sum=0.0;
float TEmployee::avg=0.0;
//eg8_12.cpp
#include<iostream.h>
#include<string.h>
#include<iomanip.h>
#include "ps.h"
void main()
{
    TStudent st[3]={TStudent("Wang Mei",'F',89,5,16,2,96),TStudent("Li Jun",
                'M',88,3,16,2,86),TStudent("Liu Guo Liang",'M',82,6,26,3,
                88)};
    cout<<setw(15)<<"student_name"<<setw(5)<<"sex";
    cout<<setw(10)<<"birthday";
    cout<<setw(5)<<"cno"<<setw(6)<<"score"<<endl;
    for(int i=0;i<3;i++)
      st[i].show_student();
    cout<<setw(5)<<"\ncount"<<setw(10)<<"avg_score"<<endl;
    st[0].show_count_avg();
    TEmployee emy[3]={TEmployee("Tang Lin",'M',69,3,12,102,1569.3),TEmployee
                ("Ma Jun",'M',72,6,10,105,1236.98),TEmployee("Yang
                Fang",'F',78,6,20,106,1023.58)};
    cout<<endl;
    cout<<setw(15)<<"Employee_name"<<setw(5)<<"sex";
    cout<<setw(10)<<"birthday";
    cout<<setw(8)<<"emyno"<<setw(10)<<"salary"<<endl;
```

```
        for(i=0;i<3;i++)
              emy[i].show_employee();
        cout<<setw(6)<<"\ncount"<<setw(12)<<"avg_salary"<<endl;
        emy[1].show_count_avg();
}
```

（3）运行结果

```
    student_name   sex   birthday    cno score
        Wang Mei     F    89.5.16     2    96
          Li Jun     M    88.3.16     2    86
   Liu Guo Liang     M    82.6.26     3    88

count avg_score
  3     90

    Employee_name  sex   birthday    emyno    salary
        Tang Lin     M    69.3.12     102     1569.3
          Ma Jun     M    72.6.10     105     1236.98
       Yang Fang     F    78.6.20     106     1023.58

count   avg_salary
  3      1276.62
```

（4）归纳分析

① 该实例定义了 TDate、TPerson、TStudent、TEmployee 4 个类。TStudent 和 TEmployee 是以 TPerson 为基类的派生类，TPerson 中的成员 birthday 是 TDate 类类型。这些类之间的关系如图 8-13 所示。

② 该程序中，对象的数据成员的值是在创建对象时调用构造函数获得的。

图 8-13　实例 8-12 中类的层次关系

8.7　本章总结

1. 基类与派生类

"继承"是指在一个已存在类的基础上建立一个新的类，即保持已有类的特性而构造新类的过程称为继承。在已有类的基础上新增自己的特性而产生新类的过程称为派生。当一个类被其他的类继承时，被继承的类称为基类，又称为父类、超类。继承其他类属性和方法的类称为派生类，又称为子类、继承类。

（1）派生类的定义

```
    class 派生类名:继承方式　基类名
    {
```

派生类新增的数据成员和成员函数；

};

（2）派生类的成员构成

派生类中的成员分为两大部分：一部分是从基类继承来的成员；另一部分是在定义派生类时增加的新成员。每一部分均分别包括数据成员和成员函数。

2. 继承方式与成员访问规则

派生类对基类的继承方式有 3 种：公有继承方式（public）、私有继承方式（private）和保护继承方式（protected）。

不同继承方式的影响主要体现如下：

（1）派生类成员对基类成员的访问控制。

（2）派生类对象对基类成员的访问控制。

不同继承下的访问规则如表 8-2 所示。

表 8-2　继承方式与成员访问规则

在基类中的访问属性	继承方式	在派生类成员中的访问属性	在派生类对象中的访问属性
private	public	private 不可以直接访问	不可以直接访问
protected	public	protected 可以直接访问	不可以直接访问
public	public	public 可以直接访问	可以直接访问
private	private	private 不可以直接访问	不可以直接访问
protected	private	private 可以直接访问	不可以直接访问
public	private	private 可以直接访问	不可以直接访问
private	protected	private 不可以直接访问	不可以直接访问
protected	protected	protected 可以直接访问	不可以直接访问
public	protected	protected 可以直接访问	不可以直接访问

3. 派生类的构造函数与析构函数

（1）构造函数

派生类的成员由基类中的成员和在派生类中新定义的成员组成。由于构造函数不能继承，因此，在定义派生类的构造函数时，除了对自己新定义的数据成员进行初始化外，还必须调用基类的构造函数使基类的数据成员得以初始化。

构造函数的格式如下：

派生类名（派生类构造函数总参数表）:基类构造函数（参数表 1）,子对象名（参数表 2）

　　{

　　　派生类中数据成员初始化语句；

　　};

（2）构造函数的调用顺序

① 调用基类的构造函数。

② 如果存在子对象，则调用子对象类的构造函数。

③ 调用派生类构造函数（自己）。

（3）构造函数的任务

① 对基类数据成员初始化。

② 对子对象数据成员初始化。

③ 对派生类数据成员初始化。

（4）省略对基类构造函数的调用

若基类中有默认的构造函数，则在派生类构造函数的定义中，可以省略对基类构造函数的调用。

（5）析构函数

析构函数也不能被继承，由派生类自行定义，定义的方法与一般类的析构函数相同。执行派生类析构函数时，不需要显式地调用基类的析构函数，系统会自动隐式调用。

（6）析构函数的调用顺序

析构函数的调用顺序与构造函数正好相反。

① 调用派生类析构函数。

② 调用子对象类的析构函数。

③ 调用基类的析构函数。

另外，派生类中的成员函数与基类中的成员函数可以有相同的名称。

4. 多继承

（1）多继承的定义

```
class 派生类名:继承方式1  基类名1,…,继承方式n  基类名n{
      //派生类新增的数据成员和成员函数
};
```

（2）多继承的构造函数

多继承的构造函数的格式如下：

派生类名::派生类名(基类1形参,基类2形参,…,基类n形参,本类形参):基类名1(参数),基类名2(参数),…,基类名n(参数),对象数据成员的初始化
```
{
      本类成员初始化语句;
};
```

多继承下派生类的构造函数与单继承下派生类的构造函数类似，需要完成如下3个方面的功能：

① 对基类数据成员初始化。

② 对子对象数据成员初始化。

③ 对派生类数据成员初始化。

当基类中定义有默认形式的构造函数或未定义构造函数时，在派生类构造函数的定义中可以省略对基类构造函数的调用。

当基类定义有带形参的构造函数时,派生类也应定义带形参的构造函数,且派生类的参数个数必须包含完成所有基类初始化所需要的参数个数,以便提供将参数传递给基类构造函数的途径。

多继承的析构函数与单继承的析构函数类似,其执行顺序与多继承的构造函数的执行顺序正好相反。

5. 虚基类

当派生类从多个基类派生,而这些基类又从同一个基类派生,则在最终的派生类中会保留该间接共同基类数据成员的多份同名成员。在引用这些同名的成员时,必须在派生类对象名后用直接基类名限定,以避免产生二义性,使其唯一地标识一个成员。但是,在一个类中保留间接共同基类的多份同名成员,这种现象是人们不希望出现的。在 C++ 中引入虚基类的方法,可以在继承间接共同基类时只保留一份成员。

(1)虚基类的声明

virtual 继承方式 基类名

(2)虚基类及其派生类的构造函数

在整个继承结构中,直接或间接继承虚基类的所有派生类,都必须在构造函数的成员初始化表中给出对虚基类的构造函数的调用。如果未列出,则表示调用该虚基类的默认构造函数。

在建立对象时,只有最派生类的构造函数调用虚基类的构造函数,该派生类的其他基类对虚基类构造函数的调用被忽略。如果存在多个虚基类,初始化顺序由它们在继承图中的位置决定,其顺序是从上到下、从左到右。调用析构函数遵守相同的规则,但是顺序正好相反。

8.8 思考与练习

8.8.1 思考题

(1)C++ 中继承有多少类? 继承方式有哪三种?

(2)三种继承方式中派生类的成员和对象对基类成员的访问有何不同?

(3)派生类与基类之间有何关系?

(4)多继承中,构造函数的参数个数如何确定?

(5)引入虚基类有何作用? 带有虚基类的派生类的构造函数有何特点?

8.8.2 上机练习

(1)创建一个日期类(Date)、一个时间类(Time),使用多继承产生派生类日期时间类。

（2）一个公司中有四类人员：经理、兼职技术人员、销售经理和兼职推销员。给出这几类人员的类描述。

① 需要描述的信息包括姓名、编号、级别、当月薪水。

② 计算月薪总额和平均值，并显示全部信息。

第9章 多态性与虚函数

学习目标

（1）多态性；

（2）虚函数；

（3）纯虚函数与抽象类。

9.1 多态性

多态（polymorphism）是一种普遍存在的现象，如水的三种形态：冰、水、汽；又如算术运算中的加法：1＋1（在 C++ 中属于 int＋int），1＋1.0（在 C++ 中属于 int＋double），实际上还有多种形态的加法。多态性是指同样的消息（比如上面所举的加法）被不同类型的对象接收时导致完全不同的行为。或者，多态性是指一段程序能够处理多种类型对象的能力，用英文来解释就是：a value can belong to multiple types。

在软件设计中，支持多态有什么好处呢？

首先，可以使程序中的数学运算符合常规的数学运算规则，为程序提供更强的表达能力；其次，使得对不同类型的数据有同样的操作语义，从而实现程序的重用。增加重用的资源，可以提高程序的可读性和可理解性。多态又存在静态联编（编译时）和动态联编（运行时）。

9.1.1 多态的分类

多态分为：通用（universal）多态和特定（ad hoc）多态。通用的多态对类型不加限制，允许对不同类型的值执行相同的代码；特定的多态对某些类型有效，而且对不同类型的值可能要执行不同的代码。

通用的多态分为参数（parametric）多态和包含（inclusion）多态；特定的多态分为重载（overloading）多态和强制（coercion）多态。它们的关系如图 9-1 所示。

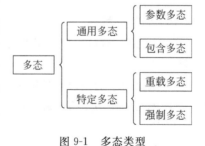

图 9-1　多态类型

1. 参数多态

参数多态又称为非受限类属多态。它采用参数化模板，通过给出不同的类型参数，使得一个结构有多种类型。这种参数化模板可分为函数模板和类模板。下面给出函数模板的例子。

【实例 9-1】 参数多态的应用之一：函数的多态。从两个同类型的数中，获取大数。

（1）编程思路

如果要求使用子函数完成此任务，若不用模板的话，需要编写多个子函数，比如要编写：

```
int    max1(int    x , int    y)
float  max2(float  x , float  y)
double max3(double x , double y)
char   max4(char   x , char   y)
```

等不止 4 个的子函数，这将给程序员带来极大不便。因为程序员必须在使用函数前选择正确的函数，或者用 if 语句、switch 语句罗列出所有情况以适应用户需要。这让程序员对计算机语言的使用望而生畏。如果使用函数模板 max()，可以解决这一问题。

（2）程序代码

```
//template_func.h
template<class T>
T max(T x,T y)   { return x>y? x:y; }
//template_func.cpp
# include<iostream.h>
# include "template_func.h"        //此文件中包含函数模板 max()的定义
void main()
{
    cout<<max(1, 3)<<endl;        //自动选择 max()函数的一种态 int max(int, int)
    cout<<max(1.2 , 3.4)<<endl;   //自动选择 max()函数的另一种态 float max(float,
                                  //float)
}
```

（3）运行结果

```
3
3.4
```

（4）归纳分析

① main()函数中，使用了两次 max()函数，实现了不同类型的实参（参数的多态）的处理。

② 这个简单的函数模板解决了没有模板时需要多个函数才能解决的问题。

③ 模板的使用使得 main()的程序简练、自然，符合常规的数学运算规则，极大地方便了程序员。

【实例 9-2】 参数多态的应用之二：类的多态。设计一个类，它只包含一个成员，但此成员在生成对象时，可以根据需要，变为 int、float、char 型或其他不同类型。

（1）程序代码

```
//template_class.cpp
#include<iostream.h>
```

```
template<class A>
class  c{A   p;};           //类的定义中,使用模板,从而为参数多态的实现奠定基础
void main()
{
    c<int>   obj1;          //类成员 p 在 obj1 中为 int 形态
    c<float> obj2;          //类成员 p 在 obj2 中为 float 形态
    c<double>obj3;          //类成员 p 在 obj3 中为 double 形态
}
```

（2）运行结果

```
Press any key to continue
```

（3）归纳分析

① main()函数中,对同一个类 c 生成 3 个对象,但每个对象的数据成员的类型却不同。

② 没有这个类模板,则需要定义多个类。

③ 由于使用了参数多态,使得 main()的程序简练、自然,符合常规的数学运算规则,极大地方便了程序员。

2. 包含多态

C++ 中采用虚（virtual）函数实现包含多态。虚函数为 C++ 提供了更为灵活的多态机制,这种多态性在程序运行时才能确定,因此虚函数是多态性的重要表现。含有虚函数的类称为多态类。包含多态在程序设计中使用十分频繁。

为什么要"玩"虚函数呢?

比如 10 年前买了一台打印机,现在觉得它打字太慢了,所以又买了一台新的。当然希望新打印机能够完全支持旧打印机的所有功能,并支持旧打印机的所有操作界面。如何实现呢?用虚函数。

派生类继承了基类的所有操作。当基类的操作不能适应派生类时,派生类需重新定义基类的操作,见实例 9-3。

【实例 9-3】 包含多态的应用。设计一个基类,一个派生类。让基类指针自动"挑选"最新版本的"设备"接口。

（1）程序代码

先看一看使用了包含多态技术即虚函数技术的程序,此文件名为 tastingVirtual. cpp

```
#include<iostream.h>
#include"baseDerived.h"
void main()
{
    virBase o1;              //建立基类对象 o1(相当于得到一台旧打印机)
    virBase * p1;            //建立基类指针 p1(相当于旧打印机的控制界面)
    derived o2;              //建立派生类对象 o2(相当于买回一台新打印机)
    p1=&o1;   p1->f();       //让基类指针 p1 在 o1 中找旧"设备"接口 f()并运行
```

```
        p1=&o2;   p1->f();        //让基类指针 p1 在 o1 和 o2 中找最新"设备"接口 f()并运行
}
```

（2）运行结果

```
base
derived
```

- 结果 base 表示使用旧打印机打印出的字符；
- 结果 derived 表示使用新打印机打印出的字符；
- 但使用的是同一控制界面 p1 完成的打印。

（3）实现包含多态的类的编写

从结果可以看出，基类指针 p1 的确"聪明"，不仅找到了最新"设备"，而且还完成了打印任务（打印出单词 derived）。那么，这是如何实现的呢？

就是通过文件名为：baseDerived.h 实现的。

```
class virBase {
     public:
          virtual  void f()
          {cout<<"base "<<endl;}
};
class derived : public virBase{
     public:
          void  f() {cout<<"derived";}
};
```

3. 重载多态

重载是指用同一个名字命名不同的函数或运算符。重载是多态性的最简单的形式，它分为运算符重载和函数重载。

重定义已有的运算符称为运算符重载。重定义已有的函数称为函数重载。

C++ 允许类重新定义运算符的语义，使运算符可以操作对象（object）。例如，cout 对象的插入操作（<<）就是 cout 类把位左移运算符<<进行了重新定义，从而使 C++ 的输出也可使用<<，而且这个运算符<<用作输出非常形象。

C++ 规定，将运算符重载用函数的形式实现。这样，既可以把运算符重载定义为类的成员函数，也可以将它定义为类的友元函数。只是要注意，重载运算符时，不能改变它们的优先级，也不能改变这些运算符所需操作数的个数。

函数重载是 C++ 对一般程序设计语言中运算符重载机制的扩充，它可使具有相同或相近含义的函数用相同的名字，只要其参数的个数、次序或类型不一样即可。例如：

```
int max(int x, int y);         //求 2 个整数的最大数
int max(int x, int y,int z);   //求 3 个整数的最大数
int max(int n, int a[ ]);      //求 n 个整数的最大数
```

当程序员想增加"找 2 个字符串中的大字符串"功能时,只需增加函数:

```
char* max(char*, char*);
```

而原来定义的那几个同名函数 max() 不需改变。从而使得函数 max() 的功能扩充很容易,同时也提高了程序的可理解性。

在 C++ 中,既允许重载一般函数,也允许重载类(class)的成员函数。例如,对构造函数进行重载定义,可使程序用多种不同的途径对类对象进行初始化。

4. 强制多态

强制多态也称为类型转换。C++ 定义了基本数据类型之间的转换规则,即

```
char→short→int→long→float→double→long double
```

赋值操作是个特例,上述原则不再适用。当赋值操作符的右操作数的类型与左操作数的类型不同时,右操作数的值被转换为左操作数的类型的值,然后将转换后的值赋值给左操作数。

程序员可以在表达式中使用 3 种强制类型转换表达式:

```
static_cast<T>(表达式);
T(表达式);
(T)表达式;                    //C语言风格
```

其中 T 代表一种类型。

以上的任意一种方式都可以改变编译器所使用的规则,以便按自己的意愿进行所需的类型强制转换。建议使用第一种形式。

例如,设变量 f 的类型为 double,且其值为 3.14。则表达式 static_cast<int>(f) 的值为 3,类型为 int。

通过构造函数进行类类型(class type)与其他数据类型之间的转换必须有一个前提,就是此类一定要有一个只带一个非默认参数的构造函数,通过构造函数进行类类型的转换只能从参数类型向类类型转换,而将一个类类型向其他类型转换是不允许的。类类型转换函数就是专门用来将类类型向其他类型转换的,它是一种类似显式类型转换的机制。转换函数的设计有以下 3 点要特别注意:

① 转换函数必须是类的成员函数。

② 转换函数不可以指定其返回值类型。

③ 转换函数的参数行不可以有任何参数。

强制转换使类型检查复杂化,尤其在允许重载的情况下,会导致无法消解的二义性,在程序设计时要注意避免由于强制转换带来的二义性。

9.1.2　多态性小结

从总体上来说,通用的多态性具有动态多态性;特定的多态性只是表面的多态性。因

为重载只允许某一个符号有多种类型,而它所代表的值分别具有不同的、不相兼容的类型。类似地,隐式类型转换是在程序运行操作开始前,各值必须转换为要求的类型;而输出类型也与输入类型无关。相比之下,子类与继承却是真正的多态。参数多态也是一种纯正的多态。

9.2 虚函数

9.2.1 什么是虚函数

在软件设计中,为什么要使用虚函数呢?

首先,它可以使程序中的数学运算符合常规的数学运算规则,为程序员提供方便的表达;其次,使得对不同类型的数据有同样的操作语义。

虚函数的实例,请参见实例 9-3。虚函数的使用如图 9-2 所示。

在图 9-2 中,旧打印机指针通过语句"p1＝&o2;"找到新打印机。那么语句"p1－＞f();"该选择哪个接口? 要知道,旧打印机指针只认识旧打印机接口 f()。但由于 virtual 的出现,使旧打印机指针"透过"旧打印机接口 f(),发现了同名同类型同参数的新打印机接口 f(),从而成功地完成新打印机的调用任务。在这里,"透过"不仅是由于有 virtual,还在于同名同类型同参数这一因素才使旧打印机指针得以识别新打印机接口 f()。

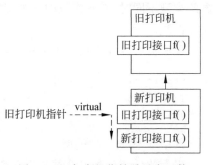

图 9-2　旧打印机指针跳过虚函数

具体实现如下:

```
virBase * p1;        //建立旧打印机指针 p1
derived o2;          //买回新打印机 o2
p1=&o2;              //旧打印机指针 p1 指向新打印机 o2
p1->f();             //旧打印机指针 p1 跳过 virtual void f()接口,指向新打印机接口 f()
```

如果在定义 virBase 类中的函数 f()时,没有使用 virtual,则执行"p1－＞f();"语句的结果必然是调用了旧打印机接口。所以,可以得出结论:基类指针在派生类中使用时,只能识别从基类继承过来的成员;除非在基类中加了 virtual 的成员函数,基类指针此时才可以"透过"这个函数来识别派生类中的、重新定义的、同名同类型同参数的派生类函数。

9.2.2 虚函数的定义和使用规则

1. 虚函数只能定义在类中

定义虚函数的格式如下:

```
virtual 函数类型  函数名(参数列表);
```

或

```
virtual 函数类型 函数名(参数列表) { … }
```

2. 虚函数的特点和使用规则

（1）关键字 virtual 指定了此函数为虚函数。

（2）若类中一个成员函数被定义为虚函数，则该成员函数在派生类中可能有不同的实现。

（3）当基类定义了虚函数后，定义为基类的指针在指向派生类对象时，只能识别从基类继承的成员函数以及派生类中重新定义的虚函数。

（4）当基类定义了虚函数后，定义为基类的指针在指向派生类对象时，可调用不同版本的成员虚函数，且这些动作都是在运行时动态实现的，被称为动态联编。

（5）调用虚函数操作的是指向对象的指针或者对象引用，或者是由成员函数调用的虚函数。

（6）在派生类中重新定义该虚函数时，其函数名必须与该虚函数相同，且函数的参数个数、参数的顺序、参数的类型必须一一对应，函数的返回值类型也要与该虚函数相同。若函数名相同，但参数个数、参数的顺序、参数的类型有一个不同，就属于函数的重载，而不是虚函数。

（7）虚函数只能是类成员函数，不能是静态的成员函数，不能作为内联函数。

（8）虚函数不能是友元函数，但虚函数可以在另一个类中被声明为友元函数。

（9）一个虚函数无论被公有继承多少次，它仍然保持其虚函数的特性。

（10）可把析构函数定义为虚函数，但不能将构造函数定义为虚函数。把析构函数定义为虚函数时，可实现撤销动态对象时的多态性。

（11）只要基类的析构函数被声明为虚函数，则派生类的析构函数，无论是否使用 virtual 进行声明，都自动成为虚函数。

3. 应用实例

【实例 9-4】 由成员函数调用虚函数的应用实例。

（1）带有虚函数的类的编写

先看定义了两个类的文件 memberFunc. h 的内容：

```
class virBase
{
    public:
        virtual void f()
        {cout<<"base ";}            //定义虚函数 f()
        void g(){f();}              //g()调用了 virBase::f()
};
```

```
class derived : public virBase
{
    public:
        void f()
        {cout<< "derived";}
};    //在派生类中,重新定义函数 f()
```

（2）虚函数应用

可以看出,devived 类中,含有 3 个成员：virtual void f()、派生类重新定义的 void f()、从基类继承过来的 void g()。下面是对这两个类的应用。

此文件名为：memberFunc.cpp

```
#include<iostream.h>
#include"baseDerived.h"
void main()
{
    derived o2;                  //构造了对象 o2
     o2.g();                     //调用 o2 的函数 g()
}
```

（3）运行结果

```
derived
```

（4）归纳分析

① 如果在基类中把 virtual void f()中的 virtual 去掉,则调用的一定是基类的成员函数 f()。

② 为什么 o2.g()调用派生类的 f()呢？请看如图 9-3 所示。

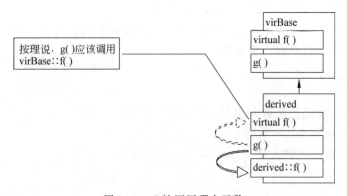

图 9-3　g()该调用哪个函数

按理说,g()应该调用它本来设计时就调用的基类函数 f(),但是,virtual 的出现,也使它"喜新厌旧",有机会"透过"基类的 virtual f(),发现同名同类型同参数的 f(),从而调用了 derived::f()。

9.3 纯虚函数和抽象类

9.3.1 为什么要设计纯虚函数

在由一个类派生出来的类体系中,使用虚函数可以对这个类体系中的任意子类提供一个统一的接口,从而使 C++ 可以用相同的方法对不同子类的对象进行不同的操作,并把接口与实现两者分开,建立基础类库。

使用建立基础类库的方法建立一个类体系结构时,首先需要定义一个基类。但此时却不知道虚函数应实现哪些功能。怎么办?

使用纯虚函数可以完成这个任务。该函数的具体实现完全依赖于在派生类中重新定义的该虚函数。但程序员必须事先得到这个纯虚函数接口。

9.3.2 纯虚函数和抽象类

1. 纯虚函数

纯虚函数的格式如下:

```
virtual 函数类型  函数名(参数列表)=0;
```

【实例 9-5】 建立一个纯虚函数的类。

```
class purityVir{ virtual void f()=0; };
```

可以看出,纯虚函数没有实现部分。由于纯虚函数没有实现部分,所以不能直接调用。把纯虚函数的函数名赋值为 0,表示将此函数体的指针赋初值为 NULL。

如果一个类中包含了纯虚函数,就称这个类为抽象类。

2. 抽象类的特点和使用规则

(1) 不能把抽象类实例化为一个对象。

(2) 抽象类只能作为基类使用,其纯虚函数的实现由派生类给出。

(3) 对于抽象类中有纯虚函数,派生类若不重新定义该虚函数,则此函数继续作为纯虚函数存在;同时,这个派生类也是抽象类。

(4) 通过声明一个抽象类的指针或引用,让它指向派生类对象,继而可以访问派生类对象中的重新定义的虚函数。

3. 应用实例

【实例 9-6】 编写一个抽象类 shape,在此基础上派生出类 circle 和 rectangle,它们都可以计算面积 area。

(1) 虚函数应用

假设类的设计已完成，先使用一下。

应用程序的文件名为：area.cpp

```
#include<iostream.h>
#include"shape.h"
void main()
{
    Shape * s;          //定义了一个形状指针
    circle c(1);        //定义了一个圆,半径=1
    rectangle r(2);     //定义了一个正方形,边长=2
    s=&c;               //研究圆
    s->area();          //求圆的面积
    s=&r;               //研究正方形
    s->area();          //求正方形的面积
}
```

可以看到，只要是求面积，总是使用 s—>area()。

（2）运行结果

```
3.14
4
```

（3）带有虚函数的类的编写

现在来设计这 3 个类。其文件名：shape.h，请看其内容：

```
class Shape{
    protected : double r;
    public: virtual void area()=0;   //建立抽象类 Shape 的纯虚函数 area()
};

class circle : public Shape{
    public:
        circle(double radius=1.0){ r=radius;}
        void area(){ cout<<r * r * 3.14<<endl; }   //重新定义 circle 的虚函数 area()
};
class rectangle : public Shape{
    public:
        rectangle(double side=1.0){ r=side;}
        void area(){ cout<<r * r<<endl; }   //重新定义 rectangle 的虚函数 area()
};
```

9.4　本章总结

（1）多态性是面向对象程序设计的重要特征之一。它与对象的封装性、继承性构成了面向对象程序设计的三大特征。这三大特征是相互关联的：封装性是基础，继承性是关键,多态性是补充,而多态又大量存在于继承的环境之中。

(2) 多态性是指同样的消息被不同类型的对象接受时导致完全不同的行为。这里所说的消息主要是指对类的成员函数的调用;而行为是指不同的实现。多态性允许每个对象响应公共消息格式,即用合适的方式从一个对象取来,送到子类对象去。利用多态性,用户只需发送一般形式的消息,而将所有的实现留给接收消息的对象;对象根据所接收到的消息而作出相应的动作(即操作)。

(3) 多态分为通用的多态和特定的多态。

(4) 通用的多态分为参数多态和包含多态;特定的多态分为重载多态和强制多态。

(5) 多态可以使程序中的数学运算符合常规的数学运算规则;使得对不同类型的数据有同样的操作语义。

(6) 虚函数的工作机理:基类指针(或对派生类对象引用,或基类成员函数)在派生类中使用时,只能识别从基类继承过来的成员;除非在基类中加了 virtual 的成员函数,基类指针此时才可以"透过"这个函数来识别派生类中的、重新定义的、同名同类型同参数的派生类函数。

(7) 虚函数表示函数是以间接的方式被调用,而不是由一个固定的函数入口地址来调用。

(8) 虚函数的格式如下:

virtual 函数类型　函数名(参数列表);

(9) 能调用虚函数操作的有:

① 指向对象的指针;

② 对象引用;

③ 成员函数。

(10) 在选择是否使用虚函数时,选用这个技术总是合适的。

(11) 纯虚函数的格式如下:

virtual 函数类型　函数名(参数列表)=0;

(12) 抽象类:如果一个类中包含了纯虚函数,就称这个类为抽象类。

(13) 定义抽象类的原因:建立基础类库的时候,首先需要定义一个概念性的基类。在这个基类中的函数的具体实现完全依赖于在派生类中重新定义的该虚函数。因为程序员需要得到这个纯虚函数作为接口。

9.5　思考与练习

9.5.1　思考题

(1) 谈谈你对多态的认识。

(2) 举例说明重载。

（3）举例说明强制转换。

（4）什么是虚函数？纯虚函数？抽象类？

（5）调用虚函数有哪些方式？

（6）写出这个程序的运行结果：

```
#include<iostream.h>
class Father { public:virtual void answer(){cout<<"Father\n";} };
class Daughter:public Father { public:virtual void answer(){cout<<"Daughter\
n";} };
void main()
{
    Father f;
    Father * who;
    Daughter d;
    who=&f;
    who->answer();
    who=&d;
    who->answer();
}
```

（7）建立一个抽象类,然后派生出教师类和学生类。要求评选出优秀学生(均分大于
等于 90 分)和优秀教师(一年发表了 3 篇论文)。

9.5.2　上机练习

（1）上机验证你对思考题(6)的答案。

（2）上机完成思考题(7)。

（3）将思考题(6)和思考题(7)中的 virtual 去掉,运行结果有何变化？为什么？

（4）在以下的抽象类 Shape 中定义了一个纯虚函数 area,使用该抽象类创建两个派
生类,一个用于求圆的面积,一个用于求内接正方形的面积。要求写出派生类的类定义代
码并对这两个派生类的功能进行测试(在测试中,要求使用抽象类的指针对这两种派生类
进行统一处理)。

```
class Shape
{
  protected:
        float r;
  public:
        Shape(float r0){ r=r0;}
        virtual float area()=0;
};
```

第 10 章　运算符重载

学习目标

(1) 运算符重载；

(2) 特殊运算符重载。

10.1　运算符重载

运算符重载(operator overload)是 C++ 的一个特性，它使得程序员把 C++ 运算符的定义扩展到操作数是对象的情况。运算符重载的目的是：使 C++ 代码更直观，更易读，因为由简单的运算符构成的表达式常常比函数调用更简洁、易懂。运算符重载的本质是：通过调用一个函数来实现运算符的功能。

10.1.1　运算符重载的定义和规则

重载一个运算符就是定义一个函数，它通常是类的成员函数或者友元函数。运算符的操作数至少有一个是对象。

1. 用成员函数重载运算符的一般格式

函数返回值类型　operator 运算符 (0 个参数或者 1 个参数){…}

用友元函数重载双目运算符的一般格式如下：

函数返回值类型　operator 运算符 (类型 参数 1，类型 参数 2){…}

用友元函数重载单目运算符的一般格式如下：

函数返回值类型　operator 运算符 (class 类型 参数){…}

其中：operator——关键字，它与其后的运算符一起构成函数名。例如：

```
int  operator+(int a) {…} //operator+是函数名
```

运算符：大部分运算符都能重载，详见表 10-1 和表 10-2 所示。

参数列表：指操作数，例如：对象 a＋对象 b，如图 10-1 所示。

例如：对象 a＋对象 b。在程序使用中写为：

```
a+b;
```

编写此函数的过程如下：

• 将 a 隐含起来。

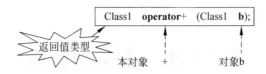

图 10-1   运算符函数中的对应关系

注：此函数所属的对象即为本对象。本对象是一个操作数，b 是另一个操作数。

- 加号＋变为函数重载名 operator＋(要把 operator 和＋看成一个整体)。试想一下，如果把函数写成 ＋(Class1 b)，则函数名变成了加号，不符合标识符规范。标识符要求头一个符号必须为字母或下划线"_"。
- b 被括起来形成(b)，变为此函数的参数。
- 最后，语句 a＋b；被 C++ 编译器改为 operator＋(b)；。

2. 运算符重载的规则

(1) 运算符函数重载的函数名必须为：operator，后跟一个合法的运算符。

(2) 编译器把重载的运算符转换成对运算符函数重载的调用，由该函数实现运算。

(3) 用成员函数实现运算符重载时，只能有零个或一个参数这两种情况。

(4) 用成员函数重载单目运算符时，通常没有参数(＋＋和－－例外)，其操作数为对象。

(5) 用成员函数重载双目运算符时，带有一个参数，运算符的左操作数为对象，右操作数可以是对象也可以是其他类型数据。

(6) C++ 不允许重载三目运算符。

(7) 表 10-1 列出了 C++ 中允许重载的运算符。

表 10-1   C++ 中允许重载的运算符

＋	－	＊	／	％	＾	＆	｜
～	！	，	＝	＜	＞	＜＝	＞＝
＋＋	－－	＜＜	＞＞	＝＝	！＝	＆＆	‖
＋＝	－＝	＊＝	／＝	％＝	＾＝	＆＝	｜＝
＜＜＝	＞＞＝	［ ］	( )	－＞	－＞＊	New	delete

(8) 表 10-2 列出了 C++ 中不允许重载的运算符。

表 10-2   C++ 中不允许重载的运算符

运算符	运算符的含义	不允许重载的原因
? :	三目运算符	在 C++ 中没有定义三目运算符的语法
.	访问成员运算符	为保证成员运算符对成员访问的安全性，不许重载
. －＞	访问成员运算符	为保证成员运算符对成员访问的安全性，不许重载
. ＊	成员指针运算符	为保证成员运算符对成员访问的安全性，不许重载
::	作用域运算符	因为该运算符左边的操作数是一个类型名，而不是一个表达式
sizeof	求字节数运算符	其操作数可能是一个类型，所以不许重载

（9）重载运算符时，不能改变该运算符的优先级。例如，双目加号＋属于第 4 级，编写的双目加重载运算符仍排在第 4 级。

（10）重载运算符时，不能改变该运算符的结合性。例如，双目加号＋原来是左结合，编写的双目加号＋重载运算符仍为左结合。

（11）不可臆造新的运算符。

（12）重载运算符时，不能改变该运算符操作数的个数。例如，双目加号＋原来是两个操作数，编写的双目加号＋重载运算符仍为两个操作数（即仍然为双目运算符）。

（13）重载运算符时，不能改变该运算符原有的语法结构。例如，双目加号＋原来是算术运算，编写的双目加号＋重载运算符仍为算术运算，不能变为关系运算等其他运算。

（14）重载运算符必须含义清晰，不能有二义性。

（15）一般情况下，单目运算符最好重载为类的成员函数。

（16）一般情况下，双目运算符则最好重载为类的友元函数。

（17）＝、（）、[ ]、－＞ 不能重载为类的友元函数。

（18）当运算符函数的左操作数必须是一个不同的类对象，或者是一个内部类型的对象，该运算符函数必须用一个友元函数来实现。

（19）当需要重载的运算符具有可交换形式，选择重载为友元函数。

10.1.2　运算符重载示例

【实例 10-1】　重载运算符＋的应用 1。使用＋对两个人口袋里的钱相加。此文件名为 money.cpp。

（1）程序代码

```
#include<iostream.h>
#include"money.h"
void main()
{
    Person  Li , Zhang;     //生成了两个人,每人有 100 元
    cout<<Li +Zhang;        //把两个人的钱相加
}
```

（2）对于应用的分析

这样做的目的是，在大家都清楚、不会误解的情况下（如两个人的身高相加一般是无意义的，而现在要购物，算算钱够不够），让两个对象直接相加，更直观。而无须用啰唆的 Li. money＋Zhang. money 表示。同时可以看到，由于＋比＜＜高一级，所以无须加括号。

（3）运行结果

200

（4）operator＋（）的编写

现在，您更想知道的是如何实现它。因为若没有对＋定义重载，两个对象是不能直接

相加的。实现这个类定义的文件名为 money. h。

```
class Person{
  public:
    int m;                                  //m表示钱的数量
    Person(int m1=100) {m=m1;}              //类的构造函数,默认每人有100元
    int operator+ (const Person& p)         //对"+"重新定义
    {
        return  m+p.m;                      //把钱加了起来
    }
};
```

（5）归纳分析

① 在文件 money. h 里,成员函数名叫做 operator＋,它的返回值类型为 int,这个成员函数所属的对象作为被加数对象,参数对象 p 作为加数对象。

② 在形式上,看到的是两个对象相加,实质是它们各自的同名成员相加。

③ 在此题中,两个对象相加的结果却成了一个 int 类型的常数。

④ 在形参定义语句 const Person ＆p 中:

- const 用于限制对象引用,const 使对象 p 只能读成员值,不能修改成员值(你可能说,在这个函数的 return m＋p. m 语句中,没有修改 p 的成员。但是,如果程序很长,程序员在编程时,可能不小心,把成员 m 给修改了)。
- Person 为类名。
- ＆p 表示形参 p 是对实参进行引用,而不必再生成一个 Person 对象。

【实例 10-2】 重载运算符＋的应用 2。接实例 10-1,如果 Zhang 把钱都给了 Li,如何设计?

（1）程序代码

此文件名为 moncy1. cpp:

```
#include<iostream.h>
#include"money1.h"
void main()
{
    Person Li,Zhang;              //出现了 Li、Zhang 两个人
    Li=Li+Zhang;                  //Li 的钱和 Zhang 的钱合到一块,都给 Li
    cout<<Li.m;                   //数一数 Li 的钱
}
```

（2）运行结果

200

（3）operator＋()的编写

这个程序的返回值是对象。如何实现的呢? 请看下面的文件 money1. h 的内容:

```
class Person{
```

```
public:
    int m;
    Person(int m1=100){m=m1;}        //类的构造函数,默认每人有 100 元
    Person& operator+ (const Person& p)
    {
        m+=p.m;                       //把钱加到左操作数所属的人手里
        return * this;                //返回运算符函数重载所属的对象的一个拷贝
    }
};
```

（4）归纳分析

① this 是每个类中都隐含的、指向类本身的、默认指针（this 也是关键字）。如果没有这个指针,你如何返回这个包含运算符函数重载的对象呢？由于 this 是对象指针,所以返回这个对象要用 * this。

② 语句 Li＝Li＋Zhang 反映了把"等号右面的对象"赋值给"等号右面的对象"。这其实是 C++ 中已经存在的"＝"运算符函数重载帮助我们实现的。

【实例 10-3】　重载运算符"＋"的应用 3。如果今天 Li 发工资 1000 元,如何用运算符重载实现这个功能？

（1）程序代码

此文件名为 moneySalary. cpp：

```
#include<iostream.h>
#include"moneySalary.h"
void main()
{
    Person Li;                  //出现了 Li
    Li+1000;          //把剩余的钱和刚发工资的钱加在一起,而不是把对象和 1000 加在一起
    cout<<Li.m;                //数一数 Li 的钱
}
```

（2）运行结果

```
1100
```

（3）operator＋()的编写

这个程序是对象＋数字。对象 Li 凭借着运算符函数重载,修改了自己口袋里的钱,即修改了对象 Li。它是如何实现的呢？请看下面的文件 moneySalary. h 的内容：

```
class Person{
public:
    int m;
    Person(int m1=100){m=m1;}   //类的构造函数,默认此人有 100 元
    void operator+ (int salary)
    {
        m+=salary;                //把钱加到左操作数所属的人手里
```

```
    }
};
```

（4）归纳分析

把对象 Li 与 1000 加到一起，其实是把对象 Li 剩下的钱和刚发的 1000 元加到一起。

【实例 10-4】 重载运算符＋的应用 4。在实例 10-3 中看到的是 Li＋1000。如何实现 1000＋Li？

（1）程序代码

请看文件 moneyAddObj.cpp：

```
#include<iostream.h>
#include"moneyAddObj.h"
void main()
{
    Person Li;                    //出现了 Li
    1000+Li;                      //钱 +对象
    cout<<Li.m;                   //数一数 Li 的钱
}
```

（2）运行结果

```
1100
```

（3）operator＋()的编写

这个程序是数字＋对象。如何实现的呢？请看下面的文件 moneyAddObj.h 的内容：

```
class Person{
  public:
    int m;
    Person(int m1=100){m=m1;}   //类的构造函数,默认此人有 100 元
    friend void operator+(int salary, Person& p)     //friend
    {
        p.m+=salary;             //把钱加到右操作数所属的人手里
    }
};
```

（4）归纳分析

① 对于数字＋对象的处理只能靠 friend 函数"帮忙"。

② 在 friend void operator＋(int salary，Person& p)中，此函数把格式

```
1000 + Li
```

变成了

```
+ (1000 , Li)
```

这么一种样式。只有看惯这种结构,才能尽快掌握它。

【实例 10-5】 重载运算符＋的应用 5。运算符函数重载的嵌套。

（1）程序代码

请看文件 nesting.cpp：

```
#include<iostream.h>
#include"nesting.h"
void main()
{
    Person Li, Zhang, Wang;        //出现了 3 个人
    Li+Zhang+Wang;                 //3 个人的钱都给了 Li
    cout<<Li.m;                    //数一数 Li 的钱
}
```

（2）运行结果

```
300
```

（3）operator＋()和 operator＋＝()的编写

这是如何实现的呢？请看下面的文件 nesting.h 的内容：

```
class Person{
  public:
    int m;
    Person(int m1=100){m=m1;}
    Person& operator+=(const Person& p)
    {
        m+=p.m;
        return *this;               //返回的是本对象的一个引用
    }
    Person& operator+(const Person& p)
    {
        return *this +=p; //这里的+=用于"对象+=对象",是对函数 operator+=()的调用
    }
};
```

（4）归纳分析

本实例创建了两个运算符函数重载，有什么好处呢？

① operator＋()很简单，只需要维护 operator＋＝()就可以了。

② 把 operator＋()放到全局域，作为全局函数，可以把它做成模板来取代单独形式。
例如：

```
template<class T>
const T operator+(const T& a, const T& b)
{
    return T(a)+=b;
}
```

③ 有了这两个函数,可以扩大程序员的选择余地。

④ 通常,赋值形式(如＋＝)比单独形式(如＋)运行效率高,因为单独形式往往要返回一个新对象,从而在临时对象的构造和释放上有一些开销。

10.1.3 利用引用提高效率

为了实现对象的数学运算,最容易想到的一种方式就是将对象类型作为参数来传递。但对象每次作为一个值来传递或返回时,都会调用拷贝构造函数。

在每次创建一个对象时,程序都必须从系统请求内存,多少会对程序的运行效率产生不利影响。

为了提高程序的效率,可以在写一个类时尽量避免创建多余的对象。使用"引用"技术可以很容易地实现这一目标。

【实例 10-6】 调用运算符函数重载时,统计创建了多少新对象。

```cpp
class Person{
  public:
      int m;
      Person operator+ (Person  p)      //创建了形参对象 p
      {
          m+=p.m;
          return * this;                //返回了一个对象拷贝
      }
};
```

这个函数 operator＋()将在未来的调用中需要创建两个新对象。

【实例 10-7】 引用的正确使用。

(1) 程序代码

请看文件 nesting.cpp：

```cpp
#include<iostream.h>
#include"nesting.h"
void main()
{
    Person Li, Zhang, Wang;          //出现了 3 个人
    Li+Zhang+Wang;                   //3 个人的钱都给了 Li
    cout<<Li.m;                      //数一数 Li 的钱
}
```

(2) 运行结果

300

(3) 引用的编写

这是如何实现的呢？请看下面的文件 nesting.h 的内容：

```
class Person{
  public:
    int m;
    Person(int m1=100){m=m1;}
    Person& operator+= (const Person& p)
    {
      m+=p.m;
      return * this;                    //返回的是本对象的一个引用
    }
    Person& operator+ (const Person& p)
    {
      return * this +=p;                //返回的是本对象的一个引用
    }
};
```

（4）归纳分析

如果把 Person& operator＋＝()或 Person& operator＋()的任一个 & 去掉,则此题的结果为 200 元,就会产生错误结果。所以说,只有返回的是引用,而不是复制,才能保证不产生新对象,才会形成：Li＋Zhang→Li,Li＋Wang→Li,使得 Li 拥有 300 元。

若去掉两个 &,就变成：Li＋Zhang→Li,同时,又将 Li 的内容复制给临时对象 t,后续运算为：t＋Wang→t。同时,又将 t 的内容复制给临时对象 t1,而 Li 仍然为 200 元。

所以,在编程时,尽可能使用引用,少创建对象。

【实例 10-8】 在栈空间的对象,不恰当地使用引用返回。

```
class Person{
  public:
    int m;
    friend Person& operator+ (const Person& p1, const Person& p2)
    {
      Person  result;
      result.m=p1.m+p2.m;
      return  result;                  //返回这个存在于临时栈空间的对象,太不保险
    }
};
```

尽管编译正确,能够运行,但会产生奇怪的结果。因为 result 对象产生于临时栈区,当运算符函数重载运行结束后,将释放这个区域。因而返回的 result 对象引用的"大本营"随时会被重新分配掉。

【实例 10-9】 在堆空间的对象,不恰当地使用引用返回。

```
class Person{
  public:
    int m;
```

```
friend Person& operator+(const Person& p1, const Person& p2)
{
    Person * result=new Person;    //从堆中分配空间
    result->m=p1.m+p2.m;
    return * result;
}
};
```

尽管编译正确，能够运行，但该堆空间无法回收，因为没有留下指向该堆空间的指针，从而导致内存流失。

10.1.4 赋值运算符的重载

C++已经提供同类对象之间用"="号进行赋值的功能，是否就再不需要对赋值运算符进行重载设计了呢？不。有一种情况是需要的，请看实例10-10。

【实例10-10】 用C++已经提供的同类对象赋值功能进行赋值。

（1）程序代码

```
#include<iostream.h>
#include<string.h>
class Assign{
 public:
   char * p;
   Assign(char * p1=NULL)              //构造函数
   {
       p=new char[strlen(p1)+1];      //指针 p 获取堆空间
       strcpy(p,p1);                   //拷贝字符串
   }
   ~Assign(){ delete[ ] p; }           //析构函数,释放堆空间
};
void main() //用 main()来验证 C++已经提供的同类对象赋值功能
{
    Assign obj1("a"),obj2("b");        //生成两个对象
    obj1=obj2;            //用 C++提供的默认赋值,obj2 仅仅把字符串 b 的地址送给 obj1.p
                                       //而没有重新开辟一块堆空间
    char t;
    cin>>t;
}
```

（2）归纳分析

当 main()运行完毕、返回操作系统之时，要自动运行这两个对象的析构函数。

第一个对象在析构时，已经把含有 b 字符串的堆空间释放，因此第二个对象在析构

时,找不到这个已被释放的空间,从而出现运行错误。这是由于浅拷贝造成的。程序员如何编写一个赋值运算符函数重载来解决这个问题呢?请看实例 10-11。

【实例 10-11】 针对实例 10-10,程序员需要自己编写一个赋值运算符函数重载。

(1) 程序代码

```
#include<iostream.h>
#include<string.h>
class Assign{
 public:
  char * p;
  Assign(char * p1=NULL)              //构造函数
  {
      p=new char[strlen(p1)+1];       //指针 p 获取堆空间
      strcpy(p,p1);                   //复制字符串
  }
  void operator=(const Assign& obj)   //刚设计的赋值运算符函数重载
  {
      delete [ ]p;                    //释放占用空间
      p=new char[strlen(obj.p)+1];    //指针 p 获取堆空间
      strcpy(p,obj.p);                //复制字符串
  }
      ~Assign(){ delete[ ] p; }       //析构函数,释放堆空间
};
void main()
{                                     //用 main()来验证刚编写好的赋值运算符函数重载
      Assign obj1("a"),obj2("b");     //生成两个对象
      obj1=obj2;                      //使用刚编写的 operator=函数
      char t;
      cin>>t;
}
```

(2) 归纳分析

这里的 obj1=obj2;在执行时,编译器将转换为 obj1.operator=(obj2) 形式。

10.2 几种特殊运算符重载

10.2.1 转换运算符的重载

先看例题 10-12。

【实例 10-12】 如果小李身上的钱是以分为单位,怎样转换成 float 呢?请看它的应用。

(1) 转换运算符重载的应用

```
#include<iostream.h>
#include"floatConverted.h"
void main()
{
    Person Li;                    //小李来了
    Li.m=12345;                   //他有 12345 分钱
    cout<<float(Li)/100;          //把钱转换成以元为单位
}
```

(2) 运行结果

```
123.45
```

(3) operator float()的编写

在默认情况下，是不会执行 float(Li)的，因为 Li 是一个对象。这个类型转换函数重载是如何编写的呢？请看下面的头文件 floatConverted.h。

```
class Person{
  public:
    int m;                        //成员 m 表示钱,以分为单位
    Person(int m1=100){m=m1;}     //构造函数
    operator float()              //float 类型转换函数重载的定义
    {
        return  m;                //转换成 float 并返回
    }
};
```

(4) 归纳分析

仔细观察，才会发现：在重载转换类型函数时，此函数没有返回值，此函数没有参数。

如果你想给它一个返回值，只能是 float，但这是不允许的。如果你想它设置一个参数，那只能是这个函数的对象本身，但这也是不允许的。所以，定义重载转换类型函数时，只能写成：

operator 类型 (){…}

在应用时，它写为：

类型 (对象)

这种形式需要慢慢熟悉。

类型转换函数必须是成员函数。它的格式如下：

operator 类型 (){…}

10.2.2　＋＋、－－运算符的重载

1．用成员函数重载

＋＋为前置运算符时,函数重载的定义格式如下:

函数返回值类型　operator++(){…}

＋＋为后置运算符时,函数重载的定义格式如下:

函数返回值类型　operator++(int){…}

这里的 int 就代表＋＋运算符,它形象地表明＋＋在后。

【实例 10-13】　成员函数作为前置运算符的函数重载的应用。对对象使用单目运算符"＋＋",让 Li 的钱加一元。此文件名为 prefix.cpp。

（1）程序代码

```
#include<iostream.h>
#include"prefix.h"
void main()
{
    Person Li;                  //李出现了
    Li.m=10;                    //李有 10 元钱
    ++Li;                       //再给他 1 元。这里是前置
    cout<<Li.m;                 //数数他的钱
}
```

（2）运行结果

```
11
```

（3）operator ＋＋()的编写

现在,看看如何定义这个前置符＋＋的成员函数。这个类定义的文件名为 prefix.h。

```
class Person{
 public:
   int m;
   Person(int m1=100){m=m1;}     //构造函数
   void operator++()             //前置++
   {
        ++m;
   }
};
```

（4）归纳分析

对于前置运算符的函数重载的格式如下:

```
void operator++()
```

在应用时，它写为：

```
++对象；
```

这种形式需要慢慢熟悉。

【实例 10-14】 成员函数作为后置运算符的函数重载的应用。对对象使用单目运算符＋＋，让 Li 的钱加一元。此文件名为 postfix.cpp。

（1）程序代码

```
#include<iostream.h>
#include"postfix.h"
void main()
{
    Person Li;                      //李出现了
    Li.m=10;                        //李有 10 元钱
    Li++;                           //再给他 1 元。这里是后置
    cout<<Li.m;                     //数数他的钱
}
```

（2）运行结果

11

（3）operator ＋＋()的编写

现在，看看如何定义这个后置符＋＋的成员函数。这个类定义的文件名为 postfix.h。

```
class Person{
 public:
   int m;
   Person(int m1=100){m=m1;}        //构造函数
   void operator++(int)             //后置++
   {
       m++;
   }
};
```

（4）归纳分析

对于后置运算符的函数重载的格式如下：

```
void operator++(int)
```

在应用时，它写为：

```
对象++；
```

在 void operator＋＋(int)中，为了表达后置，只好用 int 代表＋＋，并把 int 在＋＋的

后面。

2．用友元函数重载

＋＋为前置运算符时，函数重载的定义格式如下：

函数返回值类型 operator++(类名 & self){…}

＋＋为后置运算符时，函数重载的定义格式如下：

函数返回值类型 operator++(类名 & self , int){…}

这里的 int 就代表＋＋运算符，它形象地表明＋＋在后。

【实例 10-15】 友元函数作为前置运算符的函数重载的应用。对对象使用单目运算符＋＋，让 Li 的钱加一元。此文件名为 prefix1.cpp。

（1）程序代码

```
#include<iostream.h>
#include"prefix1.h"
void main()
{
    Person Li;
    Li.m=10;
    ++Li;
    cout<<Li.m;
}
```

（2）运行结果

11

（3）operator ＋＋()的编写

现在，看看如何定义这个前置符＋＋的友元函数。这个类定义的文件名为 prefix1.h。

```
class Person{
 public:
   int m;
   Person(int m1=100){m=m1;}              //构造函数
   friend void operator++(Person& self) //前置++
   {
       ++self.m;
   }
};
```

（4）归纳分析

对于前置运算符的函数重载的格式如下：

```
friend void operator++(Person& self)
```

很形象地表明＋＋在左，括号中的 self 在＋＋之右。

【实例 10-16】 友元函数作为后置运算的函数重载的应用。对对象使用单目运算符＋＋，让 Li 的钱加一元。此文件名为 postfix1.cpp。

（1）程序代码

```
#include<iostream.h>
#include"postfix1.h"
void main()
{
    Person Li;                      //李出现了
    Li.m=10;                        //李有 10 元钱
    Li++;                           //再给他 1 元。这里是后置
    cout<<Li.m;                     //数数他的钱
}
```

（2）运行结果

```
11
```

（3）operator ＋＋()的编写

现在，看看如何定义这个后置＋＋的友元函数。这个类定义的文件名为 postfix1.h。

```
class Person{
 public:
   int m;
   Person(int m1=100){m=m1;}       //构造函数
   friend void operator++ (Person& self, int)   //后置++
   {
       self.m++;
   }
};
```

（4）归纳分析

对于后置运算符的函数重载的格式如下：

```
friend void operator++ (Person& self, int)
```

其中的两个参数的顺序，可以很形象地表明 self 在左，以 int 所代表的＋＋在右。这让我们感觉到，人们总在想方设法在遵守规则的情况下，把格式尽可能地形象化。

10.3 本章总结

（1）运算符重载(operator overload)是 C++ 赋予程序员的一个权力，它让程序员对 C++ 的运算符进行重载定义，从而使 C++ 代码更直观，更易读。

（2）运算符重载的本质是：通过调用一个函数来实现运算符的功能。

（3）重载运算符函数,通常是类的成员函数或者友元函数,但很少用全局函数。

（4）运算符的操作数至少有一个是对象。

（5）用成员函数重载运算符的一般格式如下:

函数返回值类型　operator 运算符 (0 个参数或 1 个参数){…}

（6）用友元函数重载双目运算符的一般格式如下:

函数返回值类型　operator 运算符 (类型 参数 1 , 类型 参数 2){…}

（7）用友元函数重载单目运算符的一般格式如下:

函数返回值类型　operator 运算符 (class 类型 参数){…}

（8）operator 与其后的运算符一起构成函数名。例如在函数重载的定义中:

函数返回值类型　operator+(int a){…}

（9）大部分运算符都能重载,细节如表 10-1 和表 10-2 所示。

（10）重载运算符时,不能改变该运算符的优先级。

（11）重载运算符时,不能改变该运算符的结合性。

（12）不可臆造新的运算符。

（13）重载运算符时,不能改变该运算符操作数的个数。

（14）重载运算符时,不能改变该运算符原有的语法结构。

（15）重载运算符必须含义清晰,不能有二义性。

（16）一般情况下,单目运算符最好重载为类的成员函数。

（17）一般情况下,双目运算符则最好重载为类的友元函数。

（18）＝、()、[]、－＞ 不能重载为类的友元函数。

（19）当运算符函数的左操作数必须是一个不同的类对象,或者是一个内部类型的对象,该运算符函数必须用一个友元函数来实现。

（20）当需要重载的运算符具有可交换形式,选择重载为友元函数。

（21）用友元函数实现的运算符重载,不会被派生类继承。

（22）用成员函数定义的运算符函数重载或转换函数中,绝大多数都可以被派生类继承。

（23）在派生类中定义的转换函数和运算符函数重载将隐藏基类中定义的这些函数。

（24）赋值运算符函数重载不能被派生类继承。

（25）赋值运算符函数重载不能为虚函数。

10.4　思考与练习

10.4.1　思考题

（1）谈谈你对运算符重载的认识。

（2）重载运算符的目的是什么？

（3）用成员函数实现运算符重载与用友元函数实现运算符重载，在定义和使用上有什么不同？

（4）C++中的所有运算符是否都可以重载？

（5）哪些运算符不能重载？

（6）凡是能用成员函数重载的运算符是否均能用友元函数重载？

（7）凡是能用友元函数重载的运算符是否均能用成员函数重载？

（8）转换函数的作用是什么？如何使用？

（9）请为类 Arr 定义重载运算符，以便使二维数组的下标表示方法由 a[i][j]改为 a(i,j)，并对其测试（提示：为了使数组元素能出现在赋值的左部，该函数重载的返回类型应为 int&）。

```
class Arr{
  private:
    int a[9][9];
  public:
    Arr();
};
```

（10）在下列类定义中，定义了一个成员运算符函数，用以重载运算符"＋"；又定义了一个友元运算符函数，用以重载运算符"－"，请在空白处填入适当的代码。

```
class Complex{
  private:
  float real;
  float imag;
  public:
  Complex(float r=0,float i=0){real=r;imag=i;}
    _____ operator-(Complex& c1, Complex& c2);
};
_____ operator-(Complex& c1, Complex& c2)
{ float r=c1.real -c2.real;
  float i=c1.imag -c2.imag;
  return Complex( _____ );
}
```

10.4.2　上机练习

（1）对实例 10-2，如果钱 m 是 private 属性的，如何解决？请编程实现。

（2）对实例 10-2，把＋=编写成一个函数重载来实现钱的合并。

（3）用友元函数重载日期类 Date 的＋运算符。

（4）定义一个类，用来实现任意精度的算术运算（提示：根据精度要求进行存储分配）。

（5）定义一个二进制数类，用来实现：

① 用二进制的位模式产生一个二进制数。

② 用一个正整数生成一个二进制数。

③ 进行二进制数的四则运算与关系运算。

④ 向整型数转换。

⑤ 输出二进制数。

（6）定义一个矩阵类，用来实现矩阵运算。

（7）定义一个复数类 Complex：

① 重载适用于复数的四则运算符、关系（相等、不等）运算符。

② 求实部与虚部。

③ 求复数的模。

④ 求共轭复数。

⑤ 用成员函数定义类的四则运算符。

⑥ 对复数使用＝、＋＝、－＝、＊＝、／＝ 运算符。

（8）已知有如下的类定义，请为该类重载赋值运算符，并写出该赋值函数的实现代码。

```
class Str{
  private:
    int * element;
              int len;
  public:
              Str(int a[ ],int n);
              ~Str();
};
```

（9）设计一个表示人民币的类，其功能是：实现人民币与美元的互相兑换，即提供接口函数，将美元转化成人民币；提供类型转换运算符函数重载，将人民币转换成美元。类中包括的私有数据是 yuan，表示人民币的数值。写出该类定义的相关代码并对其进行测试。

第 11 章　输入输出流

学习目标

(1) C++ 的输入输出；

(2) 标准输入输出流；

(3) 文件流。

输入输出(Input/Output,I/O)是内存与外部设备之间的信息交换。输入操作表示从输入设备上接收一个数据序列；输出操作是将一个数据序列发送到输出设备上。

I/O 操作可以看成是数据序列在两个对象之间的流动。

11.1　C++ 的输入输出

C++ 提供了 3 种实现 I/O 的方法：

(1) 与 C 语言相同的 I/O 库函数。

(2) I/O 流类库,在非 Windows 程序设计中提倡使用这种 I/O 方式。

(3) 为 Windows 程序设计提供的类库。

11.1.1　流

信息从外部输入设备(如键盘和磁盘)向计算机内部(即内存)输入,或从内存向外部输出设备(如显示器和磁盘)输出的过程被形象地比喻为流(stream)。

在 C++ 中,提供了文本流和二进制流。文本流是由 ASCII 字符组成。例如 cpp 文件就属于文本流格式。文本流可以直接输出到显示器上显示,也可以直接送给打印机。二进制流是以二进制形式存储数据,它不能直接输出到显示器或送给打印机。

11.1.2　缓冲区

系统在主存中开辟一个专用的区域存放 I/O 数据,称为缓冲区(buffer)。

I/O 流可以是缓冲形式的,也可以是非缓冲方式的。对于缓冲流,只有缓冲区满或者当前送入的数据为新的一批数据时,系统才对缓冲流中的数据进行处理(称为"刷新")。对于非缓冲流,数据一送入流中,系统立即进行处理。

由于缓冲流可以大大减少 I/O 操作次数,从而提高了系统的工作效率。程序员可根据实际需要自行选择。

11.2 标准输入输出流

11.2.1 C++ 的基本流类体系

为了实现信息的内外流动,C++ 系统定义了 I/O 类库,其中的每一个类都称作相应的流或流类,用以完成某一方面的功能。通常把一个流类定义的对象也称为流。

C++ 在 iostream.h 中定义了基本 I/O 流类体系,其结构如图 11-1 所示。

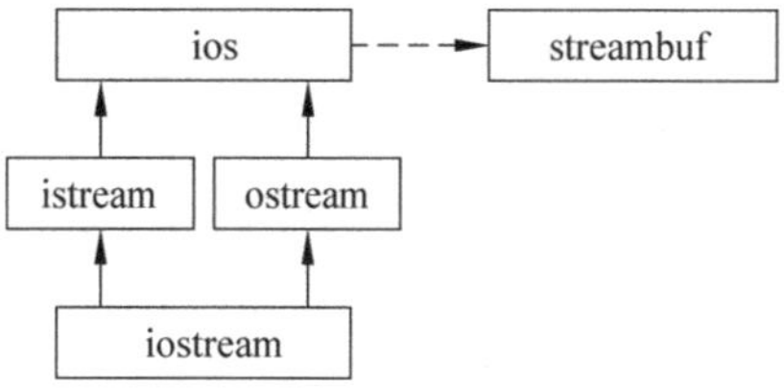

说明:

① 类 ios 为流类库的虚基类,它提供了流的格式化 I/O 操作和出错处理的成员函数。ios 中的一个成员指向 streambuf 对象。

② streambuf 用于管理一个流的缓冲区。

③ istream 提供输入操作的成员函数。

④ ostream 提供输出操作的成员函数。

图 11-1 基本 I/O 流类体系

⑤ iostream 没有提供新的成员函数,只是将 istream 类和 ostream 类组合到一起,成为既支持输入操作,又支持输出操作的类。

11.2.2 I/O 标准流类

在 C++ 的 I/O 流类库中定义了 4 个标准流对象: cin、cout、cerr 和 clog。

1. cin

(1) cin 是 istream_withassign 类的对象,该类由 istream 公有派生。

(2) 由于 istream 类定义了重载运算符函数“>>”以及 get()、getline()、read()、gcount()、peek()、putback()、sync()、seekg()、tellg()、eatwhite(),所以 cin 也就拥有这些函数。

(3) 关于 cin 及其函数,请参阅文件 istream.h。

(4) 如果定义了:

```
int i;
char ch, str[5];
```

就可以这样调用函数:

- cin>>i;
- ch=cin.get();
- cin.getline(str,2);
- cin.read(str,3)。

(5) 在默认情况下,cin 代表键盘。

（6）当从键盘输入数据时，只有当输入完数据并按下 Enter 键后，系统才把该行数据存入到键盘缓冲区，供 cin 流顺序读出。

（7）从键盘输入的每个数据之间必须用空格键或 Tab 键或 Enter 键分开，因为 cin 为每一个变量读入数据时，是以空格或回车符作为其结束标志的。

（8）当系统执行 cin＞＞x 操作时，将根据实参 x 的类型调用相应的提取运算符（这里的＞＞又称为提取运算符）函数重载，把 x 引用传送给对应的形参，接着从键盘的输入中读入一个值并赋给 x。

2．cout、cerr 和 clog

（1）cout、cerr 和 clog 都是 ostream_withassign 类的对象，该类由 ostream 公有派生。

（2）由于 ostream 类定义了重载运算符函数＜＜以及 put( )、write( )、seekp( )、tellp( )、flush( )，所以 cout、cerr、clog 也就拥有这些函数。

（3）关于 cout、cerr、clog 及其函数，请参阅文件 ostream.h。

（4）如果定义了：

```
int i;
char ch, str[5];
```

就可以这样调用函数：

- cout＜＜i；
- cout.put(ch)；
- cout.write(str,3)。

（5）在默认情况下，cout 代表显示器。

（6）当系统执行 cout＜＜x 操作时，首先根据 x 值的类型调用相应的插入运算符（这里的＜＜又称为插入运算符）函数重载，把 x 的值按值传送给对应的形参，接着执行函数体，把 x 的值（也即形参的值）输出到显示器屏幕上。

3．应用实例

【实例 11-1】 使用 cin、cout、cerr 和 clog。

（1）程序代码

```
#include<iostream.h>
void main()
{
    int x;
    cout<<"input a int:";
    cin>>x;                  //注意 cin
    cout<<"cout<<"<<x<<endl; //注意 cout
    cerr<<"cerr<<"<<x<<endl; //注意 cerr
    clog<<"clog<<"<<x<<endl; //注意 clog
}
```

（2）运行结果

input a int: 123　　＜回车＞

cout＜＜123

cerr＜＜123

clog＜＜123

（3）归纳分析

cout、cerr 和 clog 三者的区别在于：

① 通常 clog 用于输出提示信息，cerr 用于输出错误信息，cout 用于输出结果信息；

② cerr 为非缓冲流，cin、cout 和 clog 都是缓冲流。

【实例 11-2】　使用 cin 对象的 peek() 函数获取字符的 ASCII 码。

（1）程序代码

```
#include<iostream.h>
void main()
{
    cout<<"请输入一个字符：";
    cout<<"其 ASCII 为："<<cin.peek()<<endl;
}
```

（2）运行结果

请输入一个字符：A＜回车＞

其 ASCII 为：65

（3）归纳分析

用对象 cin 的 peek() 函数可以获取所输入字符串首字符的 ASCII 码。peek 的英语含义是"偷看"，即看看字符在内存中是一个什么状态。

【实例 11-3】　使用 cin 对象的 gcount() 函数获取最近一次提取字符的个数。

（1）程序代码

```
#include<iostream.h>
void main()
{
    char str[15];
    cin.getline(str,10);        //get line from keyboard
    cout<<"str 获取的字符数："<<cin.gcount() <<endl;
}
```

（2）运行结果

Lyj＜回车＞

str 获取的字符数：4

（3）归纳分析

① 用对象 cin 的 gcount() 函数保存 str 获取字符的数量，它包含按 Enter 键时产生的

结束符。

② cin 对象的函数 getline(str,10)表示从键盘输入流中获取 10 及其以下字符（包括控制符），若没有输入到 9 个字符就用 Enter 键结束输入，则以实际输入的字符（包括 Enter 键）为准。

【实例 11-4】 cin. ignore()的使用。

（1）程序代码

```
#include<iostream.h>
void main()
{
    char str[15],ch;
    cout<<"1：向 ch 输入时，超过了一个字符"<<endl;
    cin.get(ch);            //只获取一个字符(但是允许你输入多个字符,直到按下 Enter 键)
    cin.getline(str,10);        //没有留给此句单独输入的机会
    cout<<"str="<<str<<endl; //验证
    cout<<"2：向 ch 输入时,超过了一个字符"<<endl;
    cin.get(ch);            //只获取一个字符
    cin.ignore(100,'\n');        //清除输入流缓冲区从第二个字符开始的 100 个字符
                            //或清除到从第二个字符开始,到 Enter 键为止处(<100 字符)
    cin.getline(str,10);        //str 得到了专门输入的机会
    cout<<"str="<<str;        //验证
}
```

（2）运行结果

```
1：向 ch 输入时,超过了一个字符
can geng
str=an geng
2：向 ch 输入时,超过了一个字符
can geng
Liu
str=Liu
```

（3）归纳分析

① 用对象 cin 的 ignore()函数消除了 cin. get(ch),造成的没法让 cin. getline(str, 10)单独获取键盘输入的障碍。因为即使输入了一个字符,由于使用 Enter 键结束,而使得 str 只得到一个回车符。

② ignore()函数的声明为 inline istream& ignore(int=1,int=EOF);。

11.2.3 流的格式控制

流的格式控制仅适用于文本 I/O 流,无法为二进制 I/O 流指定格式。下面介绍常用的格式控制。表 11-1 列出了 C++ 的预定义的格式控制函数。

表 11-1 常用的预定义的格式控制函数

格式控制函数名	功　　能	适用范围
dec	设置为十进制	I/O
hex	设置为十六进制	I/O
oct	设置为八进制	I/O
ws	提取空白字符	I
endl	插入一个换行符	O
flush	刷新流	O
resetioflags(long)	取消指定标志	I/O
setioflags(long)	设置指定标志	I/O
setfill(int)	设置填充字符	O
setprecision(int)	设置实数的精度	O
setw(int)	设置宽度	O
ends	插入一个表示字符串结束的 NULL 字符	

【实例 11-5】 对格式控制函数的应用。

（1）程序代码

```
#include<iostream.h>
void main()
{
    cout<<"hex:"<<hex<<255<<endl;      //注意 hex
    cout<<"dec:"<<dec<<255<<endl;      //注意 dec
    cout<<"oct:"<<oct<<255<<endl;      //注意 oct
}
```

（2）运行结果

```
hex:ff
dec:255
oct:377
```

11.2.4 流的状态

（1）ios 类定义的数据成员 state 记录了 I/O 的状态，并用枚举来表示：

```
enum io_state{
  goodbit=0x00,                    //I/O 操作正常
  eofbit=0x01,                     //以达文件尾
  failbit=0x02,                    //I/O 操作出错
  badbit=0x04                      //非法 I/O 操作
};
```

（2）程序可利用 ios 类的成员函数读取 state。这些函数是：

```
int   ios::rdstate() const { return state; }
int   ios::bad()      const { return state & badbit; }
void ios::clear(int _i=0 ) { lock(); state=_i; unlock(); }
int   ios::eof()  const { return state & eofbit;}
int   ios::fail() const { return state & (badbit | failbit); }
int   ios::good() const { return state==0; }
```

【实例 11-6】 利用 ios 类的成员函数读取 state。

（1）程序代码

```
#include<iostream.h>
void main()
{
    cout<<cout.bad()<<"  ";
    cout<<cout.eof ()<<"  ";
    cout<<cout.fail ()<<"  ";
    cout<<cout.good ()<<"  ";
    cout<<cout.rdstate()<<"  ";
}
```

（2）运行结果

```
0   0   0   1   0
```

（3）归纳分析

从结果可以看出，0 表示目前此状态为假，1 表示目前此状态为真。此题中，只有 good 的状态为真。

11.2.5 重载运算符>>和<<

程序员自己定义的类也可以重新定义>>、<<这两个运算符。重载这两个运算符的函数必须是友元。

【实例 11-7】 重载运算符<<。

（1）程序代码

```
#include<iostream.h>
class Person{
    public:
        int m;
        Person(int m1=100){m=m1;}     //类的构造函数,默认此人有 100 元
        friend ostream& operator << (ostream& out, Person& p)     //重载<<
        {
            out<<p.m;                 //这里的 out 就是程序中的对象 cout
            return out;               //返回对象 out
        }
```

```
};
void main()
{
      Person p;
      cout<<p;
}
```

（2）运行结果

```
100
```

（3）归纳分析

重载运算符＜＜的声明格式如下：

```
friend ostream& operator << (ostream& , 类名 &);
```

尽管将此函数重载改为：

```
friend  void  operator << (ostream& out, Person& p)
{
      out<<p.m;
}
```

也可以得出正确结果，若把主程序改为：

```
cout<<p<<"disappear";
```

则 disappear 将无法显示，因为只有返回 out（而这里的 out 就是 cout），才能再一次输出 disappear。

11.3 串流类

在 strstrea.h 中定义了串流类 istrstream、ostrstream、strstream，其体系见图 11-2。

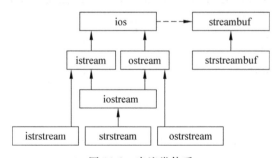

图 11-2　串流类体系

串流类允许把字符串看作设备。要定义一个串流类对象，须提供字符数组及其大小。这 3 个类定义在 strstrea.h 文件中。它们的几个构造函数为：

```
istrstream::istrstream(char *)
```

```
istrstream::istrstream(char * , int)
ostrstream::ostrstream()
ostrstream::ostrstream(char * , int, int=ios::out)
strstream::strstream()
strstream::strstream(char * , int, int)
```

它们自己定义而非继承的函数如下：

```
strstreambuf * istrstream::rdbuf() const { return (strstreambuf * ) ios::rdbuf(); }
char * istrstream::str() { return rdbuf()->str(); }
strstreambuf * ostrstream::rdbuf() const { return (strstreambuf * ) ios::rdbuf(); }
char * ostrstream:str() { return rdbuf()->str(); }
strstreambuf * strstream::rdbuf() const { return (strstreambuf * ) ostream::rdbuf(); }
char * strstream::str() { return rdbuf()->str(); }
```

【实例 11-8】　istrstream 类的对象的构造函数及成员函数 str() 的应用。

（1）程序代码

```
#include<strstrea.h>
void main()
{
    char s1[30]="Kong ling de";
    istrstream equip(s1);           //定义了字符串输入流对象
    cout<<equip.str();              //输出对象中的流
}
```

（2）运行结果

```
Kong ling de
```

（3）归纳分析

对象 equip 对数组 s1 进行操作，它把数组中的字符作为数据流来操作。

【实例 11-9】　istrstream 类的对象的另一个构造函数及成员函数 rdbuf()、str() 的应用。

（1）程序代码

```
#include<strstrea.h>
void main()
{
    char s1[30]="Guo yunjun";
    istrstream eq1(s1);            //建立串流类 eq1
    cout<<eq1.rdbuf()<<endl;       //输出 eq1 缓冲区的值：Guo yunjun
    cout<<eq1.rdbuf()<<endl;       //由于 eq1 缓冲区的指针指到尾部,所以没有输出字符
    cout<<eq1.str()<<endl;         //str()的值就是数组 s1 中的值：Guo yunjun
    char s2[30]="Cao dangsheng";
    istrstream eq2(s2,3);          //建立串流类 eq2,其输入缓冲区 rdbuf 的大小为 3
    cout<<eq2.rdbuf()<<endl;       //输出 eq2 缓冲区的值：Cao
```

```
cout<<eq2.rdbuf()<<endl;    //由于 eq2 缓冲区的指针指到尾部,所以没有输出字符
cout<<eq2.str();            //str()的值就是数组 s2 中的值:Guo yunjun
}
```

（2）运行结果

```
Guo yunjun

Guo yunjun
Cao

Cao dangsheng
```

（3）归纳分析

① 对缓冲区的操作,总是从缓冲区指针所指向的位置开始,同时缓冲区的指针随之移动。

② 在构造语句"istrstream eq2(s2,3);"中,第二个参数 3 表示缓冲区从数组 s1[0]开始,大小为 3。

③ 在构造语句"istrstream eq1(s1); "中,第二个参数不写,或写成 0,都表示缓冲区大小与数组 s1 一样。

【实例 11-10】 istrstream 类的对象的一个应用。

（1）程序代码

```
#include<strstrea.h>
void main()
{
    char s1[30]="Ye yao";
    char n,a,m,e,s;
    istrstream eq(s1);        //创建对象
    eq>>n>>a>>m>>e>>s;        //输入流给 5 个变量
    cout<<n<<a<<m<<e<<s;      //输出流输出 5 个变量值
}
```

（2）运行结果

```
Yeyao
```

（3）归纳分析

① 串类流对象 eq 可以像 cin 一样,为字符变量输入值。

② 也像 cin 一样,对象 eq 没有把空格字符给变量 m,而是认为空格符类似键盘输入时的、用于分隔数据的控制符。

【实例 11-11】 istrstream 类、ostrstream 类的对象的一个应用。

（1）程序代码

```
#include<strstrea.h>
```

```
void main()
{
    char s1[30]="1  2.718";
    char s2[40];
    int a;
    float b;
    istrstream si(s1);              //创建对象 si
    ostrstream so(s2,40);           //创建对象 so
    si>>a>>b;                       //通过对象 si,将数组 s1 中的值看作键盘输入流送给 a 和 b
    so<<"a="<<a<<",b="<<b<<'\0';    //通过对象 so,把 a=1,b=2.718 送给数组 s2
    cout<<s2;                       //输出 s2
}
```

（2）运行结果

a=1,b=2.718

（3）归纳分析

在语句"ostrstream so(s2,40);"中,串类流对象 so 的大小为 40 字节。

11.4 文件流

11.4.1 文件流概述

在 C++ 中,文件(file)被看作是字符序列,即文件是由一个个的字符数据顺序组成的,是一个字符流。要对文件进行 I/O,必须首先创建一个流,然后将这个流与文件相关联,即可在打开文件后,对文件进行读写操作。操作完成后,再关闭这个文件。

文件流类的层次如图 11-3 所示。

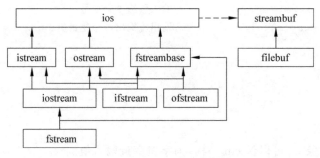

图 11-3 文件 I/O 流类体系

C++ 提供的文件流类包括 ifstream、ofstream、fstream,它们都在 fstream.h 中定义。

（1）ifstream 用于文件的输入。

（2）ofstream 用于文件的输出。

（3）fstream 用于文件的输入或输出。

11.4.2　文件的打开与关闭

1. 文件的打开

C++ 中,定义了成员函数 open()用于打开文件:

```
void ifstream::open(const char *,  int=ios::in,  int=filebuf::openprot);
void ofstream::open(const char *,  int=ios::out, int=filebuf::openprot);
void fstream::open( const char *,  int,          int=filebuf::openprot);
```

C++ 中,还可以用构造函数打开文件:

```
ifstream(const char *, int=ios::in,  int=filebuf::openprot);
ofstream(const char *, int=ios::out, int=filebuf::openprot);
fstream(const char  *, int,          int=filebuf::openprot);
```

说明:

① 第一个参数 const char * 是指将要打开的文件的路径名及文件名。

② 第二个参数 int 指定了打开文件的方式。

默认值 ios::in 表示只能以输入方式操作文件。

默认值 ios::out 表示只能以输出方式操作文件。

③ 第三个参数 int 指定了打开时的访问方式。

```
filebuf::openprot   //默认以共享/保护打开文件
filebuf::sh_none    //独占,不共享
filebuf::sh_read    //允许读共享
filebuf::sh_write   //允许写共享
```

可以 sh_read | sh_write 从而既能共享读又能共享写

④ 关于第二个参数,ios 类定义了 open_mode,并用枚举来表示:

```
enum open_mode { in       =0x01,   //input 输入 (到内存)方式
                 out      =0x02,   //output 输出 (到文件)方式
                 ate      =0x04,   //at end 打开文件时,将指针定位于文件尾
                 app      =0x08,   //append 追加方式
                 trunc    =0x10,   //truncate 把同名文件删除
                 nocreate =0x20,   //no create 打开旧文件
                 noreplace=0x40,   //no replace 打开新文件
                 binary   =0x80    //binary 打开二进制文件
};
```

2. 文件的关闭

C++ 中,定义了 3 个同样的成员函数用于关闭文件:

```
void close();
```

3. 应用实例

【实例 11-12】 用对象的 open() 函数分别打开 3 个文件。

（1）程序代码

```
#include<fstream.h>
void main()
{
    ifstream inf;                    //创建对象 inf
    ofstream outf;                   //创建对象 outf
    fstream   f;                     //创建对象 f
    inf.open("c:\\1.txt");           //打开文件 1.txt
    inf.close();
    outf.open("c:\\2.txt");          //打开文件 2.txt
    outf.close();
    f.open("c:\\3.txt",ios::in);     //打开文件 3.txt
    f.close();
}
```

（2）运行结果

在 C 盘根目录下看到文件 3 个空文件 1.txt、2.txt 和 3.txt。

（3）归纳分析

① 在 inf.open("c:\\1.txt");语句中,函数 open()省略了后两个参数,表示只能从这个文件中读取数据到内存的方式打开此文件,是以共享方式打开。

② 在 outf.open("c:\\2.txt");语句中,函数 open()省略了后两个参数,表示只能向这个文件中写入数据的方式打开此文件,是以共享方式打开。

③ 在 f.open("c:\\3.txt",ios::in);语句中,函数 open()省略了第三个参数。第二个参数表示只能从这个文件中读取数据到内存的方式打开此文件。第二个参数不能省略。省略第三个参数表示是以共享方式打开。

（4）inf.open ("c:\\1.txt");语句中的"\\"是因为已表示转义提示符,它将与其后的一个字符组成某种控制或显示字符。

如果写成"c:\1.txt",C++ 将"\"与 a 结合,成了"\a",而"\a"表示响铃或报警的意思。"\n"表示换行;"\'"表示得到一个单引号;而"\\"表示得到一个反斜杠"\"。

在类似 #include"c:\a.cpp" 的包含文件预处理命令中,则是一个反斜杠"\",因为这个命令是在程序运行前,进行预处理的,可以正确识别,而 inf.open ("c:\\1.txt");语句则在程序运行阶段处理的,必须按转义的方式解释和处理。

【实例 11-13】 用对象的构造函数打开文件。

（1）程序代码

```
#include<fstream.h>
void main()
{
```

```
ifstream   inf("c:\\11.txt");          //创建输入对象
ofstream   outf("c:\\22.txt");         //创建输出对象
fstream   f("c:\\33.txt",ios::in);     //创建输入对象
inf.close();
outf.close();
f.close();
}
```

（2）运行结果

在 C 盘根目录下看到文件 3 个空文件 11. txt、22. txt 和 33. txt。

（3）归纳分析

对比可以发现，与 open()函数的参数是相同的。

【实例 11-14】　用构造函数打开文件失败时，应如何提醒。

（1）程序代码

```
#include<fstream.h>
void main()
{
    fstream f("c:\\b.txt",ios::nocreate);  //想打开一个已存在的文件
    if(! f)                                //判断对象 f 是否产生
    {
        cout<<"无此文件";                  //如果此文件不存在,就显示"无此文件"
        return;                            //返回操作系统
    }
    f.close();                             //若存在,就关闭文件
}
```

（2）运行结果

在 C 盘根目录下没有 b. txt，所以显示：

无此文件

（3）归纳分析

① 如果没有这样一个判断，假如对象 f 创建失败，后面的程序根本不执行，但用户却不知道。

② 当对象 f 创建失败，则对象 f 得到 NULL（即 0）。

③ 同样，使用 fstream f("c:\\a. txt",ios::noreplace);语句时，若文件已存在，对象的创建也会失败。

④ 由于考虑对概念的强调以及节省篇幅，作者有意使后面的大部分程序没有进行判断。希望不要这样编程序。

【实例 11-15】　用 open()打开文件失败时，应如何提醒。

（1）程序代码

```
#include<fstream.h>
```

```
void main()
{
    fstream f;
    f.open("c:\\b.txt",ios::nocreate);        //想打开一个已存在的文件
    if(! f)                                    //判断对象 f 是否产生
    {
        cout<<"无此文件";                      //如果此文件不存在,就显示"无此文件"
        return;                                //返回操作系统
    }
    f.close();                                 //若存在,就关闭文件
}
```

（2）运行结果

在 C 盘根目录下没有 b.txt,所以显示:

无此文件

（3）归纳分析

① 如果没有这样一个判断,假如对象 f 创建失败,后面的程序根本不执行,但用户却不知道。

② 当对象 f 创建失败,则对象 f 得到 NULL(即 0)。

③ 同样,使用 f.open("c:\\a.txt",ios::noreplace);语句时,若文件已存在,对象的创建也会失败。

④ 由于考虑对概念的强调以及节省篇幅,作者有意使后面的大部分程序没有进行判断。希望读者不要这样编程序。

【实例 11-16】 用 fail()判断打开文件是否失败。

（1）程序代码

```
#include<fstream.h>
void main()
{
    fstream f;                                 //创建对象 f
    f.open("c:\\aaa.txt",ios::nocreate);
    if(f.fail())                               //若打开文件失败,fail()的返回值为1
    {
        cout<<"无此文件";                      //如果此文件不存在,就显示"无此文件"
        return;                                //返回操作系统
    }
    f.close();                                 //若存在,就关闭文件
}
```

（2）运行结果

在 C 盘根目录下没有 aaa.txt,所以显示:

无此文件

（3）归纳分析

当对象 f 创建失败时，fail() 的返回值为 1。

【实例 11-17】 在打开文件时，可以同时使用几个文件工作方式参数，但不能像 ios::nocreate|ios::noreplace 这种相互矛盾的参数放到一起来使用。

（1）程序代码

```
#include<fstream.h>
void main()
{
    fstream f;                              //创建对象 f
    f.open("c:\\a.txt",ios::trunc|ios::out);   //若文件 a.txt 有内容,则全部删除
    f<<"Hello Liu!";                        //向文件写入 Hello Liu!
    f.close();
}
```

（2）运行结果

预先在 C 盘根目录下用记事本建立文件 a.txt。程序运行后，再打开文件 a.txt，看到：

```
Hello Liu!
```

（3）归纳分析

① 文件打开方式要用位与运算符"|"进行迭加操作。

② 也可以把 ios::trunc|ios::out 直接写成 18 或 0x12。

③ 语句 f<<"Hello Liu!"; 表示把数据流输出到对象 f，而不是显示器。

【实例 11-18】 让用户输入文件名。

（1）程序代码

```
#include<string.h>
#include<fstream.h>
void main()
{
    ofstream file;              //创建对象
    char f[20]="c:\\";          //将文件放在 C 盘根目录下
    char t[20];                 //临时变量,放入文件名
    cout<<"请输入文件名: ";
    cin>>t;                     //请用户输入文件名
    strcat(f,t);                //把 c:\\ 与用户输入的文件名合在一起
    file.open(f);               //打开文件
    if(file)                    //验证文件是否打开成功
            cout<<"success!";
    file<<"abcd";               //向文件写入 abcd
    file.close();
}
```

（2）运行结果

请输入文件名：gyc.txt　〈回车〉

success!

（3）归纳分析

① strcat()用于两个字符串的连接。

② 运行程序后，可以在 C 盘根目录下找到文件 gyc.txt。

11.4.3　文件的读写

ifstream、ofstream、fstream 这 3 个类没有直接定义对文件操作的函数，而是从 ios、istream、ostream 这 3 个继承过来的成员函数，用它们对流进行操作的。例如，重载运算符＞＞和重载运算符＜＜。

get()、getline()、read()、rdbuf()、gcount()、peek()、putback()、sync()、seekg()、tellg()、eatwhite()、put()、write()、seekp()、tellp()、flush()函数都可以对流进行操作，所以同样可以对文件流进行操作。

【实例 11-19】　创建一个新文件，将"Liu Yu Jun1"、"Liu Yu Jun2"、"Liu Yu Jun3"分 3 行输出到文件。此题使用了＜＜、write()、put()3 个函数向文件输出。

（1）程序代码

```
# include<fstream.h>
void main()
{
    fstream f;                          //定义了文件对象 f
    f.open ("c:\\a.txt",ios::out);      //在 C 盘的根目录下创建一个文件 a.txt,按照输
                                        //出方式打开文件
    f<<"Liu yu jun1\n";                 //用运算符函数<<向文件流 f 输出字符串
    f.write("Liu Yu Jun2\n",12);        //用对象 f 的 write()成员函数向文件流 f 输出
                                        //字符串
    f.write("Liu Yu Jun",10);           //用对象 f 的 write()成员函数向文件流 f 输出
                                        //字符串
    f.put ('3');                        //用对象 f 的 put()成员函数向文件流 f 输出 3
    f.close();                          //关闭文件
}
```

（2）运行结果

打开 C 盘根目录下的文件 a.txt,可以看到：

```
Liu Yu Jun1
Liu Yu Jun2
Liu Yu Jun3
```

（3）归纳分析

① 向文件 a. txt 输出所用的成员函数和向 I/O 流输出所用的成员函数是一样的。此题使用了：

- 重载运算符函数≪；
- write()；
- put()。

它们来自 fstream 类，而 fstream 继承了 iostream，iostream 又继承了 ostream，所以这 3 个函数最终来自 ostream。

② 对象 f 的 put()函数一次只能向文件输出一个字符。

③ ≪一次能向文件输出多个字符。

④ write()一次能向文件输出多个字符。

⑤ 也可以把 ios::out 用 2 来代替。

⑥ 语句 f. write("Liu Yu Jun2\n",12);中的 12 包含了'\n'。若把 12 改成 11,则文件就成了 2 行而不是 3 行。

【实例 11-20】　用文件流对象的函数 rdbuf()从文件 c:\a. txt 读入字符到缓冲区。

(1) 程序代码

```
#include<fstream.h>
void main()
{
    ifstream file;                //创建对象
    file.open ("c:\\a.txt",1);    //打开文件
    cout<<file.rdbuf();           //从文件中读入全部字符到缓冲区,并输出到显示器上
    file.close();
}
```

(2) 运行结果

```
Liu Yu Jun1
Liu Yu Jun2
Liu Yu Jun3
```

(3) 归纳分析

① 语句 file. open ("c:\\a. txt",1);中的 1 也可以写成更形象的 ios::in。

② 语句 file. open ("c:\\a. txt",1);中的 1 也可以省略,从而变为 file. open ("c:\\a. txt");若改成 fstream file;则 file. open ("c:\\a. txt",1);中的 1 不能省略。

③ file. rdbuf()完成了把文件的全部内容从缓冲区(buffer)读(read)出,是效率极高的函数。

【实例 11-21】　用文件流对象的函数 read()、get()、getline()分别从文件 c:\a. txt 的内存缓冲区读出。

(1) 程序代码

```
#include<fstream.h>
void main()
```

```
    {
        ifstream file;                     //定义了文件对象 file
        file.open ("c:\\a.txt");           //在 C 盘的根目录下打开文件 a.txt,按照输入方式打开文件
        char * s=new char[12];             //在堆中创建一个 char 指针 s
        file.read(s,11);                   //从文件 file 缓冲区的前 11 个字符读入 s 指向的空间
        s[11]=NULL;                        //在 s[11]处放置这个字符串的结束符
        cout<<s;                           //输出字符串"Liu Yu Jun1"
        for(int i=0;i<13;i++)              //循环 13 次
        cout<<static_cast<char>(file.get());
                                           //输出每一个字符(包括换行、回车),即"Liu Yu Jun2"
        file.getline(s,12);                //读取整行(包括文件结束符)
        cout<<s;                           //输出此行字符串"Liu Yu Jun3"
        file.close();                      //关闭文件
    }
```

（2）运行结果

```
Liu Yu Jun1
Liu Yu Jun2
Liu Yu Jun3
```

（3）归纳分析

① 从文件 a.txt 输入到内存所用的成员函数与向 I/O 流输入所用的成员函数是一样的。此题使用了 read()、get()、getline()。它们来自 fstream 类,但不是 fstream 类新创建的,而是从 ostream 类继承来的函数。

② 对象 f 的 get()函数一次只能从文件缓冲区读入一个字符。

③ getline()一次能从文件缓冲区读入一行字符。

④ read() 一次能从文件缓冲区读入多行字符。

⑤ 可以感觉出一个看不见的文件缓冲区指针,使文件读过的部分不再重读。

⑥ 换行符 10 也是文件中的字符,分别位于文件中的第 12 位和第 24 位。

⑦ for 语句中,第 1 个循环和第 13 个循环输出到显示器上的是换行符。

⑧ 如果 for 语句只循环 12 次,则 file.getline()语句只能读第 2 行的最后一个字符——换行符。请试一试。

⑨ static_cast<char>表示强制转换成 char 类型。

【实例 11-22】 如果在原有文件 a.txt 中追加 Liu yu jun4,如何操作?

（1）程序代码

```
#include<fstream.h>
void main()
{
    fstream file;                        //创建对象
    file.open("c:\\a.txt",ios::app);     //打开文件
    file<<"\nLiu Yu Jun4";               //向文件追加 Liu Yu Jun4
    file.close();
```

```
    file.open("c:\\a.txt",ios::in);        //打开文件
    char ch;
    while(file.get(ch))
            cout<<ch;                        //输出文件内容
    file.close();
}
```

（2）运行结果

```
Liu Yu Jun1
Liu Yu Jun2
Liu Yu Jun3
Liu Yu Jun4
```

（3）归纳分析

① 语句 file.open("c:\\a.txt",ios::app);可使打开文件 a.txt 后,文件缓冲区指针放到文件尾部,从而使写入文件的字符追加在后面。

② 可以通过 file.get(ch)读取的字符来识别是否将文件读完。

11.4.4　文件缓冲区指针的使用

在前面讲述的内容中,打开文件后,文件被放在内存的缓冲区,且总是从文件头部开始操作。即使使用了 ios::app。文件缓冲区指针有没有其他方式可操纵呢?

在 istream.h 文件中,类 istream 有成员函数:

```
istream& istream::seekg(streampos)
istream& istream::seekg(streamoff,ios::seek_dir)
streampos istream::tellg()
```

在 ostream.h 文件中,类 ostream 有成员函数:

```
ostream& ostream::seekp(streampos)
ostream& ostream::seekp(streamoff,ios::seek_dir)
streampos ostream::tellp()
```

其中,streampos 和 streamoff 等同于 long,而 seek_dir 在类 ios 中定义了如下的枚举类型:

```
enum seek_dir { beg=0,              //begin 文件内容所在的缓冲区开始处
                cur=1,              //current 文件缓冲区指针指向的当前处
                end=2               //end 文件缓冲区中,文件的末尾处
              };
```

【实例 11-23】　在文件输入流中,用 seekg()来移动指针,用 tellg()获取指针当前位置(在 a.txt 文件中,全部内容：Hello Liu!)。

（1）程序代码

```
#include<fstream.h>
void main()
{
    fstream file;
    file.open("c:\\a.txt",ios::in);
    cout<<"    readbuf: 1234567890"<<endl;
    cout<<"1st readbuf: "<<file.rdbuf()<<endl;  //输出 1st readbuf: Hello Liu!
    cout<<"2nd readbuf: "<<file.rdbuf()<<endl;  //输出 2nd readbuf: //指针在尾部
    file.seekg(0);                              //指针到首部
    cout<<"3rd readbuf: "<<file.rdbuf()<<endl;  //输出 3rd readbuf: Hello Liu!
    file.seekg(6);                              //指针移到绝对位置为 6
    cout<<"4th readbuf: "<<file.rdbuf()<<endl;  //输出 4th readbuf: Liu!
    file.seekg(6);                              //指针移到绝对位置为 6
    cout<<"5th readbuf: "<<(char)file.get()<<endl;      //输出 5th readbuf: L
    file.seekg(2,ios::cur);                     //从当前位置向后移 2 位,到位置为 9
    cout<<"6th readbuf: "<<(char)file.get()<<endl;      //输出 6th readbuf: !
    file.seekg(1,ios::beg);                     //从缓冲流 buf 开始处,向后移 1 位
    cout<<"7th readbuf: "<<(char)file.get()<<endl;      //输出 7th readbuf: e
    cout<<"指针在"<<file.tellg()<<endl;          //指针目前的位置为 2
    file.close();
}
```

（2）运行结果

```
readbuf:  1234567890
1st readbuf:  Hello Liu!
2nd readbuf:
3rd readbuf:  Hello Liu!
4th readbuf:  Liu!
5th readbuf:  L
6th readbuf:  !
7th readbuf:  e
指针在 2
```

（3）归纳分析

① seekg()表示 seek get,用于在输入缓冲区中移动指针。

② tellg()表示 tell get,用于在输入缓冲区中指出指针的位置。

③ 由于每次执行 rdbuf()函数,都使得文件缓冲区指针读完全部字符,从而只有移动指针才能再次输出。

④ 执行一次 file. get(),指针移动一个字节。

⑤ 当执行"file. seekg(2,ios::cur);"后,执行了一次 file. get(),指针指到 6+2+1=9（即叹号之前）。

⑥ 当执行"file. seekg(1,ios∷beg);"后,执行了一次 file. get(),指针指到 $1+1=2$(即"e"之后)。

【实例 11-24】 在文件输出流中,用 seekp()来移动指针,用 tellp()获取指针当前位置(a. txt 文件中的内容为 0123456789)。

(1) 程序代码

```
#include<fstream.h>
void main()
{
    fstream file;
    file.open("c:\\a.txt",ios::app);           //打开文件,以追加方式
    cout<<file.tellp()<<" ";                    //显示指针位置为 0
    file<<"0123456789";                         //向文件输出内容: 0123456789
    cout<<file.tellp()<<" ";                    //显示指针位置为 20
    file.seekp(6);                              //改变指针位置到 6
    cout<<file.tellp();                         //显示指针位置为 6
    file<<"Wang";                               //向文件输出内容: Wang
    file.close();
}
```

(2) 运行结果

0 20 6

(3) 归纳分析
① seekp()表示 seek put,用于在输出缓冲区中移动指针。
② tellp()表示 tell put,用于在输出缓冲区中指出指针的位置。
③ 即使是使用了 ios∷app 参数,输出缓冲区指针也指向文件头部,其值为 0。
④ 即使指针不在文件尾部,由于 ios∷app 的作用,向文件输出的内容总是追加到尾部,所以文件的内容最终为 01234567890123456789Wang。

【实例 11-25】 在输出流中,用 seekp()来移动指针,用 tellp()获取指针当前位置。(a. txt 文件中的内容为 0123456789)

(1) 程序代码

```
#include<fstream.h>
void main()
{
    fstream file;
    file.open("c:\\a.txt",ios::in | ios::out);   //文件既可以输入,又可以输出
    cout<<file.tellp()<<" ";                      //刚打开文件时的输出指针位置为 0
    cout<<file.tellg()<<" ";                      //刚打开文件时的输入指针位置为 0
    file.seekp(5);                                //移动输出指针到 5
    cout<<file.tellp()<<" ";                      //观察输出指针位置指向 5
    cout<<file.tellg()<<" ";                      //观察输入指针位置,发现也跟着输出指针指向 5
```

```
    file<<"Wang";                          //在位置 5,输出：Wang
    cout<<file.tellp()<<endl;              //观察输出指针当前位置为 9
    file.seekg(0);                         //移动输入指针到文件头为 0
    cout<<file.rdbuf();                    //显示器显示的缓冲区全部内容为 01234Wang9
    file.close();
}
```

（2）运行结果

```
0 0 5 5 9
01234Wang9
```

（3）归纳分析

① 同时进行输入输出时,seekg()与 seekp()总是相同,说明是同一个指针,在同一缓冲区操作,从而 tellg()的值与 tellp()的值也相同。

② 在输入 Wang 时,覆盖了 5678。

关于换行符在文件的保存方式：在 ASCII 码中,换行符的代码为 0xA(或 10)。但是在显示器上处理它时,要执行两个操作：先执行回车的动作(0xD),使光标回到行左,再执行换行的动作(0xA),使光标回到下一行。比如下面的例题就是把字符串"\n23"这 3 个字符存入文件后,变成了 4 个字符。

【实例 11-26】 向文件 cao.txt 存入"\n23"。

（1）程序代码

```
#include<fstream.h>
void main()
{
    ofstream outf("c:\\cao.txt");          //创建输出文件 cao.txt
    outf<<"\n23";                          //向文件写入 3 个字符
    outf.close();
}
```

（2）运行结果

通过选择"开始"→"运行"命令,输入 cmd,从而进入 DOS 状态：

```
C:\Documents and Settings\Administrator> cd \
C:\>debug cao.txt
-d
0B0C:0100   0D 0A 32 33
```

（3）归纳分析

在用 debug 打开文件时,字符串"0D 0A 32 33"分别表示：回车、换行、'2'、'3'。从而验证了'\n'被转换成 0D 0A。

【实例 11-27】 如果用文本格式写入数据 1.23456 和 45678e9,读出来后,如何送给 float 型变量？

（1）程序代码

```
#include<fstream.h>
void main()
{
    ofstream outf("c:\\cao.txt");        //创建输出文件 cao.txt
    float x[2]={1.23456,45678e9};        //x[0]=1.23456   x[1]=45678e9
    outf<<x[0]<<" "<<x[1];               //将 x[0]、x[1]存入文件
    outf.close();
    ifstream inf("c:\\cao.txt");         //打开文件 cao.txt
    float y[2];                          //定义两个变量
    inf>>y[0]>>y[1];                     //从输入缓冲区中读字符、转换成 float,分别给 y[0]、y[1]
    cout<<y[0]<<" "<<y[1];               //显示器输出 y[0]、y[1]
    inf.close();
}
```

（2）运行结果

```
1.23456   4.5678e+013
```

（3）归纳分析

① 文件向变量放入字符时,就如同刚用键盘给两个变量赋值一样。

② 当打开文件 cao.txt 时,看到的和运行结果是完全一样的。

11.4.5　二进制文件的读写

成员函数 read()实现二进制文件的读操作,其格式如下:

```
istream& read(char *,int);
    istream& read(unsigned char *,int);
istream& read(signed char *,int);
```

write()实现文件的写操作,其格式如下:

```
ostream& write(const char *,int);
ostream& write(const unsigned char *,int);
ostream& write(const signed char *,int);
```

当用这两个成员函数读写数字而非字符时,就不是 ASCII 码,而是数字。

【实例 11-28】　向文件 cao.txt 输出 65535 和 1.23456789,再从文件中读入这两个数。

（1）程序代码

```
#include<fstream.h>
void main()
{
```

```
ofstream outf("c:\\cao.txt");                //创建一个输出文件
int x=65535,x1;                               //设 x=65535
float y=1.23456789f,y1;                       //设 y=1.23456789f
outf.write((char*)&x,sizeof(int));           //写入 x 值
outf.write((char*)&y,sizeof(float));         //写入 y 值
outf.close();
ifstream inf("c:\\cao.txt");                  //打开 cao.txt 文件
inf.read((char*)&x1,4);                       //将第一个数赋值给 x1
inf.read((char*)&y1,4);                       //将第二个数赋值给 y1
cout<<x1<<" "<<y1<<endl;                       //输出 x1   y1
inf.seekg(0,ios::beg);                        //将文件缓冲区指针指向开始
inf.read((char*)&y1,4);                       //将 65535 看成 float 送给 y1
cout<<y1;                                      //y1=9.18341e-041
inf.close();
}
```

（2）运行结果

```
65535   1.23457
9.18341e-041
```

（3）归纳分析

① 对于非字符数据，通常用 write() 函数写入文件，通常不用 outf<<x 或 outf.put() 形式。

② 在非字符型文件中，一个 float 数据不论多大、多小，都占 4 个字节。

③ "outf.write((char*)&x,sizeof(int));"语句中，sizeof(int) 与 4 是完全等价的。

④ 如果不知道文件中数据的类型，就不会正确还原数据。此题就把 65 535 还原成 9.18341e-041。

⑤ 如果用 writc() 函数把非文本型数据写入文件，只能用 read() 函数将它还原。用 cout<<inf.rdbuf() 或 cout<<inf.get() 看到的非字符型数据一定不是原来的数据。

⑥ 按实例 11-26，用 debug   cao.txt 命令来查看文件的十六进制形式，可以发现：65 535 在文件中被写成 ff ff 00 00。

如果按字符写 65 535，65 535 在文件中就被写成 36 35 35 33 35。

11.5 本章总结

（1）流类体系的关系是：ios 派生了 istream 和 ostream，istream 和 ostream 又派生了 iostream。

（2）在 C++ 的 I/O 流类库中定义了 4 个标准流对象：cin、cout、cerr、clog，其中 cin 表示标准设备——键盘输入，其余 3 个为标准设备——显示器输出。

（3）程序员可以对运算符>>、<<进行重新定义。

（4）系统在主存中开辟一个专用的区域存放 I/O 数据，称为缓冲区。

（5）由于缓冲流可以大大减少 I/O 操作次数，从而提高了系统的工作效率。

（6）I/O 流类体系为：ios 派生了 istream、ostream，istream、ostream 又派生了 iostream。

（7）cin. peek() 函数用于获取输入流中当前字符的 ASCII 码。

（8）cin. gcount() 函数用于获取最近一次提取字符的个数。

（9）cin. ignore() 函数的声明为 inline istream& ignore(int＝1,int＝EOF)；用于清除输入流缓冲区的一段字符。

（10）程序员自己定义的类也可以重新定义＞＞、＜＜这两个运算符。重载这两个运算符的函数必须是友元，如 friend ostream& operator ＜＜(ostream&, 类名 &)。

（11）串流类 istrstream、ostrstream 和 strstream 是从 istream、ostream 和 iostream 派生而来。串流类允许把字符串看作设备。在定义和使用串流对象时，需要头文件 strstrea. h 的支持。

（12）在使用串流类对象时，必须先定义一个字符数组，以便存放数据。串流对象使用 rdbuf() 函数或 str() 函数来操作数据，还可以用＞＞把串流对象中的数据输出给字符变量，用＜＜ 把字符送入串流对象。

（13）创建文件对象的头文件为：

① ifstream. h 用于支持创建从文件中读入内容到内存的对象。

② ofstream. h 用于支持创建从内存向文件写的对象。

③ fstream. h 既支持文件创建从文件中读入内容到内存的对象，又支持创建从内存向文件写的对象。

（14）在 C++ 中，必须先创建一个文件流对象，然后与一个指定的文件相关联（即打开文件），就可以对这个文件进行 I/O 操作。操作完，关闭文件，就完成了对文件的修改或创建。

（15）文件的打开有两种方式：

① 用构造函数打开文件。

② 用 open() 函数打开文件。

（16）打开文件的模式有 ios∷in、ios∷out、ios∷app、ios∷nocreate、ios∷noreplace 等。例如，f. open("c:\\3. txt",ios∷in)。必须选定文件的打开模式。

① 用 ifstream 创建输入文件时，ios∷in 可以省略。

② 用 ofstream 创建输入文件时，ios∷out 可以省略。

（17）关闭文件的函数为 close()

（18）创建文件对象时，要检验一下是否创建成功。检验的方式有：

① 可以用文件对象的返回值来判断。若文件对象的返回值为 0，则文件对象创建失败。

② 可以用文件对象的函数 fail() 来判断。若文件对象的返回值为 1，则文件对象创建失败。

（19）字符写入文件的方法有：

① 重载运算符＜＜，如"文件流对象＜＜字符或字符串"这种样式。

② write()　将字符写入文件中。

③ put()　从缓冲区指针位置处写入一个字符。

（20）数据写入文件的方法如：write((char *)x,sizeof(float) * 12)，x 为 float 类型的数组名。

（21）从文本文件读出的方法有：

① 重载运算符＞＞。如"文件流对象＞＞字符或字符串"这种样式。

② read()　从文件缓冲区读入多行字符。

③ get()　从缓冲区指针位置处读出一个字符。

④ getline()　从缓冲区指针位置开始，向后直到换行为止的全部内容都读出。

⑤ rdbuf()　从缓冲区指针位置开始向后读出全部内容。

（22）从文件读出数据的方法如：read((char *)x, sizeof(float) * 12)，x 为 float 类型的数组名。

（23）获取文件流缓冲区指针的方法有：

① tellp()在文件流输出缓冲获取指针位置。

② tellg()在文件流输入缓冲获取指针位置。

（24）改变文件流缓冲区指针的方法有：

① seekp()用在文件流输出缓冲区。

② seekp(10,ios∷beg)表示将指针从文件流输出缓冲区开始处向后移动 10 个字节。

③ seekp(10,ios∷cur)表示将指针从文件流输出缓冲区的当前处向后移动 10 个字节。

④ seekp(−10,ios∷end)表示将指针从文件流输出缓冲区结尾处向前移动 10 个字节。

⑤ seekp(10,ios∷beg)表示将指针从文件流输入缓冲区开始处向后移动 10 个字节。

⑥ seekp(10,ios∷cur) 表示将指针从文件流输入缓冲区当前处向后移动 10 个字节。

⑦ seekp(−10,ios∷end)表示将指针从文件流输入缓冲区结尾处向前移动 10 个字节。

（25）数据类型（而非字符类型）的数据

① 写到文件中时，用 write() 函数。

② 从文件读出时，用 read()函数。

11.6　思考与练习

11.6.1　思考题

（1）谈谈你对运算符重载的认识。

（2）设计一个重载运算符＞＞函数，使"cin＞＞对象;"语句可以运行。

（3）字符文件和二进制文件有何区别？

（4）在文件 lyj. txt 中放入 26 个字母 ABCDEFGHIJKLMNOPQRSTUVWXYZ,写

出下列程序的结果。

```
#include<fstream.h>
void main()
{
    ifstream inf("c:\\lyj.txt");
    if(!inf)
    {
        cout<<"Can't open this file ";
        return;
    }
    inf.seekg(20);
    for(;!inf.eof();)
        cout<<inf.get();
    inf.close();
}
```

（5）将 1～1000 存入文件，在数与数之间加上逗号。

（6）读出第（5）题生成的文件中的数据。

（7）将 3.1415926 和 2.71828 存入文件最小需要几个字节？

11.6.2　上机练习

（1）编写程序，统计出文件中字母 a 的个数。

（2）请将 1.234e20 和 250e-20 存入文件中，然后从文件中读入内存，并存入 float 型变量中。

（3）已知 man 的类定义如下：

```
class man
{
    private:
        char name[6];
        int age;
    public:
        man(char name1[]="cao",int age1=20)
        {
            strcpy(name,name1);    age=age1;
        }
};
```

请对这个类增加＞＞和＜＜的重载定义，并测试。

（4）有如下数据结构：

```
struct teacher
{
```

```
        char name[6];
        int age;
};
teacher teac[3]={"叶瑶",32,"刘云萍",23,"张升",23};
```

① 将 teac 数组的值写入文件中。

② 从文件中读出这 3 条记录并显示。

③ 当用户输入一个记录号，可输出相应的记录。

④ 按字符存取方便，还是按二进制存取方便？

(5) 实现任意类型的文件复制。

提示：执行时的命令行形式为"应用程序名 源文件名 目标文件名"。

(6) 打开一个文本文件，在每行的行首加行号。

第 12 章　模板与异常处理

学习目标

（1）模板的使用；

（2）异常处理。

模板能够使程序员快速建立具有类型全面的类库集合和函数集合；异常处理机制能够使用户的软件在出现异常情况时，程序能正确地处理它，从而尽可能减少用户的损失，保证数据的安全。

12.1　模板

模板分为函数模板和类模板。

12.1.1　函数模板

函数模板的一般定义形式如下：

```
template<class 参数 1, class 参数 2,…>
函数返回类型 函数名(形参表)
{
    //函数定义体
}
```

说明：

① template 是关键字，表示模板。

② class 表示其后面的参数用于指定模板的一个统一类型，不表示类定义。

③ 参数 1、参数 2……是对同一种类型的抽象，可用于指定函数返回值类型、形参类型、函数内部变量类型。

如果没有函数模板，在编写求绝对值的函数 abs 时，需要编写：

```
int abs(int x){return x>0? x:-x; }
float abs(float x){return x>0? x:-x; }
double abs(double x){return x>0? x:-x; }
```

等多个函数重载。此问题用函数模板可以这样定义：

```
template<class T>
T abs(T x)
{ return x>0? x:-x; }
```

系统根据调用函数时的实参类型,自动产生单独的目标代码函数。

【实例 12-1】 对函数模板的使用。

（1）程序代码

```
#include<iostream.h>
template<class T>
T abs(T x){ return x>0? x:-x; }
void main()
{
    cout<<abs(-2)<<endl;     //用 int 来测试一下
    cout<<abs(3.3f)<<endl;   //用 float 来测试一下
    cout<<abs(-4e50)<<endl; //用 double 来测试一下
}
```

（2）运行结果

```
2
3.3
4e+050
```

（3）归纳分析

① 模板的使用非常容易、自然、方便。

② 用宏代换也能实现某些函数的重载功能。

【实例 12-2】 用宏代换实现模板的功能。

（1）程序代码

```
#include<iostream.h>
#define abs(x) (x>0? x:-x)
void main()
{
    int a=-2;
    float b=3;
    double c=-4;
    cout<<abs(a)<<endl;
    cout<<abs(b)<<endl;
    cout<<abs(c)<<endl;
}
```

（2）运行结果

```
2
3
4
```

（3）归纳分析

① 虽然用宏定义也能实现某些函数的重载功能,但编译器不对宏进行检查,而且宏

定义的功能非常有限,例如在宏定义中不可能放入大量语句;宏定义不能替代多种数据类型模板等。

② 如果在

```
#define abs(x) (x>0? x:-x)
```

不变的情况下,语句

```
cout<<abs(-2);
```

就产生了错误,原因是用-2代换 x 后变成

```
cout<<(-2>0? -2:--2);
```

而计算机认为--2是错误的,因为 2 无法进行--运算。因此,使用宏代换要格外细心。

12.1.2 类模板

类模板与函数模板类似,为类定义了一个灵活多样的模式,从而避免了编写大量的、因数据类型不同而不得不重新编写的类。类模板的一般定义形式如下:

```
template<class 参数 1, class 参数 2,…>
class 类名
{
    //类定义体
};
```

说明:

① template 表示模板。

② class 表示其后面的参数用于指定模板的一个统一类型,而不表示类定义。

③ 参数 1、参数 2……是对同一种类型的抽象,可用于指定类的成员的类型,成员函数的返回值类型、形参类型、成员函数的内部变量类型。

【实例 12-3】 定义一个类模板,并应用。

(1) 程序代码

```
#include<iostream.h>
#include<string.h>
template<class T1,class T2,class T3>
class body
{
    T1 favor;
    T2 year;
    T3 name[8];
    public:
    T2 age(T2 y){ year=y; return y; }
```

```
        void getFavor(T1 f) { favor=f; }
        void getName(T3 * n) { strcpy(name,n); }
};
void main()
{
        body<int,int,char>man1;
        body<short,long,char>man2;
}
```

（2）归纳分析

① 本实例定义了 3 个模板参数 T1、T2、T3。

② 建立对象时，必须确定 3 个模板参数 T1、T2、T3 的类型。

12.2　异常处理

12.2.1　异常概述

异常（exception）是异常事件（exceptional event）的简称，表示程序在执行时发生的一些出乎意料的事件，从而打断指令的正常流程。例如，文件打不开、内存资源不足、分母为 0、打印机未打开而却要打印、网络掉线等。如果没有一个预先准备好的处理异常的程序，可能会对使用这个软件的用户造成损失，或带来麻烦。

在小型程序中发生异常后，可以采取中断程序运行，释放所有资源的方式处理。对于大型程序，则应该设法恢复并继续运行，最好不要中断程序运行。恢复的过程往往是去掉异常所造成的影响。在处理这个过程时，可能要把一系列函数的调用链进行退栈，对一些对象进行析构，释放一些资源等。继续运行就是把异常处理之后，在原来的代码附近处的某个点接着运行程序。

在程序开发中，使用异常处理机制是非常必要的。程序员总是希望把握异常发生的原因，并通过预先"埋伏"用于处理出错的程序，来减少异常对程序造成的影响。但在程序中插入过多的出错处理代码，会混淆程序中要执行的程序代码，降低程序的可读性。

C++ 的异常处理机制在格式上可以明显看出预先"埋伏"的用于处理出错的程序，从而尽可能地使程序员分清哪个部分是出错处理代码。

C++ 的异常处理机制还使得异常的引发和处理不必在同一函数中，从而使底层的函数着重解决具体问题，上层调用者在适当的位置设计对不同类型异常的处理。

异常处理是对所能预料到的运行错误进行处理的一套机制。

12.2.2　异常处理机制

异常处理的语句格式如下：

```
try
```

```
{
    //若干条被监测的语句(正常执行任务的代码)
    //可以包含多个 throw 语句(或子函数中,或在类中包含 throw 语句)
}
catch(一个异常类型参数)
{
    //产生这种异常后的若干条处理语句
}
…   //还有若干个 catch 语句
```

说明:

① try 语句在程序执行过程中,将会对出现的异常加以监视。

② 若没有异常发生,catch 语句将不会执行。

③ 由 throw 语句抛出异常事件后,系统中止执行剩余的 try 语句,转到紧跟 try 语句之后的若干个 catch 语句中,根据每个 catch 的异常类型参数,依次寻找能处理该异常事件的 catch 语句。

④ 若异常发生后,系统在所有 catch 语句中没有找到一个处理该异常的 catch 语句,则系统自动调用函数 abort(),终止整个程序的执行。

异常类型参数不能省略,是用于匹配 try 语句中所捕获的某个错误类型的参数。

【实例 12-4】 异常处理语句的应用实例。

(1) 程序代码

```
#include<iostream.h>
void main()
{
    int y=0;                //有意让 y=0。实际上,y 的值是来自 cin>>语句或子函数
    try                     //用 try 监控 throw 语句
    {                       //这对大括号绝对不能省略
        if(y==0)            //如果分母为 0
            throw(y);       //扔掉它,送给 catch 处理
        cout<<3/y;          //分母不为 0,就算这道题
    }
    catch(int x)            //由于 y 为 int 类型,符合这个 catch 的捕捉条件
    {                       //这对大括号绝对不能省略
        cout<<"分母为 0,无法继续下去";
    }
    catch(float x)          //throw 语句的入口之一
    {
        cout<<"分母为 0,无法继续下去";
    }
}
```

(2) 运行结果

分母为 0,无法继续下去

（3）归纳分析

① 本实例使用了 try-throw-catch 语句。

② 由于 y 是 int 型,所以被第一个 catch 处理。

③ 如果没有合适的 catch,则程序不得不终止。

【实例 12-5】 在子函数中使用 throw 语句的应用实例。

（1）程序代码

```cpp
#include<iostream.h>
void main()
{
    int x,excep();
    try                         //用 try 监控 throw 语句
    {
        x=excep();              //通过子函数抛出异常。若无异常,返回正常值给 x
        cout<<3/x;              //分母不为 0,就算这道题
    }
    catch(int x)                //由于 x 为 int 类型,符合这个 catch 的捕捉条件
    {
        cout<<"分母为 0,无法继续下去";
    }
}
int excep()                     //子函数 excep()
{
    int y=0;                    //有意让 y=0.实际上,y 的值是来自 cin>>语句或子函数
    if(y==0)
        throw(y);               //抛出异常,并带回主程序
    cout<<"子函数返回";
    return y;                   //没有异常时,返回 y
}
```

（2）运行结果

分母为 0,无法继续下去

（3）归纳分析

① 这个例题使用了 try-catch 语句。

② throw 语句独立存在于子函数中。

③ 由于异常的产生,使子函数没有执行 cout<<"子函数返回"。

【实例 12-6】 处理完异常后,再回来。

（1）程序代码

```cpp
#include<iostream.h>
void main()
```

```
{
    int y=0;                    //有意让 y=0.实际上,y 的值是来自 cin>>语句或子函数
    try                         //监控开始
    {
        if(y==0)
            throw y;            //抛出异常
        cout<<3/y;              //不发生异常,则执行除法
        rev:                    //通过 goto 语句返回的点
        cout<<"分母为 0,无法继续下去";
    }
    catch(int x)
    {
        goto rev;               //使用 goto 返回程序运行点附近
    }
}
```

（2）运行结果

分母为 0,无法继续下去

（3）归纳分析

使用 goto 语句返回 try 语句,从而跳过障碍,继续执行后续语句。

【实例 12-7】 能捕捉任何异常的 catch(…)语句的应用实例。

（1）程序代码

```
#include<iostream.h>
void main()
{
    int y=0;                    //有意让 y=0.实际上,y 的值是来自 cin>>语句或子函数
    try                         //监控开始
    {
        if(y==0)
            throw y;            //抛出异常
        cout<<3/y;              //不发生异常,则执行除法运算
    }
    catch(…)                    //catch(…)能捕捉任何异常
    {
        cout<<"异常发生";
    }
}
```

（2）运行结果

异常发生

（3）归纳分析

若有多个 catch 语句,要把 catch(…)放在最后。

12.2.3 异常类

在面向对象的程序中，大量的异常是由于对象产生的。

【实例 12-8】 关于对象异常的应用实例。

（1）程序代码

```
#include<iostream.h>
class expt                    //建立了一个类
{
    public:
            expt(){ }
};
void main()
{
    expt e;                //创建了一个对象 e
    try                    //监视异常
    {
        throw e;
    }                      //如果把对象抛出,可以处理吗
    catch(expt& x)         //catch 接收异常对象 e 的引用
    {
        cout<<"\n e 发生异常";
    }    //处理这个异常
}
```

（2）运行结果

e 发生异常

（3）归纳分析

对象产生异常是可以捕获的。

对象产生异常后,能妥善结束这个对象吗?

【实例 12-9】 如何结束异常对象的应用实例。

（1）程序代码

```
#include<iostream.h>
class expt                    //建立了一个类
{
    public:
      ~expt(){ cout<<"expt 析构"; }      //建立析构函数
};
void main()
{
    expt e;                //创建了一个对象 e
```

```
    try                     //监视异常
    {
        throw e;
    }                       //如果把对象抛出,如何结束这个对象
    catch(expt& x)          //catch 接收异常对象 e 的引用
    {
        cout<<"e 发生异常\n";
    }                       //处理这个异常
}
```

（2）运行结果

e 发生异常
expt 析构 expt 析构

（3）归纳分析

对象产生异常后,是可以正常析构的。

还可以在对象的函数中建立 throw 语句。那么,catch 接收这个异常的参数应该是此对象,还是这个异常的类型?

【实例 12-10】 出现在异常对象中的 throw 语句的应用实例。

（1）程序代码

```
#include<iostream.h>
class expt                  //建立了一个类
{
    public:
        expt() { throw 1; } //在构造函数中,抛出一个 int 异常
};
void main()
{
    try                     //监视异常
    { expt e; }             //创建了一个对象 e
    catch(int x)            //catch 接收异常对象 e 的 int 异常
    {
        cout<<"e 的 int 类型异常\n";
    }                       //处理这个异常
    catch(expt& x)          //catch 接收异常对象 e 的引用
    {
        cout<<"e 的对象发生异常\n";
    }                       //处理这个异常
}
```

（2）运行结果

e 的 int 类型异常

（3）归纳分析

由于是对象内的函数的 int 异常，所以是 catch(int x)捕获到这个异常。

【实例 12-11】 异常类的一个应用实例。

（1）程序代码

```cpp
#include<iostream.h>
class expt{                          //建立基类 expt
    public: virtual void err(){};
};
class OutofMem:public expt{          //建立派生类 OutofMem
    public: virtual void err()
    {
        cout<<"Out of Memory\n";
    }
};
class RangeErr:public expt{          //建立派生类 RangeErr
    public: virtual void err()
    {
        cout<<"Out of Range\n"; }
};
void main()
{
    try                              //监控
    {
        int * num=new int[10000];    //在堆区建立一个 int 型的容量为 40000bytes
                                     //的数据空间
        if(num==0)                   //如果建立失败,num 将返回 0
            throw OutofMem();        //抛出 OutofMem()异常
        int a[3],i;                  //建立数组 a 和变量 i
        cin>>i;                      //键盘输入 i
        if(i>2 ‖ i<0)                //若 i 超界
            throw RangeErr();        //RangeErr()异常
        cout<<a[i];                  //若无异常,则打印 a[i]
    }
    catch(expt& x)                   //捕获 expt 类及其派生类的异常
    { x.err(); }                     //显示异常类型
}
```

（2）运行结果（如果输入 3）

```
Out of Range
```

（3）归纳分析

① 可以通过编写异常类，完成异常的抛出和处理。

② 由于使用了虚函数，使捕获变得简单。

③ 抛出语句 throw RangeErr()不能写成 throw RangeErr。

12.3 本章总结

（1）模板能帮助程序员快速建立具有类型全面的类库集合和函数集合。

（2）模板分为函数模板和类模板。

（3）函数模板的一般定义形式如下：

```
template<class 参数 1, class 参数 2,…>
函数返回类型 函数名(形参表)
{
    //函数定义体
}
```

（4）虽然用宏定义也能实现某些函数的重载功能，但编译器不对宏进行检查，而且宏定义的功能非常有限，比如在宏定义中不可能放入大量语句；宏定义不能替代多种数据类型模板。

（5）类模板是对类(class)定义了一个灵活多样的模式，从而避免了编写大量的、因数据类型不同而不得不重新编写的类。类模板的一般定义形式如下：

```
template<class 参数 1, class 参数 2,…>
class 类名
{
    //类定义体
};
```

（6）异常表示程序在执行时发生的一些出乎意料的事件，从而打断指令的正常流程。

（7）异常处理机制能够使用户的软件在出现异常情况时，程序能正确地处理它，从而尽可能减少用户的损失，保证数据的安全。

（8）异常处理是对所能预料到的运行错误进行处理的一套实现机制。

（9）C++ 的异常处理机制，在格式上可以明显看出预先"埋伏"的用于处理出错的程序，从而尽可能地使程序员分清哪个部分是出错处理代码。

（10）异常处理的语句格式如下：

```
try
{
    //若干条被监测的语句(正常执行任务的代码)
    //可以包含多个 throw 语句(或子函数中,或在类中包含 throw 语句)
}
catch(一个异常类型参数)
{
    //产生这种异常后的若干条处理语句
}
…    //还有若干个 catch 语句
```

（11）try 语句在程序执行过程中，将会对出现的异常加以监视。

（12）若没有异常发生，catch 语句将不会执行。

（13）由 throw 语句抛出异常事件后，系统中止执行剩余的 try 语句，转到紧跟 try 语句之后的若干个 catch 语句中，根据每个 catch 的异常类型参数，依次寻找能处理该异常事件的 catch 语句。

（14）若异常发生后，系统在所有 catch 语句中没有找到一个处理该异常的 catch 语句，则系统自动调用函数 abort()，终止整个程序的执行。

（15）异常类型参数不能省略，是用于匹配 try 语句中所捕获的某个错误类型的参数。

（16）catch(…)可以处理任何异常类型。

12.4　思考与练习

12.4.1　思考题

（1）函数模板与函数重载的区别是什么？

（2）什么叫异常？什么叫异常处理？

（3）try、throw、catch 如何配合？

（4）写出下列程序的运行结果。

```cpp
#include<iostream.h>
#include<string.h>
class Test{
public:
Test()
{
    cout<<"Constructor of Test."<<endl;
    throw "An exception in Test constructor.";
}
~Test() { cout<<"Destructor of Test."<<endl; }
};
void fun(){ Test t; }
void main()
{
try
{ fun(); }
catch(char * str)
{ cout<<str<<endl; }
}
```

12.4.2　上机练习

（1）设计一个异常 Exception 抽象类，在此基础上派生一个 OutOfMemory 类响应内存不足,一个 RangeError 类响应输入的数不在指定范围内。

（2）编写冒泡排序函数模板。

（3）建立一个简单的单向链表模板。

（4）用 new 分配内存失败时,试用 throw 语句触发一个 char 类型异常,用 catch 语句处理它。

参 考 文 献

[1] 谭浩强. C++ 程序设计[M]. 北京：清华大学出版社,2004.

[2] 钱能. C++ 程序设计教程[M]. 北京：清华大学出版社,1999.

[3] 蓝雯飞. 面向对象程序设计语言 C++ 中的多态性[M]. 微型机与应用,2000 19(6).

[4] 郑莉. C++ 语言程序设计学生用书[M]. 北京：清华大学出版社,2004.

[5] 张岳新. Visual C++ 程序设计[M]. 北京：兵器工业出版社,2004.

[6] 吕凤翥. C++ 语言基础教程. 北京：清华大学出版社,1999.

[7] Stephen C Dewhurst. C++ 必知必会[M]. 荣耀,译. 北京：人民邮电出版社,2006.

[8] 张基温. C++ 程序设计基础[M]. 北京：高等教育出版社,1996.

[9] Brian Overland. C++ 简明教程[M]. 周靖,译. 北京：清华大学出版社,2005.

[10] 朱振元. C++ 程序设计与应用开发[M]. 北京：清华大学出版社,2005.

普通高等教育"十一五"国家级规划教材

计算机系列教材

主编：周立柱、王志英、李晓明